U0331926

动物疫病与防控

DONGWU YIBING YU FANGKONG

李红连 樊天喜 主编

甘肃科学技术出版社

图书在版编目(CIP)数据

动物疫病与防控 / 李红连,樊天喜主编. -- 兰州:
甘肃科学技术出版社,2020.12
ISBN 978-7-5424-2285-9

Ⅰ.①动… Ⅱ.①李… ②樊… Ⅲ.①兽疫－防疫
Ⅳ.①S851.3

中国版本图书馆CIP数据核字(2020)第236575号

动物疫病与防控

李红连　樊天喜　主编

责任编辑　杨丽丽
封面设计　陈妮娜

出　版　甘肃科学技术出版社
社　址　兰州市读者大道568号　730030
网　址　www.gskejipress.com
电　话　0931-8121236(编辑部)　0931-8773237(发行部)
京东官方旗舰店　https://mall.jd.com/index-655807.html

发　行　甘肃科学技术出版社　印　刷　甘肃兴业印务有限公司
开　本　880毫米×1230毫米 1/32　印　张　10.75　插　页　2　字　数　270千
版　次　2021年1月第1版
印　次　2021年1月第1次印刷
印　数　1~1000
书　号　ISBN 978-7-5424-2285-9　定　价　39.00元

《动物疫病与防控》
编 委 会

主 任 委 员：陈兆亭
副主任委员：赵锦丰　李兴奎　王学礼　马建荣
委　　　员：李建英　黎文斌　周文斌
　　　　　　杨来康　马目沙　张志明
主　　　编：李红连　樊天喜
参　　　编：（按姓氏首字母排名）
　　　　　　李红梅　张家川县动物疫病预防控制中心
　　　　　　李　健　张家川县动物疫病预防控制中心
　　　　　　李国圆　张家川县动物疫病预防控制中心
　　　　　　李进珍　张家川县动物疫病预防控制中心
　　　　　　马萍萍　张家川县动物疫病预防控制中心
　　　　　　马炳峰　张家川县动物疫病预防控制中心
　　　　　　马忠效　张家川县动物疫病预防控制中心
　　　　　　王耀平　张家川县动物疫病预防控制中心
　　　　　　王美丽　张家川县动物疫病预防控制中心
　　　　　　杨　梅　张家川县动物疫病预防控制中心

张明亮　张家川县动物疫病预防控制中心

陈　杰　张家川县闫家乡农业农村综合服务中心

李万宏　张家川县张棉乡农业农村综合服务中心

惠继龙　张家川县闫家乡农业农村综合服务中心

马保录　张家川县闫家乡农业农村综合服务中心

马福杰　张家川县闫家乡农业农村综合服务中心

宋文博　张家川县张川镇农业农村综合服务中心

王　颖　张家川县张川镇农业农村综合服务中心

冯　军　张家川县张川镇农业农村综合服务中心

哈文军　张家川县张川镇农业农村综合服务中心

靳永军　张家川县梁山镇农业农村综合服务中心

马　鹏　张家川县畜牧技术推广站

马利军　张家川县畜牧技术推广站

沙风琴　张家川县畜牧技术推广站

负秀菊　张家川县畜牧技术推广站

马艳萍　张家川县畜牧技术推广站

马进文　秦安县动物疫病预防控制中心

尚佑军　中国农业科学院兰州兽医研究所

吴锦艳　中国农业科学院兰州兽医研究所

李有全　中国农业科学院兰州兽医研究所

前　　言

　　畜牧业"效益在规模、成败在防疫"。近年来,我国经济水平不断的发展也带动了畜牧业的飞速发展,动物出现疫病的情况也在逐渐加重,动物疫病对畜牧业发展造成了很大的威胁。"宁可千日无疫,不可一日不防",只有将动物疫病的防控工作做好,畜牧业发展才能得到有效的保证。

　　动物疫病与防控目的是提升动物疫病防控及畜牧兽医应用能力,针对区域畜牧养殖场(户)在动物疫病预防、饲养管理系统知识领域能力不足的现状,借助人才培养及科技示范推广项目,我们组织编写了《动物疫病与防控》一书,供大家学习参考。

　　本书共分为七章。第一章主要介绍了动物疫病,第二章主要介绍了动物传染病,第三章主要介绍了动物寄生虫病,第四章主要介绍了人畜共患传染病,第五章主要介绍了人畜共患寄生虫病,第六章主要介绍了区域家畜地方流行病,第七章介绍了动物疫病防控。

　　本书在编写过程中,得到了甘肃省"陇原之光"创业创新人才团队项目支持(项目编号:2019RCXM078),天水市科技支撑项目支持(项目编号:2021-NCK-57220),各界动物疫控业务技术部门及中国农业科学院兰州兽医研究所同仁的谨力支持,在此表达诚挚的谢意。由于编者水平有限,书中难免有疏漏和不足之处,恳请各位专家和同仁批评指正。

编者

2020年4月

目　　录

第一章　动物疫病

　　根据我国动物防疫法,动物疫病是指动物传染病、寄生虫病。动物疫病能在动物间相互传染而引起流行,为群发性疾病,可造成动物群体发病或死亡。根据动物疫病对畜牧养殖业和人体健康的危害程度,我国动物防疫法规定管理的动物疫病分为下列三类:

　　一、一类疫病

　　是指对人和动物危害严重,需要采取紧急、严厉的强制性预防、控制和扑灭等措施的疾病。

　　一类动物疫病(17种):口蹄疫、猪水泡病、猪瘟、非洲猪瘟、高致病性猪蓝耳病、非洲马瘟、牛瘟、牛传染性胸膜肺炎、牛海绵状脑病、痒病、蓝舌病、小反刍兽疫、绵羊痘和山羊痘、高致病性禽流感、新城疫、鲤春病毒血症、白斑综合征。

　　二、二类疫病

　　是指可能造成重大经济损失,需要采取严格控制、扑灭等措施的疾病。

　　二类动物疫病(77种)。

　　绵羊和山羊病(2种):山羊关节炎脑炎、梅迪—维斯纳病。

　　猪病(12种):猪繁殖与呼吸综合征(经典猪蓝耳病)、猪乙型脑炎、猪细小病毒病、猪丹毒、猪肺疫、猪链球菌病、猪传染性萎缩性鼻炎、猪支原体肺炎、旋毛虫病、猪囊尾蚴病、猪圆环病毒病、副猪嗜血杆菌病。

马病(5种):马传染性贫血、马流行性淋巴管炎、马鼻疽、马巴贝斯虫病、伊氏锥虫病。

禽病(18种):鸡传染性喉气管炎、鸡传染性支气管炎、传染性法氏囊病、马立克氏病、产蛋下降综合征、禽白血病、禽痘、鸭瘟、鸭病毒性肝炎、鸭浆膜炎、小鹅瘟、禽霍乱、鸡白痢、禽伤寒、鸡败血支原体感染、鸡球虫病、低致病性禽流感、禽网状内皮组织增殖症。

兔病(4种):兔病毒性出血病、兔黏液瘤病、野兔热、兔球虫病。

蜜蜂病(2种):美洲幼虫腐臭病、欧洲幼虫腐臭病。

鱼类病(11种):草鱼出血病、传染性脾肾坏死病、锦鲤疱疹病毒病、刺激隐核虫病、淡水鱼细菌性败血症、病毒性神经坏死病、流行性造血器官坏死病、斑点叉尾鮰病毒病、传染性造血器官坏死病、病毒性出血性败血症、流行性溃疡综合征。

甲壳类病(6种):桃拉综合征、黄头病、罗氏沼虾白尾病、对虾杆状病毒病、传染性皮下和造血器官坏死病、传染性肌肉坏死病。

三、三类疫病

是指常见多发、可能造成重大经济损失、需要控制和净化的动物疫病。

三类动物疫病(63种)。

多种动物共患病(8种):大肠杆菌病、李氏杆菌病、类鼻疽、放线菌病、肝片吸虫病、丝虫病、附红细胞体病、Q热。

牛病(5种):牛流行热、牛病毒性腹泻/黏膜病、牛生殖器弯曲杆菌病、毛滴虫病、牛皮蝇蛆病。

绵羊和山羊病(6种):肺腺瘤病、传染性脓疱、羊肠毒血症、干酪性淋巴结炎、绵羊疥癣,绵羊地方性流产。

马病(5种):马流行性感冒、马腺疫、马鼻腔肺炎、溃疡性淋巴管炎、马媾疫。

猪病(4种):猪传染性胃肠炎、猪流行性感冒、猪副伤寒、猪密螺旋体痢疾。

禽病(4种):鸡病毒性关节炎、禽传染性脑脊髓炎、传染性鼻炎、禽结核病。

蚕、蜂病(7种):蚕型多角体病、蚕白僵病、蜂螨病、瓦螨病、亮热厉螨病、蜜蜂孢子虫病、白垩病。

犬猫等动物病(7种):水貂阿留申病、水貂病毒性肠炎、犬瘟热、犬细小病毒病、犬传染性肝炎、猫泛白细胞减少症、利什曼病。

鱼类病(7种):鲴类肠败血症、迟缓爱德华氏菌病、小瓜虫病、黏孢子虫病、三代虫病、指环虫病、链球菌病。

甲壳类病(2种):河蟹颤抖病、斑节对虾杆状病毒病。

贝类病(6种):鲍脓疱病、鲍立克次体病、鲍病毒性死亡病、包纳米虫病、折光马尔太虫病、奥尔森派琴虫病。

两栖与爬行类病(2种):鳖腮腺炎病、蛙脑膜炎败血金黄杆菌病。

动物传染病是由病原微生物(病毒、立克次氏体、细菌、螺旋体)感染动物体后产生的有传染性的疾病。动物传染病的流行过程就是在动物、人群中发生、发展和转归的过程。其流行过程的发生需要有三个基本条件,就是传染源、传播途径和易感动物。这三个条件是动物传染病发生的必备条件,如果缺少其中任何一个条件,就不可能发生动物传染病。

动物寄生虫病通常是由寄生于动物体内、体外的各种病原性寄生虫所引发的疾病。动物寄生虫病包括动物原虫病、蠕虫病、蜘蛛昆虫病。大多数动物寄生虫病属于慢性消耗过程，感染动物大多表现消瘦，死亡率较低，偶有严重病例，可致动物死亡或发育严重受阻。动物寄生虫病往往是感染性疾病，绝大多数是可以治愈的，但造成的损失比死亡损失更大。

第一节 传 染 病

凡是由病原微生物引起、具有一定的潜伏期和临床症状，并具有传染性的疾病称为传染病。

一、传染病的特征

由特异的病原微生物引起；具有传染性和流行性；被感染的机体能发生特异性反应；耐过动物能获得特异性免疫；具有特征性的临床症状；具有明显的流行规律（周期性、季节性）。

二、传染病的发展阶段

四个阶段分别为潜伏期、前驱期、明显（发病）期、转归期（恢复期）。

潜伏期：从病原微生物侵入动物机体开始到出现疾病的最初症状为止，这个阶段称为潜伏期。不同种类的传染病其潜伏期各不相同，即使同一种传染病，潜伏期的长短也有一定的变动范围。传染病潜伏期的长短，决定着养殖场（户）新购的动物，预防检疫的期限和发生传染病后隔离、封锁的期限。

前驱期:疾病的先兆阶段,动物表现体温升高,精神沉郁,食欲减退,呼吸、心跳加快,生产性能降低等一般的临床症状,而尚未出现疾病的特征性症状。

明显(发病)期:疾病充分发展的阶段,动物明显地表现出某种传染病的典型临床症状。

转归期(恢复期):疾病发展的最后阶段。如果疾病经过良好,患病动物可恢复健康;或者在不良的转归情况下,患病动物以死亡而告终。

三、传染病的免疫接种

免疫接种是激发动物机体特异性抵抗力,使易感动物转化为非易感动物(有免疫力的动物)的一种预防手段。有计划地进行免疫接种,是预防和控制动物疫病的重要措施之一。在一些传染病如猪瘟、鸡新城疫、禽流感、口蹄疫、小反刍兽疫等疫病的防制措施中,免疫接种起到关键作用。

免疫接种的方法:有皮下、皮内、肌内注射或皮肤刺种、点眼、滴鼻、喷雾、口服等不同的接种方法。

免疫程序:根据一定的地区、养殖场(户)或特定动物群体内传染病的流行状况、动物健康状况和不同疫苗特性,为特定动物群制订的接种计划,包括接种疫苗的类型、顺序、时间、次数、方法、时间间隔等规程和次序。制订免疫程序时应考虑当地疾病的流行情况以及严重程度、母源抗体的水平,上一次免疫接种引起的抗体水平、动物的免疫应答能力、疫苗的种类和性质、免疫接种方法和途径、各种疫苗的配合以及对动物健康及生产能力的影响。

预防接种:在经常发生某些传染病的地区,或有某些传染病潜在的地区,或经常受到邻近地区某些传染病威胁的地区,为了防患于未然,在平时要有计划地给畜禽群进行疫苗免疫接种,称为预防接种。预防接种要有周密的计划,注意预防接种后的反应。

预防接种后的反应包括正常反应、严重反应以及综合并发症。正常反应是指由于制品本身的特性而引起的反应,其性质与反应强度随制品而异。严重反应是指程度较重或发生反应的动物数超过正常比例。原因是生物制品质量较差,使用方法不当,如接种剂量过大,接种技术不正确、接种途径错误等。合并症是指与正常反应性质不同的反应。主要包括超敏感——血清病、过敏休克、变态反应,扩散为全身感染,诱发潜伏感染。

紧急免疫:指在发生传染病时,为了迅速控制和扑灭疫情而对疫区和受威胁区尚未发病的动物进行的应急性计划外免疫接种。

影响免疫效果的因素有疫苗因素、疫苗保存与运输、免疫程序、免疫接种方法、动物因素。

四、传染病的诊断方法

分为临床综合诊断和实验室诊断。

(一)临床综合诊断方法

流行病学调查、临床诊断、病理解剖学诊断。

(二)实验室诊断

病理组织学诊断、微生物学诊断、免疫学诊断以及分子生物学诊断。

微生物学诊断包括病料的采集、病料涂片、镜检;分离培养和鉴定、动物接种实验。

免疫学诊断包括血清学实验、变态反应。血清学诊断包括凝集反应、中和反应、沉淀反应、补体结合反应、免疫荧光抗体实验、免疫酶技术等。

分子生物学诊断包括PCR技术、核酸探针技术、DNA芯片技术等。

五、传染病药物预防

药物预防是为了控制某些疫病而在动物的饲料、饮水中加入某种安全的药物进行集体性预防。药物预防的原则是选择合适的药物；严格掌握药物的种类、剂量和用法；掌握好用药时间和时机，做到定期、间断和灵活用药，穿梭用药，定期更换。注意经料给药应将药物搅拌均匀，特别是小型饲养场手工拦料更要注意，采取由少到多、逐级混合的搅拌方法比较可靠。经水给药则应注意让药物充分溶解。

六、传染病的治疗原则

早期治疗，标本兼治，特异和非特异性结合，药物治疗与综合防制措施相配合。动物传染病治疗方法分为针对病原体的疗法和针对动物机体的疗法。针对病原体的疗法有特异性疗法、抗生素疗法、化学疗法、抗病毒药疗法等。针对动物机体的疗法有加强护理、对症疗法、针对群体疗法等。

治疗用药原则：注意药物的适应证，合理使用，有的放矢。掌握用药剂量，既要做到用药足量保证疗效，又要防止用药过量引起中毒。疗程要足，避免一天一换药，否则药物在血液中达不到有效浓度，难以取得应有疗效。对于抗菌药物应定期更换，穿梭用药，不宜长期使用一种药物，以免产生耐药菌株。既要注意联合用药，又要避免药物种类过多造成药物中毒或药物间发生拮抗作用。

第二节　动物传染病的流行过程

一、动物传染病流行过程的三个基本环节

动物传染病流行过程的三个基本环节分别为传染源、传播途径和易感动物。传染源是指有某种病原体在其中寄居、生长、繁殖，并能排出体外的动物机体。传染源包括患病动物、病原携带者。传播途径是指病原体由传染源排出后，经一定的方式再侵入其他易感动物而所经历的路径。

传播途径包括水平传播和垂直传播。

(一)水平传播

传染病在群体之间或个体之间以水平形式横向平行传播。包括直接接触传播、间接接触传播两种方式。

直接接触传播：是指病原体通过被感染的动物与易感动物直接接触，不需要任何外界条件因素的参与而引起的传播方式。

间接接触传播：病原体通过传播媒介使易感动物发生传染的方式，称为间接接触传播。间接接触传播包括空气传播、污染的饲料和饮水、污染的土壤、活的传播媒介。

(二)垂直传播

即从亲代到子代之间的纵向传播。包括：胎盘传播、经卵传播、产道传播。

二、流行过程的表现形式

散发性、地方流行性、流行性（暴发）、大流行。

散发性：发病的动物数目不多，在一个较长的时期内都是以零星病例的形式出现。例如，破伤风呈散发性，这是因为其要通过创伤感染才可能发病；一些流行性很强的传染病（如猪瘟等），如果免疫接种做得好，往往只有个别免疫失败的个体散在发病。

地方流行性：局限于一定地区内发生的传染病，传播范围不大，病例比散发性数量多。如炭疽、猪支原体肺炎等，常以地方流行性的形式出现。

流行性（暴发）：动物发病数目比较多，且在较短的时间内传播到几个乡、县，甚至更大范围。如口蹄疫、猪传染性水疱病、鸡新城疫等病，可能表现为流行性。

大流行：动物发病数目很多，蔓延地区非常广泛，可传播到整个国家或几个国家，或整个大陆。如口蹄疫、流感等疫病都曾出现过大流行。

三、流行过程的季节性

某些动物传染病经常发生于一定的季节，或在一定的季节出现发病率显著上升的现象。季节性发生的原因包括季节对病原体在外界环境中的存在和散播的影响，季节对活的传播媒介的影响，季节对动物活动和抵抗力的影响。

四、流行过程的周期性

某些传染病经过一定的间隔时期，还可以再度流行，这种现象称为传染病的周期性。

五、影响流行过程的因素

自然因素、社会因素、饲养管理因素。

第三节 寄 生 虫

在自然界中,有些生物不能独立生活,为了获得食物和生活场所,维持自己的生存和繁殖后代,而暂时性或永久性地生活在另一种生物的体表或体内,并从另一种生物那里取得它们所需要的营养物质,同时使另一种生物受到一定程度的损害,甚至引起宿主的死亡。我们把这种一方得益,另一方受害的生活方式称为寄生生活。在寄生生活中,寄居的一方(即得益的一方)被称为寄生虫,寄生虫都是些较低等的无脊椎动物;被寄居的一方(受害的一方)被称为宿主。

一、寄生虫的类型

根据寄生虫生活方式的不同和寄生时间的长短分为暂时性寄生虫和永久性寄生虫。暂时性寄生虫是只在需求食物的时候,才和宿主接触,其余时间过自力生活,这类寄生虫称为暂时性寄生虫,如蚊、虻等。永久性寄生虫是长期地且终生寄生在宿主体,离开宿主便不能生存。如寄生在各种动物小肠中的蛔虫。

根据寄生虫寄生部位的不同分外寄生虫和内寄生虫。外寄生虫:可暂时性地(如蚊等)或永久性地(如某些蜱类)生活在宿主的体表或表皮内(如疥螨)。内寄生虫:寄生于宿主的内部器官或组织内,通常属于永久性的寄生虫。如旋毛虫,成虫寄生于肠组织,幼虫寄生于同一宿主的肌肉。还有些寄生虫在发育过程中需要移行,此时过着典型的内寄生生活,以后又转移至体外成为外寄生虫。如牛皮蝇蛆,先从卵内孵出一期幼虫钻入皮肤,在体内深部组织中移行蜕化,在经过一定时间后,到达背部皮下,并在皮肤上穿一小孔与外界相通。

根据寄生虫发育中中间宿主的有无分为土源性寄生虫和生物源性寄生虫。土源性寄生虫:其发育史中不需要中间宿主就可完成由一个宿主到另一个宿主、由一个世代到下一个世代的传播、发育过程。这类寄生虫又叫直接发育型寄生虫。如蛔虫、艾美耳球虫等。生物源性寄生虫:其发育史中需要中间宿主才能完成由一个世代到下一个世代的传播发育过程,这类寄生虫叫间接发育型寄生虫。如寄生于猪肺的后圆线虫需另一种生物——蚯蚓才能完成其整个发育过程。

二、寄生虫的宿主类型

有些寄生虫在其发育过程中只有一个宿主;有些寄生虫的发育过程复杂,不同的发育阶段需要寄生于不同的宿主,需要两个或三个宿主。根据寄生虫发育过程中宿主作用的不同,可将宿主分为以下类型。

终末宿主:寄生虫的成虫或有性繁殖阶段寄生的宿主称之为终末宿主。

中间宿主:寄生虫的幼虫或无性繁殖阶段寄生的宿主称之为中间宿主。例如,肝片吸虫的成虫寄生在牛羊的胆管内,幼虫寄生在椎实螺的体内,故牛羊是肝片吸虫的终末宿主,椎实螺是其中间宿主。

补充宿主:某些寄生虫在幼虫期的发育过程中需要两个中间

宿主,其前期幼虫所需宿主称之为第一中间宿主,后期幼虫所需宿主称为补充宿主或第二中间宿主。如矛形双腔吸虫的成虫寄生在牛羊胆管胆囊内,牛羊是其终末宿主,其前期幼虫,从毛蚴到尾蚴,寄生在陆地螺体内,陆地螺是其第一中间宿主,后期幼虫囊蚴寄生在蚂蚁体内,蚂蚁则是其补充宿主。

保虫宿主:在多宿主寄生虫中,一部分宿主更习惯于被寄生,另一部分宿主虽然也可被寄生,但不那么普遍。后者常被称为保虫宿主。例如肝片吸虫,可寄生于牛羊和多种野生反刍动物,那些野生反刍动物就是肝片吸虫的保虫宿主,因此其也是牛羊肝片吸虫病的感染来源。

贮藏宿主(又叫传递宿主):某些寄生虫的感染性幼虫进入一个并非它们生理上所需要的动物体内,在这个动物体内可长期存活,并不发育和繁殖,但保持着对宿主的感染力,这种动物被叫做贮藏宿主或传递宿主。例如鸡异刺线虫感染性虫卵除直接感染鸡外,也可被蚯蚓吞食,鸡吞食了蚯蚓后,也可感染异刺线虫,蚯蚓就是异刺线虫的贮藏宿主或传递宿主。

三、寄生虫侵入宿主的途径

寄生虫进入宿主的途径可以是单一途径,也可以由多途径侵入,随寄生虫的种类不同而异。

经口感染:寄生虫须在外界环境中或在中间宿主体内发育到感染性阶段方可侵袭(感染)宿主。感染性阶段有时是虫卵,有时是幼虫,有时是卵囊等,因寄生虫的种类而异。寄生虫的感染性阶段随污染的饲料、饮水、土壤或其他物体被动物吞食后感染。

经皮肤感染:感染性幼虫主动钻入皮肤或通过吸血昆虫在吸血时将幼虫传入动物体内而引起感染。

接触感染：通过患病动物和健康动物接触而使健康动物得到感染。

经胎盘感染：有些种类的寄生虫的幼虫在移行的过程，或某些寄生于血液的虫体可通过胎盘进入未出生的胎儿体内使胎儿感染，这种感染方式在禽类叫经卵传递。

自体感染：某些寄生虫的感染性阶段不需要排出宿主体外，即可使原宿主再次遭受感染，这种感染方式就是自体感染。

四、寄生虫对宿主的危害形式

根据寄生虫的生物学特性以及其寄生部位的不同，寄生虫对宿主的致病作用的形式和程度也不同，其危害形式如下：

夺取营养：寄生虫在生长、发育和繁殖的过程中，所需要的营养物质都要从宿主体内获得，这种营养关系是寄生虫和宿主之间最本质的关系，寄生虫从宿主体内夺取营养的方式是经口食入和靠虫体的体表吸收，以这两种方式将宿主体内的各种营养物质变为虫体自身的营养，有的则直接吸取宿主的血液、淋巴液作为营养，从而造成宿主营养不良、消瘦、贫血、生长发育迟缓、生产力下降和抵抗力降低等。

机械性障碍及损伤：寄生虫的附着器官，如吸虫和绦虫的吸盘及其上的角质化钩、线虫口囊内的齿等都可机械性地损伤局部组织。许多种类的蠕虫幼虫在宿主体内移行时，可引起移行途径上器官组织的损伤（虫道）和出血。侵入宿主机体以后，虫体可使宿主的组织、脏器受到不同程度的损害，如创伤、发炎、堵塞、挤压、萎缩、穿孔和破裂等。

毒素的作用：是寄生虫危害宿主的重要方式。寄生虫在生长发育过程中产生的分泌物和代谢产物以及虫体本身被宿主吸收以后,对宿主产生不同程度的局部或全身性的毒害作用,对神经系统和血液循环系统的毒害作用最为严重。

引入病原微生物和其他寄生性原虫:寄生虫侵害宿主的同时,可能将某些病原性细菌、病毒和原生动物等带入宿主体内,使宿主遭受感染而发病。

第四节　动物寄生虫病的诊断技术

寄生虫病的确诊是在流行病学调查研究的基础上,通过实验室检查,查出虫卵、幼虫或成虫,必要时可进行寄生虫学剖检。

一、消化道与呼吸道寄生虫病的诊断

寄生于消化道与呼吸道的绝大多数线虫、吸虫和绦虫所产的虫卵、幼虫或孕节(绦虫)会随粪便排出体外。因此,通过检查粪便中有无这些线虫、吸虫和绦虫所产的虫卵或孕节,可以确定动物是否感染这些寄生虫。寄生于消化道的大多数原虫的卵囊(如球虫、隐孢子虫)、包囊或滋养体(如小袋纤毛虫、贾第虫)也会随粪便排出体外,通过粪检可做出诊断。

粪便检查时,一定要用新鲜的粪便。粪便中寄生虫虫卵、幼虫、卵囊、包囊或滋养体鉴别的主要依据是形态特征,进行形态观察时需要借助显微镜。

(一)常用的粪便检查方法

1.肉眼观察

寄生于动物消化道的绦虫会不断随宿主粪便排出,呈断续面条状(白色)的孕卵节片;另外,其他一些消化道寄生虫有时也可随粪便排出体外。可直接挑出虫体,判明虫种或进一步鉴定。

2.直接涂片法

直接涂片法是取50%甘油水溶液或普通水1~2滴于载玻片上,取黄豆大小的被检粪块与之混匀,剔除粗粪渣,加上盖玻片镜检虫卵。

3.虫卵漂浮法

常用饱和盐水进行漂浮,主要用于检查线虫卵、绦虫卵及球虫卵囊等,进行生前诊断。饱和盐水的制备是把400g食盐放入1000ml的沸水中溶解,之后用纱布或棉花过滤,滤液冷却后备用。漂浮时,取大约10g粪便弄碎,放于一容器内,加入适量饱和盐水搅匀,过滤后,静置0.5h左右,用直径0.5~1.0cm的金属圈蘸取表面液膜,抖落于载玻片上,加盖片后镜检;或用盖玻片直接蘸取液面,放于载玻片上,在显微镜下检查。其他漂浮液有次亚硫酸钠饱和液、硫酸镁饱和液、硝酸钠饱和液、硝酸铵饱和液、硝酸铅饱和液等。检查比重较大的虫卵,如棘头虫虫卵、猪肺丝虫虫卵及吸虫卵时,需用硫酸镁、硫代硫酸钠以及硫酸锌等饱和溶液。

4.虫卵沉淀法

自然沉淀法的操作方法是取一定量的粪便(大约5~10g)捣碎后,放于一容器内,加5~10倍量清水搅匀后,经40~60孔铜筛滤去大块物质后,让其自然沉淀约20min,后将上清液倒掉,再加入清水搅匀,再沉淀,如此反复进行2~3次,至上清液清亮为止。最后倾倒掉大部分上清液,留约为沉淀物1/2的溶液量,用胶帽吸管吹吸均匀后,吸取少量于载玻片上,加盖玻片镜检。使用离心沉淀法取代自然沉淀法,可以大大缩短沉淀的时间。

5.虫卵计数法

常用的有麦克马斯特氏法。计数时,取2g粪便弄碎,放入装有玻璃珠的小瓶内。加入饱和盐水58ml充分震荡混合,通过粪筛过滤。后将滤液边摇晃边用吸管吸取少量。加入计数室内,放于显微镜载物台上,静置几分钟后,用低倍镜将两个计数室内见到的虫卵全部数完,取平均值乘以200,即为每克粪便中的虫卵数(EPG)。

6.幼虫培养法

最常用的方法是在培养皿底部加滤纸一张,而后将欲培养的粪便加水调成硬糊状,塑成半球形,放于皿内的纸上,并使半球形粪球的顶部略高出平皿边沿,使加盖时与皿盖相接触。将此皿置25℃~30℃温箱(夏季放置室内即可)中培养,注意保持皿内湿度(应使底部的垫纸保持潮湿状态)。7~15d后多数虫卵即可发育成第三期幼虫,并集中于皿盖上的水滴中,将幼虫吸出置载玻片上,放显微镜下检查。

7.幼虫分离法

又称为贝尔曼氏法。操作方法是用一小段乳胶管两端分别连接漏斗和小试管,然后置漏斗架上,通过漏斗加40℃温水至漏斗中部,漏斗内放置上有被检材料(粪便或组织)的粪筛或纱布。静置1~3h后,大部分幼虫游走沉于试管底部。此时拿下小试管,吸弃上清液,取管底沉淀物镜检。也可将分离装置放入温箱内过夜后检查。也可用简单平皿法分离幼虫:即取粪球若干个置于放有少量温水(不超过40℃)的玻璃或平皿内经10~15min后,取出粪球,吸取皿内液体,在显微镜下检查幼虫。

8.毛蚴孵化法

取被检粪便30~100g经沉淀集卵法处理后,将沉淀倒入500ml三角烧瓶内,加温清水至瓶口,置22℃~26℃孵化,到第1h、3h、5h

时,用肉眼或放大镜观察并记录一次。如见水面下有白色点状物做直线来往运动,即是毛蚴,但需与水中一些原虫如草履虫、轮虫等相区别。必要时吸出在显微镜下观察,气温高时,毛蚴孵出迅速。在沉淀处理时应严格掌握换水时间,以免换水时倾去毛蚴造成假阴性结果;也可用1.0%~1.2%食盐水冲洗粪便,以防止毛蚴过早孵出,但孵化时应用清水。

(二)粪便中各类虫卵的基本形态

1.线虫卵

光学显微镜下可以看见卵壳由两层组成,壳内有卵细胞。但有的线虫卵排到外界时,其内已含有幼虫。各种线虫卵的大小和形态不同,常呈椭圆、卵圆或近圆形;卵壳表面多数光滑,有的凸凹不平,色泽可从无色到黑褐色。不同线虫卵卵壳的厚薄不同。蛔虫卵卵壳最厚,其他多数较薄。

2.吸虫卵

多数呈卵圆或椭圆形。卵壳由数层膜组成,比较厚而坚实。大部分吸虫卵一端有卵盖,有的吸虫卵卵壳表面光滑,有的有一些突出物(如结节、小刺、丝等)。新排出的吸虫卵内一般含有较多的卵黄细胞及其所包围的胚细胞,有的则含有毛蚴。吸虫卵常呈黄色、黄褐色或灰色,内容物较充满。

3.绦虫卵

圆叶目绦虫卵呈圆形、方形或三角形。其虫卵中央有一椭圆形具有三对胚钩六钩蚴(胚胎),它被包在内胚膜内,内胚膜外是外胚膜,内外胚膜呈分离状态,中间含有或多或少的液体,并有颗粒状内含物。有的绦虫卵内胚膜上形成突起,称之为梨形器(灯泡结构),各种绦虫虫卵卵壳的厚度和结构有所不同。绦虫卵大多数无色或灰色,少数呈黄色或黄褐色。假叶目绦虫卵则非常近似于吸虫卵。

二、外寄生虫病的诊断

寄生于动物体表的寄生虫主要有蜱、螨、虱等。对于它们的检查,可采用肉眼观察和显微镜观察相结合的方法。虱子、蜱寄生于动物体表,个体较大,通过肉眼观察即可发现,进行进一步鉴别时需取虫体在显微镜下根据虫体形态特征进行鉴别。螨个体较小,常需刮取皮屑,置于显微镜下寻找虫体或虫卵,根据虫体形态特征进行鉴别。

(一)疥/痒螨的刮取与现察

在宿主皮肤患部与健康部交界处,用外科凸刃小刀,在酒精灯上消毒,使刀刃与皮肤表面垂直,反复刮取表皮,直到稍微出血为止。为了避免刮下的皮屑掉落,刮时可将刀子沾上甘油或甘油与水的混合液。将刮下的皮屑集中于培养皿或试管内,密封带回供检查。

可将刮下的皮屑放于载玻片上,滴加50%甘油溶液,覆以另一张载玻片。搓压玻片使病料散开,置显微镜下检查。为了在较多的病料中,检出其中较少的虫体,可采用浓集法提高检出率。先取较多的病料,置于试管中,加入10%氢氧化钠溶液,浸泡过夜,使皮屑溶解,虫体自皮屑中分离出来。而后以2000r/min的速度离心沉淀5min,虫体即沉于管底,弃去上层液,吸取沉渣检查。

(二)蠕形螨的检查

蠕形螨寄生在毛囊内,检查时先在动物四肢的外侧和腹部两侧、背部、眼眶四周、颊部和鼻部的皮肤上摸是否有沙粒样或黄豆大的结节。用小刀切开挤压,看到有脓性分泌物或淡黄色干酪样团块时,则可将其挑在载玻片上,滴加生理盐水1~2滴,均匀涂成薄片,上覆盖玻片,在显微镜下进行观察。

(三)虱和其他吸血节肢动物寄生虫检查

虱、蜱、蚤(包括蠕形蚤)、虱蝇等吸血节肢动物寄生虫在动物的腋窝、下颌、乳房和趾间及耳后等部位寄生较多。可手持镊子进行仔细检查,采到虫体后放入有塞的瓶中或浸泡于70%酒精中。注意从体表分离蜱时,切勿用力过猛。应将其假头与皮肤垂直,轻轻往外拉,以免口器折断在皮肤内,引起炎症。采集的虫体经透明处理后在显微镜下检查。

三、血液与组织内寄生虫病的诊断

(一)血液寄生虫检查

寄生于血液中的寄生虫,检查时一般需要采血检查寄生于血浆中或血细胞中的虫体。血液中寄生的常见寄生虫主要有:锥虫、巴贝斯虫、泰勒虫、附红小体、原虫、心丝虫病等。血液寄生虫的检查方法主要有以下几种:

1.血液的涂片与染色

一般在患病动物高温时取耳静脉血涂片。在固定动物后将欲采血部位剪毛清洁,用75%的酒精棉球消毒,再用一小块干棉球擦干,然后用针头刺破耳静脉,用载玻片接触最先流出的一滴血,制成血液涂片,后用姬姆萨染液或瑞氏染液法染色后观察。

2.鲜血压滴的观察

将一滴生理盐水置于载玻片上,滴上被检的血液一滴后充分混合再盖上盖玻片,静置片刻,放显微镜下用低倍镜检查,发现有运动可疑虫体时,可再换高倍镜检查。由于虫体未染色,检查时应使视野中光线弱些。该方法主要是检查血液中锥虫和心丝虫的运动性。

3.虫体浓集法

上述方法虽然可以查到血液中的原虫,但当血液中虫体较少时,则不易查出虫体。为此,常先进行集虫,再制片检查。其操作过程是,采患病动物抗凝血6~7ml,以50r/min速度,离心5min,使其中大部分红细胞沉降;而后将含有少量红细胞、白细胞和虫体的上层血浆移入另一离心管中,补加一些生理盐水,以2500r/mim的速度离心10min。取沉淀物制成抹片,按上述染色法染色检查。此法适用于伊氏锥虫病和梨形虫病的检查。对于血液中的微丝蚴,也可用虫体浓集法,方法是采血于离心管中,加入5%醋酸溶液以溶血,待溶血完成后,离心并吸取沉淀物检查。

(二)生殖道寄生虫检查

1.牛胎儿毛滴虫检查

牛胎儿毛滴虫存在于患病母牛阴道、子宫分泌物、流产胎儿羊水、羊膜或其真胃内容物,也存在于公牛包皮鞘内。采集病料时必须尽可能地避免污染,以免其他鞭毛虫混入病料而造成误诊。采集用的器皿和冲洗液应加热使其接近体温,冲洗液使用生理盐水。采取母畜阴道分泌的透明黏液,以直接自阴道内采取为好,可用一根长45cm,直径1.0cm的玻璃管,在距一端的12cm处,弯成150°角,消毒备用。使用时将管的"短臂"插入受检畜的阴道,另端接一橡皮管并抽吸,少量阴道黏液即可吸入管内。取出玻管,两端塞以棉球,带回实验室检查。收集公牛包皮冲洗液时,应先准备100~150ml加温到30℃~35℃的生理盐水,用针筒注入包皮腔。用手指将包皮口捏紧,用另一手按摩包皮后部,而后放松手指,将液体收集于广口瓶中待查。流产胎儿,可取其真胃内容物、胸水或腹水检查,病料采集后尽快进行检查。对浓稠的阴道黏液,检查前用生理盐水稀释2~3倍,羊水或包皮洗涤物以2000r/min的速度离心沉淀

5min,而后以沉淀物制片检查。未染色的标本主要检查活动的虫体,在显微镜下可见其长度略大于一般的白细胞,能清楚地见到波动膜,有时尚可见到鞭毛,在虫体内部可见含有一个圆形或椭圆形有强折光性的核。波动膜的发现,常作为本虫与其他一些非致病性鞭毛虫和纤毛虫在形态上相区别的依据。也可将标本固定,用姬姆萨染液或苏木素染液染色后检查。

2.马媾疫锥虫检查

马媾疫锥虫检查材料采取浮肿部皮肤或丘疹抽出液、尿道及阴道的黏膜刮取物,特别在黏膜刮取物中最易发现虫体。采取浮肿液和皮肤丘疹液时,用消毒注射器抽取,为了防止吸入血液发生凝固,可于注射器内先吸入适量2%柠檬酸钠生理盐水。采取马阴道黏膜刮取物时,先用阴道扩张器扩张阴道,再用长柄锐匙在其黏膜有炎症的部位刮取,刮时应稍用力,使刮取物微带血液,则其中容易检到锥虫。采取公马尿道刮取物时,应先将马保定,左手伸入包皮内,以食指插入龟头窝中,徐徐用力以牵出阴茎,用消毒长柄锐匙插入尿道内,刮取病料。以上所采病料加适量生理盐水,置载玻片上,覆以盖玻片,制成压滴标本检查;也可制成抹片,用姬姆萨染液染色后检查或用灭菌纱布,以生理盐水浸湿,用敷料钳夹持,插入公马尿道或母马阴道,擦洗后取出纱布,洗入无菌生理盐水中,离心沉淀,取沉淀物检查,方法同上。

第二章　动物传染病

第一节　牛气肿疽

牛气肿疽病也称黑腿病,是由气肿疽梭菌引起的热性败血型传染病。是牛的急性、败血性、发热性传染病。其特征是在牛肌肉丰满的部位如颈侧、肩前、腰部、后肢上部、臀部等处发生炎性、气性肿胀,挤压有捻发音,所以又称鸣疽病,并常有跛行。流行性多为地方性流行或散发性流行。

一、病原学

气肿疽梭菌是厌氧菌,革兰氏染色呈阳性,形态为两端钝圆梭状,单个或成对,有鞭毛,无荚膜,在体内外均能形成芽孢;气肿疽梭菌对普通化学消毒剂及高温干燥并没有较强抵抗力,但形成芽孢后需要用3%浓度的福尔马林处理15min或0.2%的氯化汞溶液处理10min才可灭活。

二、流行特点

牛气肿疽病的传染源是病畜和被污染的土壤,但并不是由病畜直接传染给健康家畜,其主要传播因素是土壤。即病畜体内的病原体进入土壤,以芽孢形式长期生存于土壤中,牛吃了被污染的饲草、水源,经口腔和咽喉创伤侵入牛组织,也可由松弛或微伤的胃肠黏膜侵入牛体内。草场或放牧地被气肿疽梭菌污染,此病将会年复一年地在易感动物中有规律地重新出现。在自然条件下,气肿疽主要危害黄牛、水牛,感染后仅出现轻度跛行和轻热,经数小时至24h后症状消失。本病有明显的季节性,多发生于5~9月的高温、高湿季节,特别是在沼泽牧场放牧的牛群最易感染。

三、临床症状

牛经气肿疽梭菌感染后,潜伏期通常在一周左右,逐渐出现体温上升,肌肉肿胀,局部皮肤呈现紫黑色,坏死,切开会有暗红色带有酸臭味的液体流出。体表部位以胸部、颈部、腰部、腿部多发,可以触摸到肿大的淋巴结节。患病牛食欲不振,脉搏加速,反刍减缓或停滞。根据牛个体不同及病情不同,病程短则1d,长可达两周。随着牛龄增加,病症表现越轻微,有些老牛呈现一过性,而小牛病症明显且不易治愈。本病在原有疫区二次爆发率较低,影响范围也有限,而在未发病的区域爆发性较强,可能是疫区牛只已有抗体产生,可以有效避免二次染病。本病的病变主要表现为全身组织气肿,肺水肿。

四、发病机理

气肿疽梭菌通常以芽孢形态感染牛,然后在肠腺内生长繁殖,再通过血液或者淋巴液扩散,在全身重新繁殖,在代谢过程中会产生透明质酸酶和α毒素,致使细胞坏死,创造有利于病原扩散的环境,还可以产生酸类物质及气体,使病灶发生气肿现象,产气达到一定量时敲击会产生空鼓音,按压会有捻发音。

五、剖检变化

死于气肿疽病的牛,尸体很快膨胀,皮下组织气肿,皮下血管怒张。切断血管,立即流出大量带气泡的暗红色血液。鼻孔中常有血液流出。肛门及阴户外翻,有淡红色血液流出。切开肿胀部位,组织肌肉为暗红色,呈蜂窝状,有特殊酸臭气味。胸腔和心包腔积有淡红色液体,肺水肿,腹腔中有很多带血的腹水,肠系膜淋巴结肿大出血,肝脏暗棕色,切面呈蜂窝状,有带气泡的暗紫红色血液流出;脾高度肿大,脾髓呈粥状暗红色。此外,还可见胃肠道黏膜有卡他性炎性变化。

六、诊断

发病急,体温高,死亡快,肌肉丰满处发生肿胀,按之有捻发音,可作初步诊断。确诊需进行细菌学诊断,即抽取病牛肿胀部水肿液或用死牛的肝脏表面涂片,染色后镜检,如见到单个或两个连在一起的无荚膜、有芽孢的气肿疽梭菌,可诊断为气肿疽。如有条件,还可进一步作细菌分离培养和动物实验。

七、防治

(一)预防

1.合理选择放牧地

本病传染源虽然是病畜,但并不是由病畜直接传染给健康家畜,主要感染因素是土壤。病畜体内的气肿疽梭菌进入土壤,并形成芽孢,抵抗力极大,在土壤内可存活5年以上,该病传染途径主要是消化道,家畜采食被污染的饲草和饮水,经有创伤的口腔、咽喉胃肠道侵入,进入血流而感染全身。一旦放牧地存在污染,本病将会每年有规律地出现。因此,在选择放牧地时,应避开这样的草场,尤其潮湿的山谷牧场及沼泽地区。

2.严格饲料来源

舍饲动物发病主要是因为饲喂了被气肿疽梭菌污染的饲草而发病。因此饲草来源要调查清楚,是否来源于疫区,以降低感染风险。

3.疫苗接种

疫苗预防接种是控制本病的有效措施。气肿疽灭活疫苗,皮下注射,无论年龄大小,每头牛5ml。6月龄以下牛接种后,到6月龄要加强免疫1次。由于6月龄至3岁的牛最易感,并以1~2岁多发,且肥壮牛比瘦牛更易患病,应及时进行免疫接种。免疫接种时,防疫人员要重视规范操作,做好消毒程序,避免免疫注射时感染气肿疽病。

4.注意消毒灭源

气肿疽主要侵害黄牛,其他动物如奶牛、绵羊等患病少见。病死畜严禁剥皮吃肉,应深埋或焚烧,被污染的环境应彻底消毒,处理不当的尸体,病牛的排泄物、分泌物、污染的饲料、水源及土壤会成为持久性传染来源,为减少病原的传播,做好无害化处理非常重要。

由于本病在不同地区均呈现一定季节性,应在流行之前做好以上预防措施。

(二)治疗

1.西药治疗

病初皮下或静脉注射抗气肿疽血清150~300ml,必要时重复注射一次。早期病例,肿胀周围分点在皮下或肌肉注射适量1%~2%高锰酸钾溶液或3%双氧水;或用0.25%~0.5%普鲁卡因溶液10~

20ml溶解80万~120万IU青霉素于肿胀部周围分点注射。或者青霉素280万~1000万IU,肌注,每日2~3次。复方磺胺-5-甲氧嘧啶注射液80~100ml,肌注,每天1次。根据病情进行强心、解毒、补液等对症疗法。在发病初数小时内用抗气肿疽血清,由静脉、腹腔或肌肉注射150~300ml,重病例可在12h后用同量进行第2次注射。一般常因病程过急或施治已迟,不能收效。所以要对发生本病的牛、羊群,早期发现及时用血清或抗生素做预防性治疗。

2.中药治疗

穿山甲、天冬、枳壳、天花粉、荆芥、金银花、连翘各15g,木香、黄柏、茯苓各12g,升麻、甘草各10g,煎水灌服。

厚朴、茵陈、大黄、黄芩、生石膏各12g,龙胆草、蒲公英、赤芍、柴胡、归尾、黄连各10g,煎水灌服或灌六神丸100丸。

茵陈12g,穿山甲10g,当归10g,赤芍10g,栀子12g,红花12g,金银花12g,皂刺12g,蒲公英12g,贝母12g,共为末,开水冲,候凉灌服。

第二节　牛流行热

牛流行热(Bovineepizooticfever)又称三日热或暂时热,是由病毒引起牛的一种急性热性传染病,其临诊特征为突发高热、流泪,有泡沫样流涎,鼻漏,呼吸促迫,后躯僵硬,跛行,常为良性经过,2~3d即可恢复正常,发病高,病死率低。

一、病原学

牛流行热病毒属弹状病毒科、暂时热病毒属的成员,像子弹形或圆锥形。成熟的病毒粒子长 130~220nm、宽 60~70nm，含单股 RNA，有囊膜。本病毒对环境的抵抗力较弱，使用常规消毒剂就可将其杀灭，尤其是对酸和碱比较敏感，在紫外线照射下也容易死亡；不耐热，在 56℃ 的环境中 10min 就可以将其杀灭。

二、流行病学

本病主要侵害奶牛和黄牛，水牛较少感染。以 3~5 岁牛多发，1~2 岁牛及 6~8 岁牛次之，犊牛及 9 岁以上牛少发。肥胖的牛病情较严重。产奶量高的母牛发病率高。病牛是本病的主要传染源。吸血昆虫（蚊、蠓、蝇）叮咬病牛后再叮咬易感的健康牛而传播，吸血昆虫是重要的传播媒介。

本病的传染力强，传播迅速，短期内可使很多牛发病，呈流行性或大流行性。本病的发生有明显的周期性，约 3~5 年流行一次，一次大流行之后，常隔一次较小的流行。

三、临床症状

牛感染流行热病毒后通常急速发病，在发病刚开始阶段，体温即可上升至 41℃ 左右，精神萎靡不振，食欲下降甚至废绝，停止反刍，眼结膜红肿，口腔和眼部有分泌物。被毛杂乱无光泽，行动受阻，臀肌和胸肌有震颤的现象，四肢等神经末梢的温度低于正常体温，呼吸急促，后背拱起。除以上典型临床症状外，患病牛还可以表现为胃肠型发病、瘫痪型发病、肺炎型发病或综合型发病。

（一）胃肠型

胃肠型发病的病牛目光呆滞，眼窝向内凹陷，腹部疼痛，偶尔有踢腹症状，瘤胃蠕动减弱，大便干硬，颜色变深呈黑色，并且含有黏液，通常在患病初期病牛有便秘的症状，随着病情的发展会转变为腹泻,肛门松弛,长时间卧地不愿起身。

(二)瘫痪型

瘫痪型发病的患病牛临床症状主要是发生运动功能障碍,四肢无法正常活动,时常摔倒,肌肉震颤情况明显,主要在臀肌部位,发病2d后会出现倒地不起的情况,四肢在腹部蜷缩,但是依然有食欲,病情较为严重的患病牛后肢向后伸直。

(三)肺炎型

患病牛为肺炎型发病时,症状为气喘,通常在发病12h后即会出现喘息的症状,腹式呼吸明显,呼吸速度、心跳频率加快,部分患病牛会死亡。

(四)综合型

一些患病牛可能会在患病时表现出体温上升和跛行共发的症状,此种为综合型发病,病症较轻微,跛行程度不严重,没有典型的呼吸异常,结膜发红,有眼泪,发病1~2d内没有食欲,但可逐渐恢复正常。

四、病理变化

发病死亡的牛病变主要集中在肺部,可以出现间质性气肿,水肿和充血,在表现为气肿时可见肺部膨胀、肺间质增宽,触摸肺脏时会发出捻发音,有时在肺部可见被膜下有大小不同的气囊,大的气囊有皮球大小,肺脏的实质会被气泡胀大而破裂,形成空洞。肺脏水肿在胸腔内可见大量暗红色液体,肺间质变宽,在肺脏内部有胶冻样浸润。将肺脏切开可见从其内部流出暗红色液体,气管内也可见泡沫状液体,器官壁还有明显可见的出血点或出血斑。在肝脏、肾脏和脾脏表面均可能有出血点和坏死灶,肠道也会表现出充血和出血,有的病牛淋巴结也表现为充血和出血,还可见轻微肿胀。

五、诊断

本病的特点是大群发生,传播快速,有明显的季节性。发病率高、病死率低,结合病畜临诊上表现的特点,不难做出诊断。但确诊本病需要结合实验室检查。通常是使用动物接种实验和荧光抗体实验。动物接种实验的具体方法是在病牛发病初期采集抗凝血,通过离心从中收集到白细胞和血小板,使用生理盐水将其制作成悬浮液。将制作好的悬浮液无菌接种于1日龄仓鼠,观察仓鼠的变化,在5~7d后如果出现临床症状,根据其表现出的精神不振、后肢麻痹等可以确定为牛流行热。荧光抗体实验的方法为使用荧光染料标记抗体后制作成荧光抗体,使用荧光抗体来检测血清中是否存在相应的抗原,如果检测出相应抗原就可以判定牛发病为牛流行热。除了这两种方法还可以使用血清学检查进行中和实验。

本病的诊断还需要注意和其他相类似的疾病进行区别,如牛的蓝舌病、牛传染性鼻气管炎等。蓝舌病虽有发热情况,但肌肉和四肢不疼痛。牛传染性鼻气管炎的发病季节多集中在冬天寒冷季节,发病主要表现为呼吸道症状。

六、防治

(一)预防

1.免疫接种

目前对于牛流行热的预防,使用疫苗免疫的方式是最为简单有效的措施,可以使用牛流行热亚单位疫苗或灭活疫苗,预防效果良好。在吸血昆虫大量繁殖前的1个月进行疫苗免疫,21d后再次接种疫苗以增强免疫效果。奶牛进行免疫接种后会在短时间内对产奶量产生一定的影响。使用高免血清对受威胁的牛群进行免疫接种能够防止疾病的传播扩散。

2.加强饲养管理

加强饲养管理是预防牛流行热的必要措施,在疾病的流行季节,合理进行放牧,适当调整放牧时间,提供干净舒适的环境,同时做好环境卫生,积极进行驱虫,减少吸血昆虫的侵害,降低疾病的发病率。

(二)治疗

1.西药治疗

肌肉注射复方氨基比林、安乃近等能够达到退热的目的;静脉注射葡萄糖生理盐水以及强心药樟脑磺酸钠能够缓解高烧不退的症状,可以辅助使用物理降温的方式。肌肉注射青霉素、链霉素或磺胺类药物对于出现继发感染的患病牛有一定的治疗效果;静脉注射氟美松注射液和葡萄糖生理盐水能够缓解呼吸障碍,并对肺部病变有一定的疗效;水杨酸钠或氢化可的松可用于治疗跛行及瘫痪。

2.中药治疗

取黄芩 30g,甘草 20g,紫胡 40g,薄荷 25g,大青叶 30g,双花 30g,连苕 30g,大枣 20g,制成粉末后服用也能够治疗牛流行热。根据不同病症在以上方剂的基础上增加药物,如出现胃肠症状的可添加胡莲和穿心莲;瘫痪型发病的可以使用牛膝、川断、红花等治疗;表现为肺炎症状的添加桔梗、蒲公英、葶苈子。桂皮、蒲公英、丹皮可用于治疗综合型发病。

第三节 牛传染性鼻气管炎

牛传染性鼻气管炎(IBR)是由IBRV引起的牛的急性、热性、接触性传染病。其特征是上呼吸道感染,出现呼吸困难,流鼻液等,还可引起生殖道感染,发生化脓性阴门—阴道炎,导致流产和死胎。同一种病原引起的多种病状的传染病。世界动物卫生组织(OIE)将该病列为必须通报的疫病之一,是国际贸易检疫对象。本病首次报道于美国,我国1980年从新西兰进口的奶牛中分离出IB-DV,并于1985年证实四川牦牛、奶牛存在IBR。本病给养牛业造成明显损失。

一、病原学

属疱疹病毒科,即牛疱疹病毒1型(BHV_1)有囊膜,病毒呈球形,直径130~180nm,双股RNA。本病毒可潜伏在三叉神经节和腰、荐神经节内,机体产生的中和抗体对潜伏在神经节内的病毒无作用。可用牛肾、睾丸、鼻甲骨培养,并可产生CPE,均可出现核内包涵体,只有一个血清型。病毒对乙醚和酸敏感,碘制剂、氯制剂、烧碱、来苏儿、过氧乙酸和戊二醛等为常用防腐消毒剂。

二、流行病学

病牛和带毒牛是主要传染源。传播途径分别为呼吸道传染、生殖道感染。呼吸道传染有呼气、飞沫、唾液。生殖道感染有交配、人工授精精液传播,其主要感染牛(肉牛、奶牛),也可感染山羊、猪。本病多发于寒冷季节,过分拥挤可促进本病发生。

三、临床症状

该病的潜伏期一般为4~6d,有的可达20d以上。该病可主要表现为以下五种类型:

(一)呼吸道型

该型多发生在较冷的月份,急性病例对呼吸道损伤较大,消化道病变较轻微。体温高达42℃,采食停止,流多量黏脓性鼻液,鼻腔黏膜严重充血,浅表溃疡,此时鼻窦及鼻镜的病理变化称为"红鼻子",伴有呼吸困难,呼出气有臭味,咳嗽。有的病例结膜炎、粪便带血。奶牛产奶量急剧减少,甚至完全停止,病程长的可恢复正常,病程短的数小时内死亡,大多数10d以上。

(二)生殖道感染型

母牛发病后发热,精神沉郁,频尿,阴道黏膜潮红,流出黏性分泌物,且阴门黏膜分布大量的白色小病灶,可形成溃疡。公牛发病后停止采食,症状轻的可短期内康复,症状重的体温明显升高,阴茎和包皮上可见脓包,2周内可逐渐恢复。

(三)脑膜脑炎型

主要见于犊牛,体温高达40℃以上,病牛可见共济失调、口吐白沫、角弓反张、四肢划动等神经症状,多数病例短期内死亡。

(四)眼炎型

全身反应不明显。出现结膜炎和角膜炎,眼角膜浑浊,很少死亡。

(五)流产型

妊娠母牛经呼吸道感染后,胎儿死亡后排出体外。

四、病理变化

呼吸型病牛可见咽喉、气管及支气管黏膜发炎、溃疡,皱胃黏膜有潮红、溃疡,肠黏膜呈卡他性炎症。脑膜脑炎型可见非化脓性炎症。流产型胎儿可见肝、脾局灶性坏死,有的皮肤水肿。

五、诊断

病史、临诊症状可做出初步诊断。确诊需要进行实验室检查。病毒分离是将发热期鼻腔洗涤物、流产胎儿的胸腔液或胎盘子叶等病料用牛肾细胞进行培养分离,再用中和实验及荧光抗体实验进行鉴定。间接血凝实验或酶联免疫吸附实验可用于该病的诊断和血清流行病学调查。

六、防制

目前我国对牛传染性鼻气管炎没有特效药物,主要通过加强饲养管理措施和免疫接种来预防,主要从改善饲养条件方面入手,避免疾病发生大范围的扩散。该病在生产中多呈隐性感染,所以疫苗接种是最佳的预防方式。

(一)疫苗接种

常用基因缺失弱毒苗和灭活苗、低温适应弱毒疫苗、亚单位疫苗以及常规弱毒苗和灭活苗等。应该注意,虽然以上疫苗给牛群接种之后都能发挥良好的保护效果,但是却不具备抑制强毒感染的功能,所以应加强牛群的全面净化,以达到最有效的防治目的。给6月龄的犊牛进行疫苗接种,能够产生长达6个月以上的相应免疫力。

(二)加强饲养管理

尽量保证牛舍的干燥状态和卫生环境,维持牛舍内的温度适宜,牛床上多铺垫草,给牛只提供舒适的生活条件。冬季气温比较低,但也要尽量避免饲养密度过大,否则牛只接触密切容易造成传染性鼻气管炎的扩散和传播。所以在每年气温偏低的时间段应该加强保温措施,要着重调节饲养舍内适宜温度的调节,在生产中可以有效防止牛群感染患病。通常牛只生存的适宜温度需要达到8℃以上,重点预防冷风侵袭牛体。平时要保证牛只有足够的运动量,保证体质强壮的同时还可以提高机体的御寒能力,这样可非常有效地预防传染性鼻气管炎的发生。牛场应坚持自繁自养的饲养原则,选择优质品种牛只进行交配,从根本上预防疾病的发生。

(三)控制疫情

养牛场一旦出现传染性鼻气管炎,要尽快用实验室诊断方法进行确诊。根据相关规定采取一系列的封锁、消毒、扑杀等综合性手段。对饲养舍内的患病牛采取有效的隔离措施,同时还要全面彻底地消毒患牛污染过的场地、圈舍以及相关的生产用具,保证饲养场内没有消毒死角的存在,对饲养舍内产生的污染物和粪便等采取无害化的处理方式,彻底杀死病原,从而控制疫情的扩散情况。扑杀是目前根除本病最有效的方法。

第四节　牛结节性皮肤病

牛结节性皮肤病(LSD)，又称牛疙瘩皮肤病、牛结节性皮炎和牛结节疹，是由痘病毒科山羊痘病毒属牛结节性皮肤病病毒(LS-DV)引起的牛全身性感染疫病。该病是世界动物卫生组织(OIE)的通报动物疫病，也是《中华人民共和国进境动物检疫疫病名录》中的一类传染病。

一、病原学

LSDV 为双链 DNA 病毒，与山羊痘病毒(GPV)、绵羊痘病毒(SPV)同属于痘病毒科(Poxvoridae)、羊痘病毒属(CaPV)。LSDV 其形态特征与痘病毒相似，结构呈砖块状、短管状或椭圆形，有囊膜，无血凝活性，大小为 260~320nm，为较小的痘病毒。其基因组长151 kbp，由中央的编码区和两翼的长为 2.4kb 的倒置末端重复序列(ITR)组成，有 156 个推测的基因，迄今分离的病毒株只有一个血清型。LDSV 与绵羊痘和山羊痘的病原关系密切，比绵羊痘病毒和山羊痘病毒多出 9 个基因，这些基因在绵羊痘和山羊痘病毒中没有功能，但其中的一些基因可能是 LSDV 能感染牛的原因，通过对其DNA 进行分析表明，LSDV 与羊痘病毒毒株之间的同源性可达80%，与山羊痘病毒和绵羊痘病毒的基因组核苷酸有 96% 的同源性，在血清学上有交叉中和反应。

LSDV 可在羔羊和犊牛肾或睾丸细胞、绵羊胚胎肾和非细胞、鸡胚成纤维细胞等原代细胞以及牛肾细胞(BEK)、非洲绿猴肾细胞（Vero）和幼仓鼠肾细胞（BHK-21）等传代细胞中增殖,但细胞病理变化产生缓慢。该病毒也可在鸡胚绒毛尿囊膜上增殖,但鸡胚不死亡。

LSDV对人没有致病力,对外界因素具有较强抵抗力,在pH6.6~6.8时稳定;在4℃甘油盐水或细胞培养液中可存活4~6个月;在正常环境温度下存活时间可长达40d,特别是在皮肤痂皮中存活时间更长;而在-80℃下保存有病理变化的皮肤结节或组织培养液中可存活10年。对热敏感,55℃经2h、65℃经30min就能将其灭活,不耐强酸强碱,对12%乙醚、1%福尔马林、十二烷基硫酸钠、甲醛等消毒剂敏感。

二、流行病学

LSDV于1929年在赞比亚首次报道,数年后在博茨瓦纳和南非地区出现。20世纪70年代,该病向北传播到科尼亚和苏丹,向西传播到尼日利亚,随后相继传播到毛里塔尼亚、马里、加纳和利比里亚等国家。1989年在以色列单独爆发流行,为此以色列建立了第一个LSDV实验室。2005年后,巴林、科威特、阿曼、以色列、伊朗、土耳其等相继出现疫情。2015年以来,该病在欧洲东南部迅速蔓延,包括希腊、俄罗斯等。2019年8月我国首次报道新疆维吾尔自治区伊犁州发生LSDV。目前该病已广泛分布于非洲、中东、中亚、东欧东亚、南亚等地区。LSDV被世界动物卫生组织列为必须通报的疫病,我国暂时对其按二类动物疫病进行管理,并采取相应的防控措施。

（一）传染源

发病牛与亚临床症状的感染带毒牛,其皮肤和真皮损伤部位、结痂、唾液、鼻液、牛乳、血液、肌肉、淋巴结、脾脏及精液内含有大量的病毒,是本病的主要传染源。其次节肢动物蚊、蠓、蜱等都可携带 LSDV,并能在体内存活,在本病传播过程中起着很重要的作用。

(二)传播途径

本病可通过直接接触传播或通过节肢动物叮咬传播,也可通过饮水、饲料而传播。

(三)易感动物

牛不分年龄和性别都对本病易感,是本病的自然宿主,通常情况下普通牛比较易感,亚洲水牛、奶牛也易感。感染率在2%~45%,死亡率一般低于10%。同一条件下的牛群,有隐型感染到死亡不同的临床表现差异,可能与传播媒介的状况有关。水牛、绵羊、山羊、家兔、长颈鹿和黑羚羊等也能感染。目前没有发现病原携带者。

三、临床症状和病理变化

(一)临床症状

本病自然感染的潜伏期为2~5周,实验感染为4~12d,通常为7d。表现有临床症状的通常呈急性经过,初期发热达41℃,呈稽留热型,持续1周左右;出现鼻内膜炎、结膜炎、角膜炎。4~12d后,在头、颈、乳房、会阴等体表皮肤处,会出现硬实、圆形隆起、直径2~5cm或更大的结节,深达真皮,触摸有痛感,可聚集成不规则的肿块。2周后发生浆液性坏死,结痂。由于蚊虫的叮咬和摩擦,结痂脱落,形成空洞。但硬固的皮肤病理变化可能持续存在几个月甚至几年,病牛体表淋巴结肿大,以肩前、腹股沟外、股前、后肢和耳下淋巴结最为突出,胸下部、乳房、四肢和阴部常出现水肿,四肢肿大明显,可达3~4倍。眼结膜、口腔黏膜、鼻黏膜、气管发生溃疡,引起大量流泪、流涎和流鼻液等症状,这些分泌物都含有病原。此外,消化道、直肠黏膜、乳房、外生殖器发生溃疡,尤其是皱胃和肺脏,可导致原发性和继发性肺炎。再次感染的病牛四肢因患滑膜炎和腱鞘炎而引起跛行。泌乳牛产乳量急剧下降,约1/4失去泌乳能力。妊娠母牛可能流产,流产胎儿被结节性小瘤包裹,并发子宫内膜炎。公牛病后4~6周内不育,若发生睾丸炎则可出现永久性不育,重度感染牛康复缓慢。

(二)病理变化

结节处的皮肤、皮下组织及邻近的肌肉组织充血、出血、水肿、坏死及血管内膜炎。剖检可见皮下组织有灰红色浆液浸润,结节腔内含有干酪样灰白色的坏组织,有的有脓、血。结节可深达皮下组织甚至骨骼。体表肌肉、咽、气管、支气管、肺、瘤胃、皱胃,甚至肾表面都可能有类似结节分布。结节处的皮肤、皮下组织及邻近的肌肉组织坏死,还出现明显的炎症反应,皮下组织、黏膜下组织和结缔组织有出血性渗出液,呈红色或黄色。组织病理学检查可见表皮和脂腺细胞肿胀,胞质内有空泡。有的互相融合形成微水泡,这种微水泡也见于表皮基底层。在病的早期,受损细胞内可见到嗜酸性包涵体。

口腔、鼻腔黏膜溃疡,溃疡也可见于咽喉、会厌部及呼吸道。气管黏膜充血,气管内有大量黏液。消化道和呼吸道内表面有结节性病变。淋巴结增生性肿大、充血和出血。心脏肿大,心肌外表充血、出血,呈现斑块状瘀血。肺脏肿大,有少量出血点。重症者因纵隔淋巴结感染而引起胸膜炎。有滑膜炎和腱鞘炎的病牛可见关节液内有纤维蛋白渗出物。肝脏肿大,边缘钝圆。胆囊肿大,为正常2~3倍,外壁有出血斑。脾脏肿大,质地变硬,有出血状况。胃黏膜出血。小肠弥漫性出血。肾脏表面有出血点。睾丸和膀胱也有病理性损伤。

四、诊断

根据本病的流行病学特点、临床症状及病理变化,只能做出初步诊断,确诊本病需要进行实验室诊断,要与牛疱疹病毒病、伪牛痘、疥螨病、皮肤霉菌病等进行鉴别诊断。实验室诊断包括血清学诊断、病原学诊断等。

(一)血清学诊断

间接荧光抗体技术(IFA)、病毒中和实验(VNT)、酶联免疫吸附实验(ELISA)等方法,来评价待测血清样品的抗体效价。

(二)病原学诊断

1.病毒核酸检测

可采用荧光聚合链式反应、聚合酶链式反应等方法。

2.病毒分离鉴定

可采用细胞培养分离病毒、动物回归实验等方法。应在中国动物卫生与流行病学中心(国家外来动物疫病研究中心)或农业农村部指定实验室进行。

五、防制

目前无特异性疗法,对发病的动物一般进行对症治疗,已破溃的结节采用外科方法处理,彻底清创,注入抗生素和磺胺类药物可以避免再次感染。

LSDV与绵羊痘病毒、山羊痘病毒存在抗原同源性和交叉保护力,这几种病毒的疫苗都能够用来预防LSDV。近年来应用该病毒的鸡胚化弱毒苗进行免疫接种,具有良好的免疫保护作用,新生犊牛通过初乳可获得6个月的保护力。

对于无该疫病的地区,做好日常预防措施,严格检验动物、病尸、皮张和精液。一旦发生疫病按照农业农村部《牛结节性皮肤病防治技术规范》的规定进行处置。对确诊的病例立即扑杀,对扑杀和病死牛进行无害化处理,做好同群牛临床监视,对养殖场环境进行彻底清洗、消毒,杀灭蚊蝇等昆虫媒介。限制同群牛移动,禁止发生疫情的地区活牛调出。同时,加强流行病学调查,查明疫情来源和可能传播去向,及时消除疫情隐患。

第五节　羊梭菌性疫病

羊梭菌性疫病是由梭状芽胞杆菌属中的微生物导致的一类疫病,包括羊快疫、羊肠毒血病,羊猝击(狙)、羔羊痢疾等。

一、羊快疫

羊快疫是由腐败梭菌引起的一种以绵羊真胃黏膜出血发炎为特征的急性传染病,因发病急,病程短,死亡快,往往会给养羊业带来严重的经济损失。本病主要发生于6~18月龄的绵羊,其中以2~6月龄羔羊最易感染,发病率10%~20%,病死率高达90%。

(一)病原学

腐败梭菌是革兰氏阳性的厌气大杆菌,分类上属于梭菌属。该菌在体内外均能产生芽胞,不形成荚膜,可产生多种外毒素。病羊血液或脏器涂片可见单个或2~5个菌体相连的粗大杆菌,有时呈无关节的长丝状,其中一些可能断为数段。

（二）流行病学

腐败梭菌常以芽胞的形式分布于低洼草地、熟耕地及沼泽之中。多发于春、秋季节，羊采食了污染的饲料或饮水、气候骤变、阴雨连绵、体内寄生虫等均可诱发该病。绵羊最易感，6~18月龄、营养中等的羊发病最多。山羊发病较少。该病以散发为主，发病率低而病死率高。

（三）临床症状

羊快疫病发病迅速，当发现患病的羊时，很快就会发生羊的死亡。当病羊出现时，它的特点是突然四肢瘫软、呼吸紊乱、腹痛、精神焦虑、狂躁等神经系统紊乱症状，后躯摆动困难，身体僵硬，四肢不受支配。患病病程略长的病羊通常表现出精力不足，食欲不振，连续磨牙，不愿走路，甚至运动障碍，腹痛和肿胀，粪便为混合的黑色或者稀薄的水，食欲慢慢减弱，出现昏迷，口腔咀嚼带出现血泡直到最后死亡。

（四）病理变化

1.病羊新鲜尸体剖检

对死亡羔羊进行剖检，发现真胃黏膜水肿和出血性炎症。心包有大量积液，心脏表面有多数点状出血。肺脏的浆膜下也有少量出血点。

2.病羊死后1d剖检

在羔羊死亡后第2d早上剖检，由于腐败梭菌大量繁殖，羔羊尸体迅速腐败，打开腹腔后有恶臭气味散发，真胃和网胃黏膜坏死脱落，肾脏出血软化，肝脏出血肿大、质脆易烂，胆囊肿大，肠管臌胀充满气体。

（五）诊断

本病病程短，病羊生前诊断困难，死后应尽快剖检并进行实验室检查。

1.染色镜检

在无菌条件下取病死羊肝脏组织进行触片,经过染色放在显微镜下检查,不仅能够看到单个或者短链状排列且两端钝圆的杆菌,还往往会看到没有关节的长丝状菌体,从而能够做出初步诊断。

2.细菌分离培养

在无菌条件下,取病死羊肝脏以及肠内容物接种在葡萄糖鲜血琼脂平板上,放在37℃温度下进行厌氧培养,从而分离到纯度较高的细菌,且发现菌体出现轻微的溶血现象,菌落边缘不整齐。接着挑取单个菌落进行纯培养,并取纯培养物在厌氧肉肝汤中接种,置于37℃温度下进行24h的厌氧培养,发现肉汤明显浑浊,且有大量的白色絮片状沉淀存在于管底部,并散发脂肪腐败性气味。挑取纯培养物进行生化实验,发现病菌能够促使麦芽糖、葡萄糖、水杨素、乳糖发酵,而无法使蔗糖发酵。根据生化实验结果,可排除感染气肿疽梭菌。

3.动物接种

取病羊血液或者病料乳剂给小白鼠或者豚鼠肌肉注射,发现其在24h内死亡,然后立即取脏器组织进行分离接种,通常能够得到纯培养;同时,取其肝脏进行触片,能够看到没有关节的长丝状菌体。死后应尽快剖检并采样做细菌和毒素检查。本病应注意与羊炭疽、羊肠毒血症、羊黑疫、巴氏杆菌病等相鉴别。

(六)防制

1.加强免疫程序

在本病常发地区,必须加强防疫措施,每年初春和秋末注射羊快疫、羊猝击、羊肠毒血症三联四防苗进行免疫。在羔羊经常发病的羊场,应对怀孕母羊在产前进行2次免疫,第1次在产前1~1.5个月,第2次在产前15~30d,使羔羊获得母源抗体而形成被动免疫,增强羔羊的抵抗力。

2.加强饲养管理

腐败梭菌主要分布在低洼的草地、耕地、沼泽和粪便中,故不要在潮湿地区放牧。早晨放牧不要太早,寒冷的冬季和初春尽量少抢青、抢茬,以防止羊吃入冰冻饲草而受刺激。注意羊群防寒,防止感冒。在易发季节,适当补饲精料,增加营养,全面提高羊群整体的健康水平和抗病能力,有效控制羊快疫的发生和蔓延。

二、羊肠毒血症

羊肠毒血症又称血肠子病、过食症、类快疫,是魏氏梭菌引起的急性、高度致命性传染病,因其病死后肾脏软如稀泥,故称为"软肾病",该病发病急,死亡率高,不同年龄阶段的羊均可感染,主要发生在青壮年羊。

(一)病原学

本病的病原体为魏氏梭菌,又称为产气荚膜杆菌,其菌体呈现直杆状,两端呈钝圆形,没有鞭毛,不能运动,能够形成芽孢和荚膜,芽孢外观为卵圆形,在菌体内位于中间位置和近端,使得菌体呈现出梭状。

(二)流行病学

D型魏氏梭菌存在于土壤、河水中。多发生于绵羊,山羊发病较为少见,尤其是以2~12月龄且膘情良好的绵羊发病为主。本病的发生具有明显的季节性,通常在夏秋季节发病率显著高于其他季节,多呈散发流行。传染源为发病羊或者隐性感染羊,羊通常通过向体外排毒的方式将病原菌排出体外,污染饲料和饮水。传播途径是通过消化道传播,羊易感。

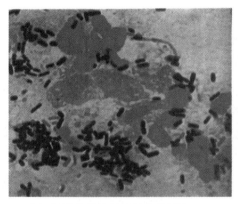

图2-1　产气荚膜梭菌革兰氏染色阳性(C.J.Randoll)

(三)临床症状

羊肠毒血病的潜伏期较短,急性型,发病急,发病后几分钟内死亡,没有任何典型症状,通常来不及治疗。本病的症状主要有两种表现,一种就是神经型,另一种是昏迷型。神经型病例的病羊表现为磨牙、空嚼和从口和鼻中流出泡沫状的液体,还可以看到其有腹胀和腹痛症状,病情发展到后期会出现角弓反张,倒地,四肢呈划水状,病羊的头颈部也有不同程度的抽搐。病程一般在3d左右,常死亡或转归。昏迷型的发病羊在发病初期表现为流口水、站立和行走不稳,随着病情的发展出现昏迷不醒,身体末梢部位体温下降,有的病羊还表现为腹泻和排便失禁等情况,排出的粪便带有明显的恶臭味,最终因衰竭而死亡。临死前都有明显的高血糖和糖尿。

(四)病理变化

解剖可见病死羊只胸腔、腹腔、心包腔等脏器内有积液,心脏松弛,心外膜有出血斑点。肝脏有稍微肿胀、质地脆弱。胆囊肿大、胆汁充盈。肾充血、软泥状。肺部充血、水肿、气管、支气管有众多白色泡沫,全身淋巴结肿大,切片呈深棕色。胃和肠黏膜充血,小肠出血严重,肠段呈现红血或有溃疡,真胃内有未消化的食物。

（五）诊断

本病的诊断可以通过临床症状和病理变化做出初诊,确诊需要通过实验室诊断。

1.毒素检查法

本方法是在羊肠道中取内容物用生理盐水进行稀释,然后将稀释后的溶液置于低速离心机内,以3000r/min的速度离心5min,吸取透明的上清液接种小白鼠,如果小白鼠在1h内出现死亡,就可以确定为本病。

2.涂片镜检

从肠内容物中取样在清洁的载玻片上进行涂片,固定后,使用革兰氏染液进行染色,制成组织玻片,高倍显微镜下观察。可以在视野中发现有染成紫色的阳性菌、两端钝圆的粗大杆菌,成对排列或成链状排列,也有散在的单个病原菌,可以确诊。

3.细菌培养法

从发病死亡羊的肝脏、脾脏和肾脏等内脏取样,接种于鲜血琼脂平板,在37℃的环境中培养24h后,可见培养基上生长出圆形、光滑、表面隆起的菌落,边缘不整齐。结合染色镜检,就可以确诊。

本病的鉴别诊断主要是与炭疽、巴氏杆菌病和羊快疫等病不容易区分。

（六）防制

1.加强饲养管理

合理调控养殖密度,保持羊舍内空气清新,控制羊舍内温度和湿度在适宜的范围内。提供干净的饮水,饲料质量要符合规范,营养全面,禁止饲喂发霉、变质、冰冻的饲料。放牧地区尽量选择地势高燥的区域,春季和夏季控制青绿多汁、高蛋白饲草的饲喂量,秋季控制结籽饲草的饲喂量,避免过食。

2.免疫接种

羊肠毒血症属于急性病症,死亡迅速,该病预防是关键,可以通过免疫接种进行预防,每年春季的3~4月和秋季9~10月接种三联苗或五联苗,有较好的预防效果。

3.治疗

本病可以使用抗生素进行治疗,常用的抗生素为青霉素,使用80万~160万IU的量。也可以使用磺胺脒,每千克体重0.8~1.2g的量。通常还应用中药方剂进行治疗,使用黄连10g、黄芩10g、甘草3g、白芍10g、川芎2g、石膏2g、地榆15g、当归10g、诃子12g、生地12g、木通6g、乌梅5个,将这些中药研成细末,开水冲服,病情轻的服1剂,病情重的服2~3剂。

三、羊黑疫(传染性坏死性肝炎)

羊黑疫是感染各年龄段的绵羊和山羊的一种急性高致死毒血症,其主要特征是肝脏坏死,故又称传染性坏死性肝炎。羊黑疫一般临床表现为突然死亡或突然发病到死亡在数小时之内,一般不超过24h,死后尸体迅速腐败,皮下静脉充血发黑,皮肤呈黑色外观,故名"羊黑疫"。

(一)病原学

本病的病原是B型诺维氏梭菌,又称为水肿芽孢梭菌,革兰染色呈阳性。该菌为两端钝圆的粗大杆菌,严格厌氧,可形成芽孢,不产生荚膜,组织中常常单个或成双存在,少数3~4个连成短链,周身具有鞭毛,可运动。依据其分泌的外毒素类型可分为A、B、C型。

(二)流行病学

该病主要发生于低洼、潮湿地区,且与肝片吸虫流行密切相关,春夏两季多发。本病山羊和绵羊均可感染,但以2~4岁且营养状况好的绵羊多发,羊群换地放牧时一般由于误食被污染的草料或饮水感染本病。本病原菌广泛存在于土壤中,且可以存活较长时间。健康的羊一旦误食被病原菌污染的水和草料后可导致于梭菌的芽孢经由胃肠壁进入肝脏。肝片吸虫与本病的暴发有直接关联,是本病预防的关键。

(三)临床症状

感染本病表现为发病急促,病程较短,大多数羊突然发病死亡,部分病程稍缓的羊可拖延1~2d,临床症状不明显。该病可在各年龄的羊只之间传播,死亡率高达90%以上。患本病的羊临床症状通常表现为体温突然升高至40℃以上,不喜饮食,反刍减少,精神萎靡,呼吸困难,离群,四肢无力,步态不稳,卧地不起,一般拖延1~2d就呈俯卧姿势死亡。有的羊口流泡沫,腹痛,昏睡,死前没有任何挣扎。有的患病羊凌晨被发现已经僵死在圈中,而前一天晚上并无明显症状。临诊病羊体温39.1℃~40.8℃,心率66~102次/min,呼吸频率30~45次/min。

(四)病理变化

病羊尸体皮下静脉显著瘀血,肝的表面或里面有1个或数个略呈圆形的坏死区,界限清楚,颜色黄白,直径为2~3cm,周围显著充血,形成一个红色条带,切开胆管,发现大量大小不等的片形吸虫,有的胆管发生钙化。心包膨大,内含大量清淡的浆液。其他内脏也见毒血症变化。

(五)诊断

根据临床症状(急性死亡)、流行病学调查(与片形吸虫流行相关)和典型的病理剖检病变(病死羊皮呈暗黑色外观,肝的特征性坏死灶),同时结合实验室检验结果,确诊为羊黑疫。

(六)防治

1.预防

羊黑疫和肝片形吸虫病往往会混合感染。在片形吸虫流行地区每年进行两次驱虫,可选用丙硫苯咪唑、三氯苯唑或硝氯酚等,定期接种五联疫苗(羊肠毒血症、羊黑疫、羔羊痢疾、羊猝疽和羊快疫)。

2.治疗

对病程缓的病羊,可肌肉注射青霉素类、四环素类或林可胺类等抗菌药物,最好同时静脉或肌肉注射B型诺维氏梭菌抗毒素10~80ml。在抗菌抗毒素治疗的同时,还应酌情采取轻泻(硫酸镁)、止血(维生素K和止血敏)、输液(0.9%氯化钠、5%葡萄糖或复方盐水)、调整酸碱平衡(5%碳酸氢钠)、收敛、助消化和保护胃肠黏膜(胃蛋白酶、次硝酸铋、乳酶生、鞣酸蛋白等)等对症治疗措施。

四、羊猝疽

羊猝疽是由C型魏氏梭菌引起的一种毒血症,以急性死亡、腹膜炎和溃疡性肠炎为特征。发生于成年绵羊,以1~2岁的绵羊发病较多,6~24月羊比其他年龄的羊发病率高。通常在早春和秋冬季节的沼泽、低洼牧场发生。病羊死后8h进行剖检,可见骨骼肌中出现气肿疽样病变,即肌肉间发生出血,存在气泡。

在临床上,羊猝疽应与羊快疫、羊肠毒血症、羊黑疫等相鉴别。

五、羔羊痢疾

羔羊痢疾也叫羔羊梭菌性痢疾,是初生羔羊的一种毒血症,俗称红肠子病。其主要的临床特征为持续性下痢,死亡率非常高。主要病理变化是小肠发生溃疡,一般出生后1~3d的羔羊发生本病比较多,大羊一般不发生本病。

(一)病原学

B型产气荚膜梭菌是引起羔羊痢疾的病原菌,其可分泌12种外毒素和酶类,主要是致死性和坏死性毒素。该菌的繁殖体具有较弱的抵抗力,大部分消毒剂都可将其杀死,但形成芽胞后具有较强的抵抗力,在95℃高温下处理2.5h才会被杀死。

(二)流行病学

主要通过消化道进行传播,也可以通过创伤以及脐带进行传播。羔羊在刚出生的几日内,魏氏梭菌可以通过羊的粪便、饲养人员的双手以及羔羊吃母乳而进入到羔羊的消化道内,一旦外界出现不良诱因,羔羊的抵抗力就会下降,使得魏氏梭菌在羔羊的小肠内进行大量繁殖,进而产生毒素导致羔羊痢疾的发生。该病主要发生于出生7日内的羔羊,尤其高发于2~3日龄的羔羊,7日龄以上的羔羊很少发病。母羊在怀孕过程中缺乏营养、羔羊的体质较为瘦弱、天气寒冷、气温骤变、哺乳不当导致羔羊饥饱不均等均为羔羊痢疾发生的不良诱因。

(三)临床症状

羊感染本病后潜伏期为1~2d,发病快的几小时就可表现临床症状。病羊表现为体温无显著变化,心跳和呼吸正常、发病初羔羊精神萎靡不振,头下垂背弓,哺乳减少或者停止哺乳,很快发生下痢,粪便恶臭,有的粪便呈面糊状,有的排出水样粪便,颜色为黄绿色,也有黄白或灰白色,有的病羔后期排出带血的粪便。下痢后由于体质虚弱,卧地不起,一般1~2d内死亡。个别病例不下痢而腹胀,或排出很少稀粪,主要表现为呼吸频率增加、口吐白沫、四肢无力、卧地不起,最后昏迷死亡。

(四)病理变化

对病死羔羊进行剖检,可见真胃内有未消化的凝乳块,胃黏膜出血。回肠黏膜上有溃疡灶,周围环绕着出血带,局部充血发红。心脏出现心包积液,心内膜有点状出血。肠系膜淋巴结肿大、有不同程度的出血或充血。肺脏常有充血区或瘀斑。

(五)诊断

鉴定病原及其毒素(中和实验测 β 毒素)。

(六)防治

1. 免疫接种

妊娠母羊接种羊快疫、羊黑疫、羊肠毒血症以及羔羊痢疾的三联四防疫苗,并在产羔前2~3周加强免疫注射1次。或者定期接种五联疫苗(羊肠毒血症、羊黑疫、羔羊痢疾、羊猝疽和羊快疫)。

2. 进行科学的饲养管理

对妊娠母羊进行适当的抓膘保膘,从而使胎儿得到更好的发育,使其出生以后具备较强的抵抗力。在产羔期必须要做好圈舍的卫生消毒工作,对羔羊进行静心呵护。为哺乳母羊提供营养均衡的饲料,从而提高母乳的品质,保证新生羔羊及时吸食初乳。在母羊产后2周以内,应尽可能对其圈养,从而保证能够及时哺乳羔羊。

3. 治疗

发现发病羔羊要及时隔离饲养并对症治疗。肌肉注射庆大霉素注射液,按照病情酌情用量,每只羔羊1~2ml;肌肉注射磺胺甲氧嘧啶,每只羊1~2ml;对脱水严重的羔羊要及时补充液体,10%葡萄糖200ml,维生素C或10%葡萄糖酸钙4ml,静脉注射2次/d;也可静脉注射分子右旋糖酐100ml。

第六节　蓝　舌　病

　　蓝舌病（Bluetongue，BT）由蓝舌病病毒（Bluetonguevirus，BTV）引起的家养或野生反刍动物的一种典型的非接触性病毒性传染病。特征表现为发热、消瘦、口腔损伤、跛行。主要发生于绵羊，以羔羊损失为主。我国于1979年在云南首次确定绵羊蓝舌病。

　　本病传播迅速、发病率高、病情重、死亡率高。蓝舌病病毒在世界范围内分布和流行，已有流行的蓝舌病病毒可分为26个血清型，且型与型之间无交叉保护作用。近年来，在瑞士和科威特的山羊和绵羊体内又分离到两个新的血清型蓝舌病病毒（BTV），分别为BTV-25和BTV-26。目前，这一疾病是OIE划定的A类疫病之一，我国已将其规定为一类动物传染病。

一、病原学

　　属呼肠孤病毒科、环状病毒属，双股RNA，双层蛋白质外膜。病毒抵抗力强，可长期存活于腐败血液或含有抗凝剂的血液中，对乙醚、氯仿和0.1%去氧胆酸钠有一定抵抗力，但福尔马林和酒精可使其灭活，对酸性环境的抵抗力较弱，pH为3时迅速使之灭活，蓝舌病毒（BTV）不耐热，60℃加热30min以上灭活，75℃~95℃使之迅速灭活。BTV有血凝素，可凝集绵羊及人的O型红细胞。血凝特性不受pH、温度、缓冲系统和红细胞种类的影响。

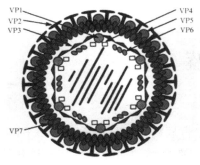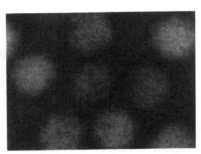

图2-2　蓝舌病病毒粒子模式　　图2-3　蓝舌病病毒负染电镜中的形态

二、流行病学

蓝舌病病毒（BTV）是一种严重危害反刍动物的一类动物传染病。蓝舌病病毒（BTV）感染绵羊，主要危害羔羊。感染羊主要表现为发热、精神不振、食欲废绝，随着病程的进一步发展，可见口鼻部典型的"蓝舌"病变。BTV可经胎盘感染胎儿，引起流产、死胎或胎儿先天性异常，严重时可使整个羊群丧失一个产羔期的全部羔羊。BTV主要通过媒介昆虫传播，因此在媒介昆虫盛行的季节，极易引起本病的发生。库蠓作为主要的传播媒介在传播疾病的过程中扮演着重要的角色。

三、临床症状

绵羊发病初期体温可高达41.5℃，稽留热可持续5~6d。食欲减退，精神不振，口腔流涎，唇部水肿，面部和耳部较常见，有的蔓延至颈部、腹部。口腔黏膜先充血后发绀，呈青紫色。发热后，口腔黏膜、舌黏膜糜烂，可导致吞咽困难。伴随病情的发展，溃疡部位渗出血液，唾液可呈红色，口腔有臭味。鼻腔有黏性鼻液，鼻孔周围有结痂，常出现呼吸困难和鼾声。有的病羊伴发蹄叶炎，触之疼痛,呈现跛行,甚至卧地不起。发病过程中,羊只消瘦、衰弱,有的病羊发生便秘,有的腹泻,甚至粪便带血,病程一般6~14d,发病3~4周后羊毛变粗变脆。发病率为30%~40%,病死率为2%~3%,高者达90%,当伴发肺炎和胃肠炎时病死率较高。康复者10~15d痊愈,6~8周后蹄部病变痊愈。当妊娠4~8周的母羊感染时,分娩的羔羊中20%有发育缺陷,如脑积水、小脑发育不全等。山羊发病的症状与绵羊相似,一般较轻。

四、发病机理

病毒感染动物机体后,首先在局部淋巴结复制,然后进入其他淋巴结、淋巴网状组织和毛细血管、小动脉、小静脉的内皮以及外周内皮细胞和外皮细胞,引起胞浆空泡,胞核和胞浆肥大、皱缩和细胞核裂解。内皮的坏死和再生性增殖及肥大会导致血管闭塞和瘀积。蓝舌病毒对内皮细胞有较强的选择性,口腔周围皮肤和蹄冠带的复层扁平上皮下的毛细血管内皮往往病毒浓度更高。病毒在靶细胞内复制后,很快通过血液传遍全身,使大多数器官和组织内都含有一定量的病毒。感染后6~8d病毒中和抗体滴度开始升高,此时,体温上升,初期的组织学病变也同时出现。

五、病理变化

病死家畜在口腔、瘤胃、心脏、肌肉、皮肤和蹄部,呈现糜烂出血点、溃疡和坏死。唇内侧、牙床、舌侧、舌尖、舌面表皮脱落。皮下组织充血及胶样浸润。乳房和蹄冠等部位上皮脱落但不发生水疱,蹄部有蹄叶炎变化,并常溃烂。肺泡和肺间质严重水肿,肺严重充血,肺动脉基部有的病例可见出血,出血斑块直径2~15mm。脾脏轻微肿大,被膜下出血,淋巴结水肿,外观苍白。骨骼肌严重变性和坏死,肌间有清亮液体浸润,呈胶样外观。口腔出现糜烂和深红色区,舌、齿龈、硬腭、颊部黏膜发生水肿。绵羊的舌发绀如蓝舌头。瘤胃有暗红色区,表面上皮形成空泡变性和死亡。真皮充血、出血和水肿。肌肉出血,肌间有浆液和胶胨样浸润。重者皮肤毛囊周围出血,并有湿疹变化。蹄冠出现红色或红丝,深层充血、出血。心内外膜、心肌、呼吸道和泌尿道黏膜小点状出血。

六、诊断

根据该病的流行特点、临床症状和病理剖检变化可做出初步诊断,确诊需要进行实验室检查。

(一)病原学检查

病料采集:宜采全血(加2U肝素/ml)、动物病毒血症期的肝、脾、肾、淋巴结、精液(置冷藏容器保存,24h内送到实验室);直接镜检:取病羊的脾、细胞培养物或鸡胚组织制作超薄切片,负染后置电镜下观察,可发现球形,有双层蛋白外膜,直径55~70nm的蓝舌病病毒;分离培养;动物接种实验。

(二)血清学检测方法

琼脂糖免疫扩散实验(AGID);血清中和实验(MTSN);过氧化物酶染色法(IPS);酶联免疫吸附法(ELISA)。

(三)分子生物学检测方法

PCR检测技术;核酸分子杂交技术。

七、防制

(一)治疗

目前尚无有效治疗方法。对病羊应加强营养,精心护理,对症治疗。口腔用清水、食醋或0.1%的高锰酸钾液冲洗;再用1%~3%

硫酸铜、1%~2%明矾或碘甘油,涂糜烂面;或用冰硼散外用治疗。蹄部患病时可先用3%来苏儿洗涤,再用碘甘油凡士林(1:1)、碘甘油或土霉素软膏涂拭,以绷带包扎。

(二)预防

定期进行药浴、驱虫,控制和消灭该病的媒介昆虫(库蠓)。发生该病的地区,应扑杀病畜清除疫源,消灭昆虫媒介,必要时进行预防免疫。疫苗有弱毒活疫苗和灭活疫苗等,使用蓝舌病毒弱毒疫苗可以为成年羊只提供一定的免疫能力,病毒对羔羊仍有一定毒性,所以不可以给羔羊进行免疫注射。蓝舌病病毒的多型性和在不同血清型之间无交互免疫性的特点,使免疫接种产生一定困难。首先在免疫接种前应确定当地流行的病毒血清型,选用相应血清型的疫苗,才能收到满意的免疫效果;其次,在一个地区不只有一个血清型时,还应选用二价或多价疫苗。否则,只能用几种不同血清型的单价疫苗相继进行多次免疫接种。一旦发现有该病传入时,应采取紧急、强制性的控制和扑灭措施,扑杀所有感染动物。疫区及受威胁区的动物进行紧急预防接种。

第七节　小反刍兽疫

小反刍兽疫(PPR)俗称羊瘟,又名小反刍兽假性牛瘟、肺肠炎、口炎肺肠炎复合症,是由小反刍兽疫病毒引起的一种急性病毒性传染病,主要感染小反刍动物,以发热、口炎、腹泻、肺炎为特征。

一、病原学

小反刍兽疫病毒属副黏病毒科麻疹病毒属。与牛瘟病毒有相似的物理化学及免疫学特性。病毒呈多形性，通常为粗糙的球形。病毒颗粒较牛瘟病毒大，核衣壳为螺旋中空杆状并有特征性的亚单位，有囊膜。病毒可在胎绵羊肾、胎羊及新生羊的睾丸细胞、Vero细胞上增殖，并产生细胞病变（CPE），形成合胞体。

二、流行病学

本病主要感染山羊、绵羊、美国白尾鹿等小反刍动物，流行于非洲西部、中部和亚洲的部分地区。在疫区本病为零星发生，当易感动物增加时，即可发生流行。本病主要通过直接接触传染，病畜的分泌物和排泄物是传染源，处于亚临诊型的病羊尤为危险。人工感染猪不出现临诊症状，也不能引起疾病的传播，故猪在本病的流行病学中无意义。

三、临床症状

突然发热，体温升至40℃~42℃，持续3d左右；病初有水样鼻液，逐渐变为黏脓性卡他样鼻液，阻塞鼻孔造成呼吸困难。鼻内膜发生坏死。眼流分泌物，出现结膜炎；病羊口腔内膜充血，继而出现糜烂坏死。多数病羊发生严重腹泻或下痢，孕畜可流产；发病率可达60%，死亡率可达50%以上。

四、病理变化

患畜可见结膜炎、坏死性口炎等肉眼病变；在鼻黏膜、鼻甲骨、喉、气管可见出血斑；支气管肺炎，肺尖肺炎；淋巴结肿大，脾脏坏死;皱胃出血、坏死;偶尔可见瘤胃乳头坏死;肠可见糜烂或出血,大肠内、盲结肠结合处出现特征性线状出血或斑马样条纹。

五、诊断方法

病毒分离培养;抗原检测:夹心 ELISA、间接荧光抗体实验;血清学实验:病毒中和实验、竞争 ELISA、间接 ELISA、感染和免疫鉴别 ELISA;核酸检测:RT-PCR、PCR-ELISA、多重 PCR。

六、防制

加强种羊的调运检疫,建立长期的卫生消毒制度。发现疑似疫情时,应立即向当地动物疫病预防控制机构报告,并逐级上报。经确诊的病畜严禁治疗,须按照"早、快、严"的原则坚决扑杀,防止疫情扩散。发生过疫情的地区及受威胁地区,定期对风险羊群进行免疫接种。加强产地、屠宰、运输检疫,防止该病的传入。

第八节　鸡新城疫

鸡新城疫(ND)俗称鸡瘟,是由鸡新城疫病毒引起的鸡的一种高度接触性、急性、烈性传染病。常呈现败血症经过,主要特征是呼吸困难,下痢,神经机能紊乱,黏膜和浆膜出血。本病一年四季均可发生,尤以寒冷和气候多变季节多发,各种日龄的鸡均能感染,20~60 日龄鸡最易感,死亡率也高。主要特征是呼吸困难,神经机能紊乱,黏膜和浆膜出血和坏死。自 1926 年首次发现于英国新城发现而故名。目前是危害养鸡业健康发展的三大主要疫病(鸡新城疫、鸡马立克氏病及鸡传染性法氏囊病)之一。

发病死亡率可达90%以上,表现呼吸困难、下痢、神经机能紊乱,消化道出血性病变是突出的病理学特征。

一、病原学

NDV是副粘病毒科、副粘病毒属的代表病毒,120~300nm,单股负链RNA病毒,有囊膜。鸡脾、肺、脑、肾脏等组织器官含毒量最高。只有一个血清型,但毒力差异大,毒力测定很重要。

培养:鸡胚(SPF)9~11日龄尿囊腔或鸡胚成纤维细胞,可用HA或HI鉴定病毒。

二、毒株

按毒力大小不同,可分为5型:

(一)速发性嗜内脏型(Doyle型)

又称亚洲型、胃肠炎型。引起各种年龄鸡急性死亡,消化道出血性病变是病理特征。

(二)速发性嗜肺脑型(Beach氏型)

又称美洲型肺脑炎。以神经和呼吸系统紊乱为特征,消化系统症状不明显且没有出血性病变。

(三)中发型(Beaudette氏型)

为成年鸡呼吸系统病,咳嗽为特征,很少喘气,产蛋减少或停止,只有脑内(成年鸡)接种才能使鸡严重发病和死亡,其他途径感染,只引起其轻微症状,年龄较大鸡很少死亡。

(四)缓发型(Hitchner型)

任何途径感染只引起鸡只轻度或不明显的呼吸系统症状,成年鸡产蛋下降,各种年龄鸡只很少死亡,但幼龄鸡并发其他感染,死亡率可高达30%。

（五）无症状肠道传染型

无临诊症状和病变,但可从肠道或粪便分离病毒或通过特异性抗体检查来证实。

三、流行病学

自然宿主是鸡、火鸡、鹅、鸭等,各种年龄均可发病,以雏鸡和中鸡较多。本病为高度接触性传染病,消化道、呼吸道为主要途径。传染源为病鸡、带毒鸡和其他鸟类。本病不受季节影响,各种年龄的鸡均可感染发病,传播快,发病率和死亡率与鸡的抵抗力和病毒的毒力有关。

四、临床症状

潜伏期2~18d,自然感染多为4~5d。

（一）最急性型

无明显症状,突然倒毙。

（二）急性型

体温升高达44℃,嗜眠,昏睡,鸡冠、肉髯发绀,咳嗽、啰音、喘气、呼吸困难,嗉囊、口积液,常见严重下痢、淡绿色甚至血染稀便,甩头发出咯咯声,常从口腔内流出灰黄色恶臭黏液。少数幸存者后期见神经症状,阵发性痉挛,角弓反张,肌肉震颤,翅腿麻痹,死亡率达90%~100%。

（三）亚急性或慢性

神经症状较为明显,反复发作,受惊时更为明显。含母源抗体的雏鸡群仍可发生,但发病率、死亡率均要低,以呼吸系统和神经系统症状为主,特别常见斜颈,有免疫力的产蛋鸡,可出现产蛋下降,无色壳蛋、畸形蛋。

五、病理变化

(一)典型型

全身黏膜、浆膜出血、腺胃乳头、肌胃角质层下出血,肠黏膜(十二指肠、小肠、空肠)出血,肠黏膜水肿,纤维素性坏死,溃疡,盲肠、扁桃体肿胀出血坏死,肺瘀血,水肿。

(二)其他型

主要病变见于呼吸道:黏膜出血,水肿,有卡他性或浆液性渗出物,幼禽常见气囊炎,气囊膜增厚,内有卡他性或干酪样渗出物。

六、诊断

流行病学、症状、病理变化可初步诊断,确诊需要进行实验室诊断。常用实验室诊断方法主要有:病毒的分离鉴定;HA、HI实验;中和实验;ELISA;PCR。

七、防制

搞好环境卫生,严格消毒,加强饲养管理,防止病原侵入。免疫接种是预防新城疫发生的关键,常用疫苗有弱毒活苗和灭活油乳剂苗,应根据母源抗体水平和当地疫情合理安排免疫程序。常用免疫程序:首免7~10日龄Clone点眼同时注射油苗0.3ml,二免38~45日龄Lasota点眼,同时注射油苗0.5ml,三免70~80日龄Ⅰ系CS2苗饮水,四免开产前Lasota眼同时注射油苗0.5ml,高峰期后每10周用Lasota3份饮水。注意:弱毒苗、灭活苗配合使用。

本病无特效疗法,鸡群一旦发病,应立即用La系、克隆30或V4点眼或饮水,两月龄以上鸡群也可用Ⅰ系紧急接种。同时配合使用抗菌素和多种维生素,以预防细菌继发染,促进机体恢复。

须与传染性支气管炎、喉气管炎、鸡瘟、禽流感、鼻炎、霉形体病等呼吸系统症状病区别,还须与禽脑脊髓炎、马立克氏病、禽霍乱及某些中毒病相区别。

八、非典型鸡新城疫

主要发生在雏鸡,多为2~4周龄,早至4日龄。多在二免前后,发病率、死亡率都不高。除典型的症状和病变外,还引起蛋鸡不同程度的减蛋,缺乏消化道的病变(腺胃黏膜的乳头出血,肠道黏膜出血),而呼吸和神经系统的症状和病变却很明显。发病急骤,以严重呼吸道症状开始,1~2d后几乎传染全部鸡群,流行的后期以神经症状为主。

病变:气管内分泌物增多,黏稠,肺出血,脑水肿。

对策:及时监测抗体效价,当抗体水平参差不齐,雏鸡HI效价在1:20或以下,不能抵抗强毒攻击,1:40以上时,免疫力就比较可靠。当多数产蛋鸡HI效价降至1:(40~80),少数在1:(10~20)时,应再次接种疫苗。

第九节　鸡马立克氏病

鸡马立克氏病(MD)是疱疹病毒科(Herpesviridae)的MDV引起的鸡的一种高度接触性淋巴组织增生性肿瘤性疾病,其病理特征是病鸡的外周神经、性腺、虹膜、各种内脏器官、肌肉和皮肤的单核细胞浸润,产生淋巴细胞性肿瘤。MD引起的经济损失十分惊人,目前是危害养鸡业健康发展的三大主要疫病(鸡马立克氏病、鸡新城疫及鸡传染性法氏囊病)之一,引起鸡群较高的发病率和死亡率。

一、病原学

疱疹病毒科的B亚群疱疹病毒,双股DNA,有囊膜。病毒在体外有不完全病毒与完全病毒两种形式。不完全病毒指严格细胞结合V,完全病毒指非细胞结合性V。对外界抵抗力强。

其分为三个血清型:1型是致病致瘤,包括强毒超强毒;2型是自然无毒株(SB-1);3型是HVT培养DEF和CK,产生CPE。

该病毒能在鸡胚绒毛尿囊膜上产生典型的痘斑,卵黄囊接种较好。能在鸡肾细胞、鸡胚成纤维细胞和鸭胚成纤维细胞上生长产生痘斑。完整病毒的抵抗力较强,在粪便和垫料中的病毒,室温下可存活4~6个月之久。细胞结合毒在4℃可存活2周,在37℃存活18h,在50℃存活30min,60℃只能存活1min。

MDV的毒力有不断增强的趋势。Witter报道,对近年(1989—1995年)分离的31株马立克氏病病毒进行分析,毒力属于VMDV的有3株,占9.6%;属于VVMDV的有21株,占67.74%;属于VV⁺MDV的有7株,占22.58%。可见MDV毒力有增强的趋势,这是马立克氏病防制中的一个新的问题。

二、流行病学

鸡是马立克氏病最重要的自然宿主,易感性最高,通常是在2~5月龄出现发病。但有些毒株的致病性非常强,能够严重危害火鸡。任何品种或者品系的鸡都可感染该病,但由于不同个体对其的抵抗力存在明显差异,导致发病率和病死率都不同。另外,不同日龄鸡感染的发病率和病死率也不同,一般在出雏和育雏室发生早期感染会具有非常高的发病率和病死率,而大日龄鸡感染后,尽管病毒能够在体内不断复制并通过脱落的羽囊皮屑排到体外,但大部分不会出现发病。此外,母鸡的易感性要高于公鸡。

鸡群感染毒力不同的马立克氏病疱疹病毒会具有不同的发病率和病死率。尽管致瘤的马立克氏病疱疹病毒都属于血清1型,但各个毒株间的毒力存在明显差异,构成一个连续的毒力谱,有些基本无毒,有些毒力非常强。另外,可引起应激反应的环境因素也对该病的发病率具有重要影响。

该病的主要传染源是病鸡和带毒鸡,可通过消化道和呼吸道途径传播,且直接接触或者间接接触都可传播。病鸡和带毒鸡的羽囊上皮细胞内所含的病毒会不断复制,通过皮屑、羽毛排到体外,导致鸡舍内的灰尘长时间具有传染性,从而感染其他鸡。需要注意的是,大部分外观健康的鸡也可能长时间带毒、排毒。该病不可通过垂直传播,也往往不会经由污染种蛋表面而传播该病。

三、临床症状

根据病变发生的主要部位分为四型。

(一)神经型(古典型)

多见于弱毒感染或HVT免疫失败的青年鸡。常侵害周围神经,以坐骨神经和臂神经最易受侵害。当坐骨神经受损时病鸡一侧腿发生不全或完全麻痹,站立不稳,两腿前后伸展,呈“劈叉”姿势,为典型症状。当臂神经受损时,翅膀下垂;支配颈部肌肉的神经受损时病鸡低头或斜颈;迷走神经受损鸡嗉囊麻痹或膨大,食物不能下行。一般病鸡精神尚好,并有食欲,但往往由于饮不到水而脱水,吃不到饲料而衰竭,或被其他鸡只践踏,最后均以死亡而告终,多数情况下病鸡被淘汰。

(二)内脏型(急性型)

内脏器官发生肿瘤,常见于50~70日龄的鸡,病鸡精神萎顿,食欲减退,羽毛松乱,鸡冠苍白、皱缩,有的鸡冠呈黑紫色、黄白色或黄绿色下痢,迅速消瘦,胸骨似刀锋,触诊腹部能摸到硬块。病鸡脱水、昏迷,最后死亡。

(三)眼型

在病鸡群中很少见到,一旦出现则病鸡表现瞳孔缩小,严重时仅有针尖大小;虹膜边缘不整齐,呈环状或斑点状,颜色由正常的橘红色变为弥漫性的灰白色,呈"鱼眼状"。轻者表现为对光线强度的反应迟钝,重者对光线失去调节能力,最终失明。

(四)皮肤型

此种病型仅在宰后拔毛时发现羽毛囊肿大,形成结节或瘤状物,此种病变常见于躯干、背、大腿生长粗干羽毛部位。

四、病理变化

(一)古典型

受害神经肿大,增粗2~3倍,外观似水中浸泡过,黄(灰)白色,纹理不清或消失。

(二)内脏型

性腺最多见,肾、脾、肝、心、肺、肠系膜、腺胃、肠道肌肉组织等出现大小不等、质地坚硬、灰白色肿瘤快,肿瘤呈弥漫性增长时,器官肿大。

(三)皮肤型

以羽毛囊为中心,呈半球状突出于表面,或融合呈丘状;法氏囊变化,通常萎缩。

五、诊断

在鸡马立克氏病的诊断过程中,需要依据该病症的发病原理与临床症状来进行简单的判断。一般来讲,患病鸡站立方式呈现劈叉姿势,体表以及内脏都会出现大小不一的肿瘤,据此可以进行初步诊断。此外,该病与淋巴性白血病的临床病症容易混淆。为了能够得到更进一步的确诊信息,要进行实验室组织病理学检查,其中病料的样本采集的主要集中在淋巴组织和脾组织,利用肿瘤细胞进行病毒的分离工作,最终确认该病的发病情况。

六、防制

疫苗免疫接种,疫苗无法抵抗感染,但能够避免发病。加强环境卫生与消毒工作,尤其是孵化场、育雏舍的消毒,努力净化坏境,防止雏鸡的早期感染。加强饲养管理,增强鸡体的抵抗力对预防本病有很大的作用。环境条件差或某些疾病,如球虫病等常是重要的诱发因素。坚持全进全出的饲养制度,防止不同日龄的鸡混养于同一鸡舍。

七、马立克氏病免疫失败的原因

(一)鸡群本身与环境因素

某些品种的鸡对马立克氏病有遗传易感性。我国商品鸡主要饲养地区MDV污染十分严重。另外,我国所有的商品肉鸡均不实施MD免疫。MDV的毒力越来越强。饲料蛋白质或维生素的缺乏特别是VE及微量元素硒等都会影响抗体的生成。经常处于应激状态下的鸡,对接种的疫苗不能产生应有的免疫应答。鸡群潜在感染免疫抑制性病毒。母源抗体的干扰。细胞结合苗免疫力产生至少7~10d,冻干苗需10~14d才能产生足够的保护率。在未产生免疫力之前,野毒的早期感染问题是免疫失败的主要原因。

(二)疫苗方面的因素

1.接种剂量不当

常用的商品疫苗要求每个剂量含1500以上个蚀斑形成单位,接种该剂量7d后产生免疫力。若疫苗贮藏过久或稀释不当、接种程序不合理或稀释好的冻干苗未在1h内用完,均会导致雏鸡接受的疫苗剂量不足而引起免疫失败。

2.早期感染

疫苗免疫后至少要经1周才使雏鸡产生免疫力,而在接种后3d,雏鸡易感染马立克氏病并引起死亡,而且HVT疫苗不能阻止马立克氏病强毒株的感染。为此须改善卫生措施,以避免早期感染,但难以预防多种日龄混群的鸡群感染。

3.母源抗体的干扰

血清1、2、3型疫苗病毒易受同源的母源抗体干扰,细胞游离苗比细胞结合苗更易受影响,而对异源疫苗的干扰作用不明显。为此,免疫接种时可进行调整,增加HVT免疫剂量或使用其他疫苗病毒,被动抗体消失时,于3周龄再次免疫接种。对鸡不同代次选用不同血清型的疫苗,如父母代鸡用减弱血清1型疫苗,子代可用血清3型(HVT)疫苗;多使用细胞结合HVT苗。

4.超强毒株的存在

传统的疫苗不能有效地抵抗马立克氏病超强毒株的攻击从而引起免疫失败,对可能存在超强毒株的高发鸡群使用814+SB-1二价苗或814+SB-1+FC126三价苗,具有满意的防治效果。

5.品种的遗传易感性

某些品种鸡对马立克氏病具有高度的遗传易感性,难以进行有效免疫,甚至免疫接种后仍然易感,为此须选育有遗传抵抗力的种鸡。

6.免疫抑制和应激感染

鸡传染性法氏囊病病毒、网状内皮组织增生性病毒、鸡传染性贫血病病毒等均可导致鸡对马立克氏病的免疫力下降,另外,环境应激导致的免疫抑制,可能是引起马立克氏病疫苗免疫失败的原因。

八、结论

马立克氏病是一种会造成重大经济损失并广泛流行的疾病。马立克氏病病毒具有很强的抵抗力并能在外界环境中长期生存。马立克氏病是一种免疫抑制性疾病,常伴有肿瘤病变,它无法被治愈。鸡会长期带毒和排毒,有时也可能没有症状,这就导致了长期持久的病毒对环境的污染和对其他鸡的感染。感染越早,患病就越严重,雏鸡出生的头3~4个星期防止野毒感染是很重要的,必须处于严格的消毒卫生条件下以减缓感染的可能。由于马立克氏病病毒的生物特性,所以现在还无法根除这种病。一些超强毒株出现引起了新的临床症状,导致了许多免疫的失败。

第十节　鸡传染性法氏囊病

鸡传染性法氏囊病又称甘波罗病,是传染性法氏囊病毒引起的一种急性、高度接触性传染病。由于该病发病突然、病程短、死亡率高,除可引起易感鸡死亡外,早期感染还可引起严重的免疫抑制,其危害非常严重,造成较大的经济损失。

一、病原学

传染性法氏囊病毒属于双股RNA病毒科禽双股RNA病毒属。病毒颗粒无囊膜,直径55~65nm,有一层外壳,20面对称,基因组含A、B两个线状双股RNA分子,大小6kbp,病毒对热稳定,对外界抵抗力较强,鸡舍的病毒可存活100d以上,pH3~9、经乙醚或氯仿处理均不丧失其活性。病毒的复制对细胞的RNA及蛋白质的合成无明显影响,病毒在胞浆组装并蓄积。

血清型:I型和II型,II型火鸡源性对鸡不致病,I型各毒株存在明显的抗原差异、分为六个亚型,其相关性为10%~70%,可能是免疫失败的原因之一。

二、流行病学

自然感染仅发生于鸡,各种品种的鸡都能感染,主要发生于2~15周龄的鸡,3~6周龄的鸡最易感。成年鸡一般呈隐性经过。病鸡是主要传染源,其粪便中含有大量的病毒,通过直接接触和间接接触传播。病毒可持续存在于鸡舍中,污染环境中的病毒可存活122d。潜伏期短,2~3d后即可出现临床症状。传播迅速,发病率可达100%,3~5d后便出现死亡,一周后病鸡死亡率逐渐降低,并停止死亡。病死率可达3%~60%。若有强毒株感染死亡率可上升为70%。

三、临床症状

雏鸡群突然大批发病,2~3d内可波及60%~70%的鸡,发病后3~4d死亡率达到高峰,7~8d后死亡停止。最初发现数只鸡死亡,其后多只鸡羽毛蓬松、减食、委顿、打堆。特征性表现有病鸡腹泻，排出白色黏稠和水样稀粪；严重者病鸡头垂地，闭眼呈昏睡状态；有些鸡会啄自己的泄殖腔；后期体温低于正常，严重脱水，极度虚弱，最后死亡。近几年来，发现由 IBDV 的亚型毒株或变异株感染的鸡，表现为亚临诊症状，炎症反应弱，法氏囊萎缩，死亡率较低，但由于产生免疫抑制严重，而危害性更大。

本病的突出表现是鸡群突然发病，采食量锐减，死亡率增高。呈尖峰死亡曲线。鸡群的饲养管理条件越差，发病年龄越小，若伴发有其他疫病，如新城疫等，死亡率就越高。

四、病理变化

病死鸡解剖后，可发现鸡体严重脱水，皮下脂肪消失，皮肤干燥萎缩，腿部和胸部肌肉存在条纹状的出血，有的法氏囊显著水肿肿大，有的法氏囊严重萎缩坏死。将肿大的法氏囊打开后，内部存在黄色胶冻样物质。有的病死鸡法氏囊萎缩，内部存在干酪样渗出物。肾脏存在不同程度的肿胀现象，外观呈现花斑肾，肾小管和输尿管中蓄积大量白色的尿酸盐，腺胃和肌胃交界处存在条状出血。

五、诊断

结合发病经过流行特点、临床症状与病理学变化，对病情做出初步诊断，确诊还需要做好病毒分离鉴定工作。采集发病 2~4d 患病鸡的法氏囊组织，充分粉碎后研磨，加入 10 倍生理盐水稀释，经双抗处理后放置在离心机内离心处理 20min，取上层清液接种到 9~12 日龄的 SPF 鸡胚中，接种 3~5d 后，鸡胚陆续死亡，胚胎水肿，头部和脚趾部位充血，存在小的出血点，心脏存在斑驳状的坏死病灶。

从上述病死鸡胚中分离得到病毒,进行琼脂扩散实验,设置阴性对照组和阳性对照组,在对照组作用的鸡群上可发现,待检溶液和标准抗原之间存在一条沉淀线,由此可判定病料中存在传染性法氏囊病毒。

六、防治

(一)治疗

1.使用高免抗体

在发现鸡群患病后,应尽早开展治疗工作。初期可注射高免卵黄抗体,疗效显著,用量通常为每只1~2ml,需要时可隔天进行第2次注射。如果使用1ml用量的高免血清亦可产生显著的疗效。

2.使用药物治疗

在鸡群免疫后,可在鸡群的饮水中添加黄芪多糖可溶性粉和干扰素进行治疗。此药物具备良好的抵抗病毒、提升疫苗效果的能力,可诱使机体产生干扰素,提升鸡群的免疫能力和疾病抵抗能力。在添加时,每顿饲料可以添加的药物用量为200~300g,1t水可添加200~300g。整个治疗需要3~5d,且治疗期间药物用量应加倍。

3.防止出现继发感染现象

在鸡群发病后,养殖场应根据病情发展状况使用清热解毒、燥湿止泻、抗炎抗病毒的药物开展辅助治疗。典型的药物如中药清瘟败毒液等,可与抗生素的使用起到相辅相成的作用,有效减少继发感染现象。

4.使用支持疗法

在鸡群的饲料中,可合理加入茵陈木通散,以调理肾脏,降低肾脏负担,加入一定量的鱼肝油改善鸡群营养,在鸡群的饮水中可加入一定量的复方口服补液盐以及各种维生素,改善鸡群的健康状况,同时加快病鸡的恢复速度。

(二)预防

在引种方面,养殖场应通过正规途径引种,关注种禽场的卫生防疫环境、疫苗免疫情况。若在产蛋期已接种过的种鸡,其免疫抗体能传导至雏鸡。由于雏鸡获得了免疫抗体,在3~4周期间出现感染的情况将大幅度减少,保护率超过85%。

加强消毒工作。养殖场应重视圈舍的清洁和消毒工作,遵守全进全出的规范。在安置雏鸡前,应完全清理圈舍中残留的排泄物和其他污物,对饮水槽和料槽进行卫生清洁,并清洗网床及地面,需要时还应进行更换。消毒时可使用2%的氢氧化钠溶液进行清洗,然后再使用28ml/m²的高锰酸钾+28ml/m²的甲醛进行熏蒸,加水比例为1:1,需要注意的是,应将甲醛加入高锰酸钾中。

严格依照程序免疫。科学使用疫苗,免疫时应严格依照说明书进行操作。鸡传染性法氏囊病的第一次免疫通常在14d左右进行,可以采用滴眼、滴鼻或饮水等手段,能对幼鸡产生显著的免疫作用。第二次免疫可在28d时进行,通常此时采取饮水方式,应平时增加剂量。在疫苗使用前后,应在鸡群饮水中增加一定量的多维葡萄糖,消除应激反应,提升免疫功能。

第十一节　禽　流　感

　　禽流感是由 A 型流感病毒引起的家禽和野禽的一种从呼吸系统到严重全身败血症的急性传染病。禽流感感染后可以变现为轻度的呼吸道症状、消化道症状,死亡率较低或表现为较为严重的全身性、出血性、败血性症状,死亡率较高。根据禽流感病毒的致病力和毒力的不同,可以将禽流感分为高致病性禽流感、低致病性禽流感和无致病性禽流感。高致病性禽流感的产生是通过 H5 和 H7 亚毒株引发的人、禽、畜共患的一类急性传染病,不仅危害养殖业的健康发展,还威胁人类的健康。

一、病原学

　　禽流感病毒属于正黏病毒科,病毒基因组分节段,禽流感病毒粒子表面含有血凝素(H)和神经氨酸酶(N),血凝素和神经氨酸酶的任意组合都可能出现新的流行毒株。禽流感病毒的基因组为分节段单股负链 RNA,基因组存在很高的突变率,由于病毒基因组的插入、缺失和重排会导致病毒毒力增强,出现新的流行毒株。依据其外膜血凝素(H)和神经氨酸酶(N)蛋白抗原性的不同,目前可分为 15 个 H 亚型(H1~H15)和 9 个 N 亚型(N1~N9)。

　　高致病性禽流感病原为 A 型流感病毒,属正黏病毒科流感病毒属,为单股 RNA 病毒,直径为 80~120nm 球形,其表面附着有密集钉状物或纤突覆盖,病毒表面的主要糖蛋白是血凝素(HA)和神经氨酸酶(NA),具有多变性和特异性,衍生出多种病毒亚型,是疾病难以预防的重要因素。HA是决定病毒致病的主要抗原成分,可以诱发感染,而NA则诱发对应抗体无病毒中和作用,因此,高致病亚型主要为H5、H7毒株。病毒耐热性较差,56℃处理半小时即可杀灭;对脂溶剂敏感,甲醛可以破坏病毒活性,肥皂以及去污剂和氧化剂也可以使其失活。

二、流行病学

禽流感无明显的季节性特征,在一年中的任意季节均可能发生,尤其是在换季时期更是多发,主要由于季节交替时期温差变大,风力较强,为病毒传播增添助力。高致病性禽流感潜伏期短、传播快、发病急、发病率高、死亡率高。低致病性禽流感潜伏期长,传播慢,病程长,发病率和死亡率低。

主要发生于鸡仔,特别是20~35日龄时更易发生,由于该病毒主要存留于禽的呼吸道、消化道和肝脏器官中,因此可通过饮水、食物等使健康禽的消化道受到感染,引发病症,且该病具有毁灭性,往往一个鸡舍发病后很快传染给其他鸡舍,一旦某个养殖场内发生禽流感,往往会殃及全部鸡群,若不对场内进行彻底消毒,很可能使后续进场的鸡感染该疫病。

2019年高致病性禽流感H7发生在水禽中较多,死亡率大概在3%~5%,在蛋鸡和肉鸡上也有发生。在疫苗免疫空白期经常发生,如没有其他疫病继发感染,死亡率在1%左右。高致病性H5在水禽和鸡上都有发生,水禽发生H5时,死亡率在20%左右,蛋鸡和肉鸡发生H5时死亡率在5%~10%。

三、临床症状

(一)高致病性禽流感

潜伏期相对较短,具有传播快、发病急、发病率和死亡率高的特点。2019年流行的高致病性禽流感较之前的高致病性禽流感临床剖检变化来看,并没有典型的剖检变化。而对于水禽来说,主要是出现虎斑心、胰腺出血;对于家禽来说,没有典型的临床剖检变化,主要是通过死亡率和实验室诊断来确定。

(二)低致病性禽流感

潜伏期相对较低,具有传播慢、病程长的特点,发病率和死亡率也相对较低。但这种疾病的诊断也相对较为困难,如果发病之后不能采取及时有效的措施,会导致疫情的扩大,导致影响范围扩大。病毒的危害性有可能增强,导致形成高致病性的流感病毒。

(三)无致病性的禽流感

没有明显的致病力,也没有的临床症状。一般情况下,禽流感的症状有最急性、急性、亚急性和隐性感染等几种情况。潜伏期相对较短,为4~5d。鸡群患病后会体温急剧上升、精神抑郁、厌食、眼睛呈现出半闭合的状态、嗜睡等症状。病鸡的眼肿大、流泪、带泡沫、后期流脓性的分泌物,眼球突出,呈"金鱼眼"状,外观相对明显。部分鸡群出现颈部向后扭转的咳嗽、打喷嚏、气管啰音、流泪、副鼻窦肿大以及下痢等症状。鸡群的羽毛蓬松无光泽,产蛋率会大大下降,还会出现不同程度的死亡率。

四、病理变化

呼吸道、皮肤、卵巢充血、出血;肺脏充血、出血;输卵管、卵巢出血或坏死;心肺有白色斑状病变;胰腺坏死,表面有小的灰白色坏死灶；颅骨出血；腺胃黏膜出血；心冠脂肪出血—喷洒样出血；部分鸡肾脏有坏死灶。

五、诊断

病史、临床症状、病理变化进行初步诊断。确诊必须进行病毒分离和血清学诊断（血凝或血凝抑制实验）或荧光定量PCR。

六、防制

我国针对禽流感采取的主要措施是免疫治疗与灭杀，从临床实验可知，注射疫苗可对禽流感病毒起到明显的防御效果。但是，由于病毒变异与繁殖率不断增加，疫苗的研制速度滞后于病毒的发展，且国内目前尚未制订出成熟的突发状况应对方案，因此禽流感病毒预防工作不容乐观。现阶段，我国在H5Nl疫苗研发中已经取得一定成效，可为我国禽流感病毒研究提供有力参考，主要的防治技术如下：

（一）加强养殖场防疫管理

在生产过程中，应尽量减少家禽与野禽之间的近距离接触，特别是野鸟等。制订和落实养殖场入场规则，场内成员与来场办事人员在入场前应做好消毒工作，换上场区专门的鞋子、衣服、帽子后方可入场，并按照指定路线活动。饲养者在生活区内居住，生产者与兽医入场前应进行消毒，且衣帽等不可穿出生产区。在日常饲养中，禽舍应及时关闭，以免鼠类、野鸟等伺机进入；消毒池也应定期更换消毒液，并对监管人员与车辆进行消毒；场内的道路、禽舍必须定期打扫和消毒，对场内粪便应及时清除，禁止肆意堆放。通过全方位加强养殖场防疫管理，使禽流感疫病被扼杀在"摇篮"之中，以免造成重大危害。

（二）科学制定疾病免疫程序

禽流感以血清型为主，且交叉保护性较弱，在接种疫苗过程中，应与当地病毒的流行情况相结合，如当地流行亚型，则需要注射亚型疫苗才可达到最佳免疫效果。现阶段，通常采用灭活疫进行免疫，针对 H5 与 H9 亚型禽流感进行预防，应按照不同疫苗的说明书进行操作，保证接种工作的科学规范。常规蛋鸡在 20~30 日龄时首次接受免疫，在产蛋的前 120~140d 接受二次免疫，在 240~260d 接受第三次免疫；对于肉仔鸡来说，通常在 1~10 日龄接受一次免疫。

（三）采取有效的病毒灭杀措施

当禽流感疑似发生或已经爆发后，应采取以下措施进行有效的灭杀。

1.提早确诊，采取隔离措施

当发现鸡群中有某只鸡疑似患有禽流感时，应立即组织专家进行会诊，并进行深入的流行学病学检查，对鸡群发病情况进行确认。对病鸡的日龄、病死率、临床反应、传染情况、病毒传播速度等多个方面进行综合考量，判断其是否患有禽流感，一旦证实患有该病，应立即采取隔离措施。

2.划分疫区，高效灭杀

畜医主管部门应以病鸡所在地为疫点，以此为中心半径为 3km 范围内的全部禽类进行灭杀，对禽流感较为严重的区域，应对半径为 5km 范围内的全部禽类采取强制免疫措施。

3.科学掩埋

对于扑杀和病死的禽类，采用掩埋、焚烧等无害化处理措施进行处理，埋藏深度必须超过 2m，地点最好在疫区之内，以免因运输对周围环境产生不良影响。

七、高致病性H7N9亚型禽流感病毒病原学特征

当低致病性H5或H7亚型禽流感病毒在家禽中流行一段时间后,有些可突变为高致病性禽流感病毒(highpathogenticavianin-flμenza,HPAI)。2013年初,我国长三角地区暴发了H7N9亚型禽流感病毒,其暴发初期是低致病性禽流感病毒。2016年底,低致病性禽流感(lowpathogenticavianinflμenza,LPAI)H7N9亚型病毒进入第五个流行高峰,从病例中分离到的病毒,与之前的低致病性H7N9禽流感病毒比对,其HA蛋白的裂解位点插入了4个氨基酸(KRTA),这4个氨基酸的插入提示原本对鸡低致病性的H7N9亚型禽流感病毒可能突变成了高致病性禽流感病毒。之后不到半年时间,全国有9个省共报告了HPAIH7N9亚型病毒感染病例32例。疫情的暴发也说明,LPAIH7N9亚型病毒在鸡群中流行,不导致鸡的发病,而HPAIH7N9疫情已经导致我国数百万鸡只死亡,病毒的变异不仅增加了对公共卫生的威胁,也增加了禽类养殖业的经济损失。

2017年9月,我国对家禽实施H7N9流感疫苗免疫后,人感染H7N9亚型禽流感病例显著降低。从2018年2月起,未报告新增的H7N9亚型禽流感病毒感染病例。然而,2019年3月底,甘肃省发现了1例HPAIH7N9亚型禽流感病毒感染病例,同时,从病例相关外环境中也采集到了HPAIH7N9阳性标本。

截至2019年9月30日,全国有45.2%(14/31)的省或地区报告过HPAIH7N9病例或HPAIH7N9禽间暴发疫情,HPAIH7N9病例的病死率达到了50%。对HPAIH7N9病例流行病学的初步分析结果表明,HPAIH7N9亚型病毒感染的流行病学特征和疾病严重程度均与LPAIH7N9亚型病毒感染相似。此外,LPAIH7N9与HPAIH7N9

病例均具有禽类暴露史,差别在于LPAIH7N9病例暴露的是健康携带病毒的禽类,而HPAIH7N9病例暴露的大多数是病死禽。

第十二节 猪 瘟

猪瘟(CSF),又被称作是"烂肠瘟"。属于一种急性、热性、高度接触性传染病,一年四季均可出现,春秋冬季为高发季节。可分为急性、亚急性、慢性、不典型或不明显型猪瘟。急性猪瘟由强毒引起,高发病率,高死亡率。猪瘟"雀斑肾"不肿大,表现灰黄色,贫血,表面布满红色或褐色的出血点,外观似麻雀卵。不典型猪瘟由弱毒引起,表现不明显。

一、病原学

猪瘟病毒(CSFV,国际多采用代替HCV)属于黄病毒科瘟病毒属,直径40~50nm,单股RNA有囊膜。根据毒力的强弱可以将其分为强毒株、中毒株、低毒株及无毒株。猪瘟病毒不同毒株间的毒力差异很大,强毒株能够引起不同年龄猪的急性致死性感染,低毒株感染往往引起妊娠母猪的带毒综合征等。

猪瘟病毒对外界环境的抵抗力较弱。该病毒在粪便中于20℃能存活2周;72℃~76℃的水1h能杀死病毒;强烈的阳光照射1~4周能杀死病毒。常用的消毒剂有2%烧碱溶液、5%漂白粉溶液、5%~10%石灰水和3%~5%来苏儿溶液,其中2%烧碱溶液是最合适的消毒剂。

二、流行病学

主要的患病群体是 10~20 日龄和 40~60 日龄阶段的仔猪。猪群大多都是以零星散发方式为主要发病表现,而且表现出跳跃式的传播形式。猪只感染发病后在临床生产中一般不见明显的患病症状和病理剖检变化,也不具有高死亡率。猪瘟发生的病程可以达到 10~30d,更长的甚至会长达 1~2 个月,体型比较大的猪只感染后一般能耐过,但耐过 1~2 个月后会呈现出终生带毒、排毒的状态,易造成其他健康的猪只出现感染发病的情况。猪瘟可以造成不同品种、年龄、性别的猪只发病,通常仔猪的死亡率较成年猪要高。

三、临床症状

(一)急性型

开始仅几只显示临床症状,表现为呆滞、不愿活动、怕冷,厌食,体温为 40℃~42℃、WBC 总数 9000~3000 个/mm³ 明显减少,结膜炎(脓性分泌物质)。病初便秘,排尿下痢,有的呕吐,少数痉挛,很快死亡。大多消瘦,后肢麻痹,可见腹部、鼻耳、四肢中部出现紫色区。大多数 10~20d 死亡。

(二)亚急性型

没有急性严重,一般在 30d 内死亡。

(三)慢性型

先天感染 CSFV 的后遗症,相当长时间无病状态,数月后轻度厌食、沉郁、结膜炎,后肢麻痹等,体温正常,大多数存活 6 个月以上。先天性 CSFV 感染可造成流产、木乃伊、畸形、死胎、弱仔猪(震颤)等。

四、病理变化

急性到亚急性病例,败血症变化,各种大小的多发性出血。淋巴结肿胀、水肿、出血呈大理石样。心脏、膀胱等点状出血。脾梗死,黑色、大小不一,从表面上轻轻隆起。

持续性CSF(慢性):很少出现或缺乏出血梗死和梗死病变,胸腺萎缩,常见回肠和结肠坏死,形成溃疡,有时呈钮扣状。

五、诊断

急性CSF:出现症状1~2周,很快在各种年龄的猪群传开,在剖解中,诊断性病理变化为淋巴结、肾及其他器官出血及脾梗死。

实验室诊断:

冰冻切片直接荧光抗体:常用扁桃体,应注意区别是否感染BVD。ELISA:单抗可区分BVDV和CSFV。

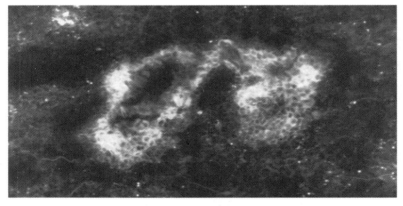

图2-4　猪瘟感染猪扁桃体隐窝荧光染色

应注意与猪繁殖呼吸综合征、沙门氏菌、巴氏杆菌、链球菌等区别。

六、防制

(一)制定适合自身的免疫程序

建立适当的免疫系统,并结合实际情况进行改进,可以减少抗体和母源抗体所需的检测时间,及时确定整个猪群的免疫状态并开发个性化的免疫程序。例如,超前免疫可在猪瘟的疫区进行,即仔猪初乳之前注射猪瘟疫苗的2~4次注射剂量,商业猪在25~35日龄内初次注射,并在60~70日龄再注射一次。种猪在25~35日龄接种,之后加强免疫注射,每隔60~70d一次,然后每4~6个月免疫一次。将散养猪都集中于一个区域并在春秋集中免疫,定期每月补充免疫。在猪瘟爆发的情况下,紧急开展受威胁地区的免疫。

(二)加强免疫监测工作

增加监测强度,及时监测猪,了解免疫效果,调整免疫程序,及时对低抗体水平或无抗体的猪进行免疫或处理。同时,采用科学的取样方法加强对流行株的分子流行病学监测,并始终警惕新毒株的出现和流行。

(三)封锁始发点,控制猪瘟的流行

要规范运输免疫和引种程序,加强市场管理力度。加强清洁卫生和消毒制度,有效地控制病毒流行。对于多次刺激后仍不产生猪瘟抗体的猪,要定期进行环境消毒,并且对扁桃体进行荧光抗体检查,立即剔除有病毒的猪。围栏、猪舍、粪便和器具应彻底消毒或无害化处理,应经常更换消毒剂,繁殖区域应与外界隔离,禁止不同区域人员相互流通。

(四)猪瘟免疫失败的原因

种猪群的带毒猪,造成仔猪胎盘垂直感染;经胎盘垂直感染的后天存活猪可产生带毒的先天免疫耐受猪;带毒妊娠母猪所产死胎或存活的带毒猪污染环境,造成易感猪感染发病;猪群中存在着其他疾病感染,疫苗质量不高;疫苗管理不当;免疫程序不合理;饲养管理不科学;饲料质量问题;环境污染;滥用药物。

（五）综合防制技术研究

种猪群带毒是造成繁殖障碍型猪瘟发生的主要原因。后备种猪群带毒是造成猪瘟循环发生的关键因素。猪瘟病毒的持续性感染是造成猪瘟免疫失败的主要问题。培育健康无猪瘟带毒猪的种猪和后备种猪群是猪瘟综合防治技术的核心。制定合理有效的免疫程序是提高群体免疫水平的保证。改善生态环境,控制其他疾病是实施猪瘟综合防治技术的基础。

（六）中国猪瘟防控取得重要成就

2016年7月,农业部财政部联合印发了《关于调整完善动物疫病防控支持政策的通知》,自2017年起从中央层面退出对猪瘟的财政补助。2017年3月,农业部印发《国家猪瘟防治指导意见(2017—2020年)》,要求各地继续对生猪实施猪瘟免疫,进一步落实各项综合防控措施,有效控制、逐步消灭猪瘟。标志着正式将猪瘟净化付诸行动,这是我国猪瘟防控政策历史性的重大转变。防治目标是,在不断提高养殖场(户)防疫能力的基础上,到2020年底,全国所有种猪场和部分区域达到猪瘟净化标准,并进一步扩大猪瘟净化区域范围(净化是指连续24个月以上种猪场、区域内无猪瘟临床病例,猪瘟病毒野毒感染病原学检测阴性)。但目前部分养殖场(尤其是小型养猪场)依然存在病毒污染,控制和净化工作仍面临不少困难和挑战。

第十三节　非洲猪瘟

非洲猪瘟(ASF)是由非洲猪瘟病毒(ASFV)感染引起的一种急性、热性、高度接触性传染病,世界动物卫生组织(OIE)将其列为法定报告的动物疫病,我国将其列为一类动物疫病。

非洲猪瘟是家猪、疣猪、欧洲野猪和美洲野猪的一种传染性极强的出血性疾病。严重程度与毒株、猪种及流行时间的长短有关。所有年龄的猪都易感,发病率和病死率可高达100%,是我国重点防范的外来动物疫病。

一、病原学

非洲猪瘟病毒科、非洲猪瘟病毒属成员。是一个直径为200nm的20面体双链DNA囊膜病毒、唯一核酸为DNA的虫媒病毒。8个血清型,22个基因型。主要的靶细胞是单核和巨噬细胞。独特的宿主和生态循环(野猪—软蜱—家猪)。

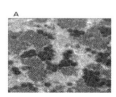
形态与虹彩病毒科相似

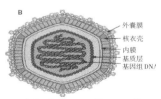
直径为200nm的20面体双链DNA囊膜病毒

基因组与痘病毒相似

图2-5　非洲猪瘟病毒结构

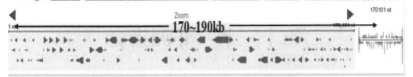

图2-6　病毒基因组为一条线性双链DNA分子，170~190kb，
可编码150种蛋白

（二）基因多变

基因组两端各有一个高变区，基因型多达22个。

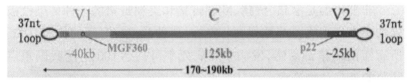

图2-7　高度保守的中央区域(约125kb)；两个可变区：38~48 kb；Ba71病毒基因组
由170,701个核苷酸组成；包括151个开放阅读框和五个多基因家族(MGFs,
MGF100,110, 300, 360, 505/530)；分离株之间末端可变区和MGFs的差异最大

（三）生存力强

1.温度

60℃20min；56℃70min；25℃~37℃数周；4℃>1年；冻肉数年至
数十年。

2.pH

pH4~13范围内毒力相对稳定。1%福尔马林需要6d才能致
死。最佳消毒剂：去污剂、次氯酸、碱、卫康及戊二醛。

3.在肉制品中的存活能力

见表2-1。

4.对环境具有较强的抵抗力

在帕尔玛火腿里存活399d；在骨髓中存活180d；20℃在粪便中
存活11d；在腐败的野猪尸体中至少存活20d。

表2-1　非洲猪瘟病毒在不同肉制品中的存活时间

序号	产品	病毒存活天数	序号	产品	病毒存活天数
1	去骨肉	105	8	盐腌制的去骨肉	182
2	肉丸子	105	9	盐腌制的肉丸子	182
3	肉馅	105	10	做熟的去骨肉	0
4	做熟的肉丸子	0	11	肉罐头	0
5	风干的去骨肉	300	12	风干的肉丸子	300
6	熏制的去骨肉	30	13	冻肉	3000
7	冷藏去骨肉	110	14	冷藏肉丸子	110

三、流行病学

（一）易感动物

猪是非洲猪瘟病毒唯一的自然宿主,猪科的所有物种都易感,但是仅对家猪、野猪以及它们的近亲欧洲野猪致病;非洲野猪是ASF的无症状携带者,并作为非洲猪瘟的病毒储主。非洲猪瘟病毒是唯一的虫媒DNA病毒,钝缘软蜱是主要的传播媒介和贮存宿主。

（二）传染源

病猪各种组织器官、血液、体液、各种分泌物、排泄物中均含有高滴度的病毒,因此可经病猪和经过感染存活并康复的动物的唾液、鼻分泌物、泪液、尿液、粪便、生殖道分泌物以及破溃的皮肤、病猪血液等进行传播。野猪隐性带毒,非洲猪瘟病毒在蜱和野猪感染圈中长期存在,难以根除,并在一定条件下感染家猪,引起暴发。

被污染的猪肉及猪肉制品,被污染的非生物媒介如饲料、水源、车辆器械、泔水、工作人员及其服装、注射器具,以及污染空气均能成为传染源。

（三）传播方式

传播方式包括生猪及其产品的调运、人员流动、运输车辆、泔水喂猪、物资、饲料。传播途径多种多样如接触、采食、叮咬、注射。

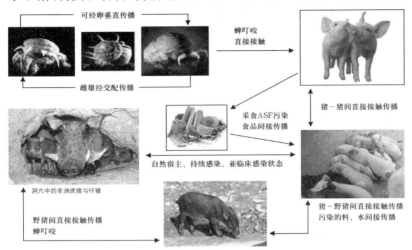

图2-8 非洲猪瘟病毒感染途径及自然宿主

四、临床症状

(一)最急性型

突然死亡,没有任何症状。

(二)急性型

高烧40℃~42℃、食欲不振、虚弱、躺着、蜷缩,死亡率90%~100%。通常在6~13d死亡,最长20d。存活动物终身带毒。家猪中,死亡率通常达到100%。

最重要的症状:各年龄段猪均高死亡率。

(三)亚急性型

症状较急性型病例轻。急性发病,死亡率低,病程5~30d。死亡发生在15~45d,死亡率(30%~70%)。

(四)慢性型

细菌继发感染引起的并发症,例如继发性肺炎和关节炎。病程发展2~15个月,死亡率较低,2%~10%。多处皮肤局部红斑、溃疡、耳部、腹部、大腿内侧可能凸起或坏死。

五、病理变化

严重的肺水肿,肾脏肿大,肾乳头肿大,见淡黄色胶冻样渗出血,脾脏肿大、易碎、暗红色至黑色出血,病死猪脾脏肿大,大小约为正常脾脏的4~5倍,呈紫褐色。淋巴结肿大、呈大理石样出血,皮肤黄染,皮下脂肪黄染,血液凝固不良。腹腔大量积液呈血红色。

图2-9 肾脏出血

六、防控

加强对非洲猪瘟疫病的认识,实时掌握疫情动态,提高防控意识。加强检疫监管,禁止疫区活体动物及肉制品进入。建立健全非洲猪瘟防控体系,形成常态化的防控机制。安全、有效、快速、准确诊断制剂的研发及储备。发现可疑病例及时上报,一旦发生疫情,立即采取措施,严防疫情扩散。

严禁从发病或风险国引进活猪及其产品;严格产地预检和入关前后的隔离检疫;严格旅客夹带肉品入境;彻底销毁口岸垃圾,防止流入饲养环节;加强高风险地区的监测;禁止边境地区家猪放养,做好生物安全防护;启动非洲猪瘟实验室检测工作;加强培训宣传指导,抓好群防群控。

图2-10 防控措施

七、养猪场(户)非洲猪瘟防控

加强养殖场的卫生防疫措施,场区内要做好日常消毒工作。对出入人员和车辆彻底消毒,生活区和生产区严格分开。采取自繁自养或全进全出的饲养模式。到正规养殖场引进生猪,引进前要申报检疫,尽量不到高风险区引进生猪,引进后要实施隔离观察。加强饲养管理,不用餐馆、食堂的泔水或餐余垃圾喂猪。小型养殖户不得散养、放养,避免家猪与野猪接触。饲养过程中密切注意猪群健康状况。发现厌食、高烧,皮肤发红等现象,要及时向当地畜牧兽医部门报告,做到早发现、早处置。一旦出现死亡,不得随意抛弃,及时报告当地畜牧兽医部门。

八、非洲猪瘟临床可疑疫情

已经按照程序规范免疫猪瘟、高致病性猪蓝耳病等疫苗,但猪群发病率、病死率依然超出正常范围;饲喂餐厨剩余物的猪群,出现高发病率、高病死率;调入猪群、更换饲料、外来人员和车辆出入猪场、畜主和饲养人员购买的生猪产品等可能风险事件发生后,15d内出现高发病率、高死亡率;野猪和放养有可能接触垃圾的猪出现发病或死亡。

九、非洲猪瘟疫情报告和确认

任何单位和个人,一旦发生生猪、野猪异常死亡等情况,应立即向当地畜牧兽医主管部门、动物卫生监督机构或动物疫病预防控制机构报告。

(一)临床症状标准

发病率、死亡率超出正常范围或无前兆突发死亡;皮肤发红;出现高热或结膜炎症状;出现腹泻或呕吐症状;出现神经症状。

(二)剖检病变标准

脾脏异常肿大;脾脏有出血性梗死;下颌淋巴结出血;腹腔淋巴结出血。符合上述任何一条,判定为符合剖检病变标准,剖检环境必须在具备生物安全条件的兽医实验室中进行,严禁在暴露环境中进行。

(三)坚持报告制度和"早、快、严、小"原则

疑似疫情,马上报告,同时限制移动,封场消毒。

十、非洲猪瘟样品采集、运输与储存

可采集发病动物或同群动物的血清样品和病原学样品(病原学样品主要包括抗凝血、脾脏、扁挑体、淋巴结、脾脏和骨髓等)。样品的包装和运输应符合农业农村部《高致病性动物病原微生物菌(毒)种或者样品运输包装规范》等规定。规范填写采样登记表,采集的样品应在冷藏密封状态下运输到相关实验室。

十一、非洲猪瘟疫情处置与监测

按照《非洲猪瘟防治技术规范(试行)》和《非洲猪瘟疫情应急预案》要求,对疫点和疫区采取封锁、扑杀、无害化处理、消毒等处置措

施。禁止所有生猪等易感动物和动物产品进入或流出封锁区。

十二、非洲猪瘟疫情排查

(一)排查目的

及时发现非洲猪瘟可疑病例,初步评估疫情波及范围,为下一步防治处置工作提供依据。

(二)疫情现场排查

根据非洲猪瘟临床症状、剖检病变、流行病学调查等特点开展排查工作,找到感染猪,采取无害化处理和消毒措施,消灭病原,切断传播途径。

排查工作是防控非洲猪瘟的重要环节,要做好排查前、中、后的各项准备工作,科学排查。

(三)排查范围

所有养猪场(户)、生猪交易市场、生猪屠宰加工厂场、生猪无害化处理场。

(四)排查要求

先排查重点区域、大中型规模养殖场和养殖密度较大的区域,然后再排查小型养殖场和散养户。通过现场勘察、场点基础信息采集等方式,掌握养殖场(户)的存出栏、饲养管理、发病死亡等情况。

在排查中发现生猪不明原因死亡的,屠宰环节发现脾脏肿大等情况的,应立即限制生猪移动并及时报告当地兽医部门,并配合做好样品采集和应急处理工作。

(五)日报告排查内容

逐级上报日排查内容,排查内容包括:排查乡镇数(个)排查村数(个)排查养殖场户(个)饲养量(万头)排查数量(万头)发病数量(头)死亡数量(头)。

第十四节 猪塞尼卡病毒

A型塞尼卡病毒(Senecavirus，SVA)也称塞尼卡谷病毒(Sene-caValleyvirus，SVV)。猪塞尼卡病毒病，又称猪原发性水疱病、猪原发性疱疹病，是由小RNA病毒科塞尼卡病毒属中的塞尼卡谷病毒（又称塞尼卡病毒A)引起的猪的一种新发传染性病毒性疾病。

一、病原学

SVV为单股、正链、不分节段的RNA病毒，为小RNA病毒科(Picornaviridae)塞尼卡病毒属(Senecavirus)的唯一成员。SVV结构呈20面体，直径30nm，无囊膜。病毒基因组含有7280个核苷酸。其中包括了5′端666个核苷酸的非编码区，一个开放阅读框含有6543个核苷酸，编码2181个氨基酸的多聚蛋白，可以分割成12个多肽，构成标准的小RNA病毒科L-4-3-4模式，3′非编码区有71个核苷酸。与所有小RNA病毒科成员一样，P1多肽由3C蛋白酶裂解成VP0、VP3和VP1，构成病毒核衣壳。成熟的VP0裂解生成VP2和VP4。病毒VPl~VP4亚基蛋白结构保守，可能与病毒的细胞嗜性有关。VP2和VP4某些区域相互作用参与核酸包装。SVV与其他小RNA病毒科成员的2B蛋白有相似的二级结构，能起到病毒孔蛋白的作用。

二、流行病学

美国Neotmpix公司实验室在2002年从胎儿成视网膜细胞培养

物中分离出SVV(使用了被污染的血清和猪胰蛋白酶),由于该实验位于美国马萨诸塞州的塞内卡国家公园内,因此病毒被命名为塞尼卡(塞内卡)病毒。2015年,国际病毒分类委员会(I研V)将该病毒划分至新的病毒属——塞尼卡病毒属。截至2015年9月底,美国已有11个州确诊猪发生SVV感染。

2015年3月,我国广东某猪场暴发猪水疱性疾病,发病猪只鼻部和口腔形成溃疡,厌食、跛行、新生仔猪急性死亡。经检测证实为感染SVV所致。从阳性病料中成功扩增获得SVV全基因组,并命名为CH-01-2015。研究显示该分离毒株与来自加拿大、巴西和美国的8株分离株SVV同源性高达94.4%~97.1%。首次报道我国猪群中存在SVV感染。2016—2017年在我国华南、华中、福建、河南、湖北及东北地区的猪群先后发生该病,表明我国猪群中的SVA感染已呈现区域性分布。

(一)传染源

发病猪只与亚临床感染带毒猪只,其鼻吻、蹄冠、口唇等部位的水疱中含有大量的病毒,是本病的主要传染来源。其次鼠类粪便与小肠中以及蝇类、吸血昆虫等都可携带SVV,并能在其体内增殖,因而在本病的传播中发挥着重要作用。

(二)传播途径

本病可通过直接接触病猪与污染物或通过气溶胶发生传播。

(三)易感动物

血清学调查显示,猪、牛和小鼠的血清中存在SVV的中和抗体。牛与鼠类可能是SVV自然宿主。猪属于SVV的易感动物,成年猪常呈亚临床感染。种母猪和种公猪感染时其鼻吻、蹄冠等部位可见充血、水疱、溃疡等病变。仔猪感染呈急性发病,1~3日龄仔猪感染死亡率可达30%~70%,4~7日龄的仔猪发病表现出中等死亡率(30%左右)。

三、临床症状与病理变化

猪感染SVV后,鼻吻或口腔黏膜(任何皮肤黏膜交界处)会出现完整或破裂的小泡。水疱破损后导致急性跛行与出现溃疡性病变,冠状带和蹄壁周围发红,皮肤充血,病猪表现出四肢无力、厌食、发热、昏睡、流涎。发病3d左右,新生仔猪可突然出现急性死亡(死亡率可达30%~70%),并伴有腹泻。肥育猪发病有80%~90%的病例出现蹄部病变,鼻与口腔出现病变的比例不足25%,但均表现出跛行(瘸腿)。母猪发病约有10%的病例表现跛行与蹄部病变症状,并伴有轻度的嗜睡与厌食。

死亡仔猪剖检可见肾脏点状出血,间质性肺炎,舌、鼻吻、蹄冠等处有溃疡病灶,舌炎等。组织学变化可见舌上皮细胞球样变性和膀胱尿路上皮细胞球状变性等。

SVV的发病率和死亡率,受猪群年龄、来源和地理分布等因素影响。母猪的发病率一度高达70%~90%,但死亡率只有0.2%左右,10~15d后临床症状得到缓解,病猪迅速康复。SVV在新生仔猪中所致发病率和死亡率很高,特别是1~4日龄仔猪,发病率达70%,死亡率达15%~30%,在仔猪群中出现临床症状和高死亡率的情况可持续2~3周。应注意,在我国发现当母猪出现水疱性临床症状后,新生仔猪才开始死亡。这与在美国发现的仔猪出现临床症状先于母猪临床症状的情况不同。

四、诊断

根据本病的流行特点、临床特性及病理变化只能做出初步诊断,确诊本病需要进行实验室诊断,并要与猪口蹄疫(FMD)、猪水疱性口炎(VSI)、猪传染性水疱疹病(VES)和猪水疱病(SVD)等进行鉴别诊断。

实验室诊断包括血清学诊断、病原学诊断等。

(一)血清学诊断

竞争ELISA(cELISA),通过待测抗体与预先制备的抗SVA单克隆抗体(mAb)竞争结合SVA抗原,来评价待测抗体的效价。

(二)病原学诊断

间接免疫荧光实验、实时荧光定量PCR、原位杂交技术以及免疫组化染色法等均可用于病原学诊断、流行病学调查与鉴别诊断。

五、防制

目前,国内外还没有商品化的疫苗用于防控SVV,首例疫苗制备方法的报道出自中国农业科学院兰州兽医研究所。为了防控SVV的进一步传播,一定要加强饲养管理,提高生物安全水平,并且做好SVV的主动监测和相关流行病学研究,控制SVV流行和散播。

第十五节　马传染性贫血病

马传染性贫血病(简称马传贫)又称沼泽热,是由马传染性贫血病毒引起的一种以持续感染,反复发作,呈现发热并伴有贫血、出血、黄疸、心脏衰弱、浮肿和消瘦等症状的严重危害马属动物的慢性传染病。马属动物中以马最易感,驴、骡次之。任何年龄、任何品种的马属动物均可感染发病,以吸血昆虫活动频繁的夏季多发,主要通过虻、蚊、刺蝇及蠓等吸血昆虫的叮咬而传染。世界动物卫生组织将其列为B类传染病,我国将其列入二类动物疫病。

一、病原学

马传染性贫血病病毒属于RNA型病毒,病毒的形态呈球形,被有囊膜,直径80~135nm,囊膜外有突起,病毒对外界抵抗力强,在粪尿中能生存2个半月,粪便堆积发酵,经30d死亡,季节收割的牧草上可存活6个月,病毒在0℃~20℃可保持6个月到两年,但对热的抵抗力弱,煮沸即死亡,60℃处理1h,可全面失去感染力。

二、发病原因

马传染性贫血病主要发生在马饲养过程中,病马和带毒马是主要的传染源。发病原因是由于自身携带此病的病毒,并且在饲养过程中通过蚊虫的叮咬进行间接性传染。有的也可通过使用病毒污染的器械而感染。传播高峰期主要发生在8月左右,在流行初期多呈急性经过,致死率较高,以后呈亚急性或慢性经过。

三、流行病学

引起马传染性贫血病的病毒为马传染性贫血病病毒,致病病毒主要存在于病畜的肝、脾、肾、淋巴等处,尤以肝、脾处含量最高。致病病毒外界存活能力极强,附着在干草上能存活达3个月之久。但是,对高温、日光照射等耐受力不强。日光照射1~4h即可死亡,血清中的病毒煮沸立即死亡,56℃1h完全灭活。2%~4%的氢氧化钠、3%的漂白粉、20%的草木灰等,在20min内可以将其杀死。马易感性最大,其次为骡、驴。主要传染源为病马和带毒马,尤其是病马在发热期,排毒量大污染面积广,精液、乳液、粪尿等都含大量病毒,污染周边环境。没有发热症状,临床呈隐性或慢性经过。此病传染途径,可经蚊虫叮咬或经过污染饲草、饮水等,经配种和消化道感染。目前,此病多数为地方性流行,流行季节不明显,吸血昆虫多见的夏秋季节,此病流行最为严重。老疫区为慢性经过,死亡率普遍低。新疫区为急性经过,死亡率较高。马匹管理不善、舍内潮湿、卫生条件差、过度劳累、寄生虫病感染等,都能加剧马传染性贫血的发生。

四、临床症状

本病存在一定的潜伏期,一般情况下为1个月,有时候可以根据潜伏期来判断其发病类型。有急性、亚急性、慢性和隐性4种类型。

(一)急性型

马表现为高热稽留,常在3~4周内死亡,出现口渴、出虚汗、抑郁等症状。自然状况下可经常观察到舌下、鼻部有瘀血点、外阴黏膜出血。

(二)亚急性型

间断性发烧,一个月2~3次,体温突然上升到40℃,之后体温恢复到正常水平,直到下次发作,这段时间可持续几周甚至几个月。病马头下垂,无精打采,拒绝饮食或者饮食量下降,体重持续下降。腿、胸部和其他部位可能出现水肿,皮肤下有明显液体富集。

(三)慢性型

体温升高缓慢,间期达到1~3月,甚至更长。马可能不表现出临床症状,并成为隐性携带者,体内长期带毒。隐性携带者在不利条件或者皮质类固醇的诱导下,可表现出临床症状。

（四）隐性型

隐性型无可见临床症状，体内长期带毒。

五、病理变化

急性型主要表现败血性变化，可视黏膜、浆膜出现出血点（斑），尤其以舌下、齿龈、鼻腔、阴道黏膜、眼结膜、回肠、盲肠和大结肠的浆膜、黏膜以及心内外膜尤为明显；肝、脾肿大，肝切面呈现特征性槟榔状花纹；肾显著增大，实质浊肿，呈灰黄色，皮质有出血点；心肌脆弱，呈灰白色煮肉样，并有出血点；全身淋巴结肿大，切面多汁，并常有出血。亚急性和慢性型主要表现贫血、黄染和细胞增生性反应；脾中（轻）度肿大，坚实，表面粗糙不平，呈淡红色，有的脾萎缩，切面小梁及滤泡明显；淋巴小结增生，切面有灰白色粟粒状突起；不同程度的肝肿大，呈土黄或棕红色，质地较硬，切面呈豆蔻状花纹（豆蔻肝）；管状骨有明显的红髓增生灶。

六、诊断

（一）临床诊断

根据典型临床症状和病理变化可做出初步诊断，确诊需要进一步做实验室诊断。

（二）实验室诊断

在国际贸易和我国《马传染性贫血防治技术规范》中，指定诊断方法为琼脂凝胶免疫扩散实验（AGID），替代诊断方法为酶联免疫吸附实验。

（三）鉴别诊断

应注意与马梨形虫病、马伊氏锥虫病、马钩端螺旋体病、营养性贫血鉴别诊断。

七、防治

此病康复难度大,现无有效的治疗措施,康复效果不佳。一旦发现病情,建议及早处理,予以扑杀,避免病情的扩散和蔓延。

(一)加强马属动物的日常饲养管理

在马养殖的过程中要做好相关的放牧管理。有固定的放牧养殖区域,且要保证这一区域的草和水等没有被其他细菌所感染。在马养殖方面要做好日常的消毒工作,保证马舍的卫生条件,及时清理粪便。在饲养方面要加强马自身的免疫力、抵抗力,秋冬季节要增加鱼粉、黄豆等能量蛋白饲料,合理搭配精粗饲料比例,改善饲养条件。定期驱除体内体外寄生虫,提高马属动物的抗病能力。

(二)定期检测,未病先防,防患于未然

在养殖方面坚持预防为主、治疗为辅的原则。做好检疫工作,结合临诊、血检、肝活组织检查等,在第一时间确诊此病。作为马养殖场(户)来讲,对于马属动物的血样检测必须每年进行。能够更好地了解马的健康情况,做到未病先防,防患于未然。

(三)药物治疗

马传染性贫血病的传播感染途径主要是通过接触感染,要通过消灭螨、蚊、蠓等传播媒介来切断马传染性贫血病的传播途径。

(四)预防接种

早期接种疫苗,是控制此病的关键。用马传染性贫血病弱毒疫苗,预防性注射,2ml/次,皮下注射或者皮内注射,0.5ml/次,接种后有效免疫期达3个月之久,能很好地降低此病的易感性。

(五)加强疫情监测

对辖区内马属动物进行马传染性贫血病的流行病学调查,发现疑似症状,立即上报。

（六）疫情处置

一旦发现马传染性贫血疫情，当地畜牧兽医部门要按照要求及时报告疫情，通报疫情信息，做好疫情处置工作。按照"早、快、严、小"的原则进行扑灭，采取隔离病畜、封锁疫区、严格消毒、强制免疫、深埋处理病死畜等措施，把疫情控制在最小范围内。

第三章　动物寄生虫病

第一节　消化道线虫病

一、牛羊消化道线虫病

(一)牛羊弓首蛔虫病

由弓首科弓首属的牛弓首蛔虫寄生于犊牛小肠内引起的以下痢为主要特征的疾病。犊新蛔虫病分布广泛,遍及世界各地,我国多见于南方,初生犊牛大量感染可引起死亡,对养牛业危害甚大。

1.病原学

牛弓首蛔虫虫体粗大,淡黄色,头端具有3片唇,食道呈圆柱形。雄虫长11~26cm,有3~5对肛后乳突,有许多肛前乳突,尾部有一小锥突,弯向腹面,交合刺一对,形状相似,等长或稍不等长。雌虫长14~30m,尾直,生殖孔开口于虫体前部1/8~1/6处。虫卵近于球形,大小为(70~80)μm×(60~66)μm,胚胎为单细胞期,壳厚,外层呈蜂窝状。

2.生活史

卵随粪便排出后,在适宜条件下,变为感染性虫卵(内含第2期幼虫)。牛吞食感染性虫卵后,幼虫在小肠内逸出,穿过肠壁,移行至肝、肺、肾等器官组织,发育为第3期幼虫。待母牛妊娠8.5个月左右时,幼虫便移行至子宫,进入胎盘羊膜液中,变为第4期幼虫,被胎牛吞入肠中发育。小牛出生后,幼虫在小肠内进行蜕化,后经25~31d发育为成虫。

3.流行病学

本病主要发生于5个月以内的犊牛。成虫在犊牛的小肠中可以寄生2~5个月,以后逐渐从宿主体内排出。成年牛只在内部器官组织中寄生移行阶段的幼虫,尚未见有成虫寄生的报道。虫卵对干燥及高温的耐受能力较差,土壤表面的虫卵,在阳光直接照射下,经4h全部死亡;在干燥的环境里,虫卵经48~72h死亡;感染期的虫卵,需有80%的相对湿度才能够生存。但虫卵对消毒药物的抵抗力较强,虫卵在2%的福尔马林中仍能正常发育;在29℃时,虫卵在2%来苏儿溶液中可存活约20h。

4.临床症状与病理变化

犊牛出生2周后为受害最严重时期,虫体的机械性刺激可以损伤小肠黏膜,引起黏膜出血和溃疡,并继发细菌感染,从而导致肠炎。

临床症状表现为消化失调、食欲不振与腹泻,早期会出现咳嗽,口腔内有特殊的臭味,排大量黏液或血便,患畜虚弱消瘦,精神迟钝,后肢无力,站立不稳。成虫大量寄生时,会夺取大量营养,使犊牛发生消化障碍,可造成肠阻塞或肠穿孔,并引起死亡。虫体的毒素作用也可引起严重危害,如过敏、阵发性痉挛等。成虫聚集成团可引起肠道阻塞或肠穿孔。出生后的犊牛受感染时,由于幼虫的移行,可造成肠壁、肺脏、肝脏等组织的损伤、点状出血、发炎,血液和组织中嗜酸性粒细胞显著增多。

5.诊断

犊牛有腹泻、排大量黏液并具有特殊恶臭、咳嗽、消瘦及生长发育停滞等现象时,均可作为疑似蛔虫病的依据,进一步确诊可采用直接涂片法或饱和盐水漂浮法检查粪便中有无虫卵。也可结合症状、流行病学调查,进行诊断性驱虫来加以判定。死后剖检可在小肠找到虫体或在血管、肺脏找到移行期幼虫。

6.防治

(1)治疗

左旋咪唑:剂量为每千克体重4~6mg,肌肉注射;或每千克体重8mg口服。中毒可用阿托品解除;左旋咪唑还可引起肝功能变化,严重肝病患畜禁用;肌肉注射或皮下注射时,对组织有较强的刺激性,尤其是盐酸左旋咪唑;泌乳期动物禁用;休药期:内服给药为3d,注射给药为28d。

阿苯达唑:剂量为每千克体重5~20mg,口服。

阿维菌素或伊维菌素类药物:有效成分剂量为每千克体重0.3mg,皮下注射(针剂)或口服(片剂)。用药后28d内所产牛奶,人不得食用;牛屠宰前21d停用药物。

哌嗪:也叫驱虫灵。剂量为每千克体重250mg,一次口服。

精制敌百虫:剂量为每千克体重100mg,总量不超过10g,溶解后均匀拌入饲料内,一次喂服。出现副作用时,用阿托品解之。

(2)预防

定期驱虫:根据当地牛群实际感染情况确定具体的驱虫时间和次数。通常犊牛在1月龄和5月龄各可驱虫1次。另外,成年母牛每年要驱虫2次,即春秋季节各1次。对该病常发地区的母牛妊娠约8个月时,可在肩前皮下注射0.2mg/kg·bw1%多拉菌素注射液,1个月后再注射1次,将体内移行的幼虫杀灭,预防胎牛感染,且不会影响母牛的生殖性能,用药方便,应激较小。

加强环境卫生:牛场和牛舍保持干净卫生,经常更换垫草,及时清除粪尿,且粪便要采取堆沤发酵处理,确保完全杀死粪尿中的虫卵。为确保环境卫生符合要求,牛场内最好将净道和脏道分开使用,同时病死牛尸体、流产胎儿、胎衣以及其他污染物必须采取无害化处理,如深埋等,收集的各种废弃物要与粪便一起进行微生物发酵处理。

(二)毛圆科线虫病

牛、羊等反刍家畜胃肠道毛圆科线虫病是发生于牛、羊、骆驼等反刍家畜的一类最常见、危害较为严重的寄生性线虫病。病原主要包括下列各属虫体:血矛属、毛圆属、奥斯特属、古柏属、细颈属、似细颈属、马歇尔属和长刺属等。其中以捻转血矛线虫危害最为严重。

1.病原学

捻转血矛线虫也称捻转胃虫,寄生于宿主的真胃。虫体淡红色,头端细,口囊小,内有一矛状刺,一般有颈乳突。雄虫长15~19mm,肉眼观尾部膨大呈半环状;交合伞的背叶偏于一侧,背肋呈"人"字形;有两根等长的交合刺,刺近末端处有倒钩;导刺带为梭形。雌虫长27~30mm,肠管呈红色(吸血所致),生殖器官呈白色,两者相互捻转,形成红白相间的麻花状外观。生殖孔处多数有一舌状阴道盖。

毛圆属线虫,小型毛发状虫体,头端偏细,尾端偏粗,体长不足7.0mm。在食道口区有明显凹陷的排泄孔。交合刺短、扭曲,通常末端尖,有引器。雌虫尾短,锥状。

2.生活史

毛圆科线虫主要寄生于牛、羊等反刍家畜的第四胃和小肠,雌虫产卵后,虫卵随粪便排出宿主体外,经孵化,逐渐发育到感染性幼虫(第3期幼虫),再经口感染易感动物,然后到达寄生部位,渐发育为成虫。如捻转血矛线虫虫卵随粪排入外界大约1周,发育为感染性幼虫,感染宿主并到达真胃寄生部位后约经20d,即可发育为成虫。

3.流行病学

捻转血矛线虫流行甚广,各地普遍存在,多与其他毛圆科线虫混合感染。虫卵在北方地区不能越冬。第3期幼虫抵抗力强,在一般草场上可存活3个月;不良环境中,可休眠达1年;幼虫有向植物茎叶爬行的习性及对弱光的趋向性,温暖时活性增强。

毛圆属线虫体第3期幼虫在潮湿的土壤中可存活34个月,耐低温,但对高温、干燥比较敏感。

4.临床症状与病理变化

捻转血矛线虫矛状刺可刺破宿主胃黏膜,并分泌抗凝血酶,吸血夺取营养,据统计2000条虫体每天可吸血30ml,重度感染易导致严重贫血。大量寄生可使胃黏膜广泛损伤,发生溃疡。另外,还可分泌毒素,抑制宿主神经系统活动,使宿主消化吸收机能紊乱。

急性型多见于羔羊,高度贫血,可视黏膜苍白,短期内引起大批死亡。亚急性型表现为黏膜苍白,下颌间、下腹部及四肢水肿,下痢、便秘相交替。慢性型病程长,宿主表现为发育不良,渐进性消瘦。

5.诊断

毛圆科各属线虫的生前诊断可采用饱和食盐水漂浮法检查虫卵,但除细颈线虫、似细颈线虫、马歇尔线虫虫卵较大,有一定特征外,其他多数毛圆科线虫虫卵特征性不强,进一步鉴别需做幼虫培养后,对第3期幼虫进行鉴定。死后诊断可剖检找虫体,根据寄生部位和各属、种虫体的特点,不难确诊。

6.防治

（1）治疗

伊维菌素：每千克体重0.2mg，一次口服或皮下注射；左旋咪唑：每千克体重6~8mg，一次口服；阿苯达唑：牛羊每千克体重10~15mg，一次口服；甲苯咪唑：牛羊每千克体重10~15mg，一次口服。

（2）预防

定期驱虫：春秋季各一次，夏秋感染季节反刍家畜避免吃带露水的草，不在低湿地带放牧，草场可和单蹄兽轮牧。

加强饲养管理：提高营养水平，合理补充精料和矿物质，提高牛羊自身抵抗力，粪便发酵处理。

（三）食道口线虫病

食道口线虫属于食道口科、食道口属，寄生于牛羊的大肠，主要是结肠。由于某些种类的食道口线虫幼虫可钻入宿主肠黏膜，使肠壁形成结节病变，故又称结节虫病。

1.病原学

寄生于牛、羊的食道口线虫主要有以下几种：粗纹食道口线虫主要寄生于羊的结肠；哥伦比亚食道口线虫主要寄生于羊，也寄生于牛和野羊的结肠；辐射食道口线虫、寄生于牛的结肠。

食道口线虫：口囊呈小而浅的圆筒形，其外周为一显著的口领。口缘有叶冠。颈乳突位于食道附近两侧，其位置形态随虫种不同而异。雄虫的交合伞发达，有2对等长的交合刺。雌虫阴门位于肛门附近前方，排卵器发达，呈肾形。虫卵较大。

粗纹食道口线虫：口囊较深，头泡显著膨大，无侧翼膜。颈乳突位于食道后方。雄虫长13~15mm，雌虫长17.3~20.3mm。

哥伦比亚食道口线虫：有发达的侧翼膜，致使身体前部弯曲。头泡不甚膨大。颈乳突在颈沟的稍后方，其尖端突出于侧翼膜之外。雄虫长 12.0~13.5mm。交合伞发达。雌虫长 16.7~18.6mm,尾部长。阴道短,横行引入肾形的排卵器。虫卵呈椭圆形,大小为 $(73~89)\mu m \times (34~45)\mu m$。

辐射食道口线虫:寄生于牛的结肠。侧翼膜发达,前部弯曲。缺外叶冠,内叶冠也只是口囊前缘的一小圈细小的突起,38~40叶。有口领。头泡膨大,上有一横沟,将头泡区分为前后两部分。颈乳突位于颈沟的后方。雄虫长 139~15.2mm,雌虫长 147~18.0mm。

2.生活史

虫卵随粪便排出体外,在外界适宜的条件下,经 10~17h 孵出第 1 期幼虫,经 7~8d 蜕化 2 次变为第 3 期幼虫,即感染性幼虫。牛、羊摄入被感染性幼虫污染的青草和饮水而遭感染。感染后 36h,大部分幼虫已钻入小结肠和大结肠固有层的深处,以后幼虫导致肠壁形成卵圆形结节,幼虫在结节内进行第 3 次蜕化,变为第 4 期幼虫。之后幼虫从结节内返回肠腔,经第 4 次蜕化发育为第 5 期幼虫,进而发育为成虫。幼虫在结节内停留的时间,常因家畜的年龄和抵抗力(免疫力)而不同,短的经过 6~8d,长的需 1~3 个月或更长,甚至不能完成其发育。哥伦比亚食道口线虫和辐射食道口线虫可在肠壁的任何部位形成结节。

3.流行病学

从感染宿主到成虫排卵需 30~50d。虫卵在低于 9℃时不发育,高于 35℃则迅速死亡。春末夏秋季节,宿主易遭受感染。

4.临床症状与病理变化

幼虫钻入宿主肠壁引起炎症,刺激机体产生免疫反应导致局部组织形成结节,进而钙化,使宿主消化吸收受到影响。但一般初次感染,很少形成结节;结节主要是在成年羊形成,6 个月以下羔羊多数不能形成;另外,结节的形成和表现形式与虫种有关。此外,有时幼虫移行过程中,一部分会误入腹腔,引起腹膜炎。成虫寄生于肠道,分泌毒素,可加重结节性肠炎的发生。重度感染可使羔羊持续性腹泻,粪便呈暗绿色,含有多量黏液,有时带血,严重时引起死亡。慢性病例表现为腹泻、便秘相交替,渐进性消瘦。

5.诊断与治疗

生前诊断可粪检虫卵,鉴别则需进行幼虫培养。剖检诊断可检查虫体,观察结节。防治同捻转血矛线虫病。

(四)仰口线虫病

牛、羊仰口线虫病也叫钩虫病,由钩口科、仰口属的线虫引起,成虫寄生于牛、羊小肠。

1.病原学

仰口属钩虫的特点是头部向背侧弯曲(仰口),口囊大呈漏斗状,内有背齿1个,亚腹齿若干,随种类不同而异。雄虫长10~20mm,交合伞外背肋不对称,右侧外背肋齿细长,起始于背肋基部;左侧外背肋粗短,起始于背肋中部。有1对等长的交合刺,无导刺带。雌虫长15~28mm,生殖孔位于体中部稍前。

羊钩虫:口囊内的亚腹齿为1对,交合刺较短,为0.57~0.71mm。牛钩虫:口囊内的亚腹齿为2对,交合刺长,是羊钩虫的3~5倍。

2.生活史

卵随宿主粪便排出后,发育为感染性幼虫,经口或皮肤感染宿主,其中经皮肤感染为主要途径。感染性幼虫钻入宿主皮肤血管后,随血流进入肺,再通过支气管、气管进入口腔,被咽下后,到宿主小肠发育为成虫,从感染到成熟需30~56d。

3.流行病学

仰口线虫主要寄生在小肠。阴暗、高温、潮湿环境和多雨季节,该病最为流行。一般饲养条件下,吞食了被污染的饲料或饮水可感染发病。仰口线虫病发病还与温湿度不适宜、噪音持久、频繁更换饲料、通风不良、消毒不严格等因素有关。

4.临床症状

虫体吸血导致宿主贫血,据统计每100条虫体每天可吸血8ml,且吸血过程中频繁移位,造成宿主肠黏膜多处出血;还可分泌毒素,导致寄生部位损伤、炎症、溃疡。经皮肤感染移行过程中,会造成组织损伤、肺出血等。成畜表现为顽固性下痢,粪便发黑,有时带有血液,渐进性贫血、消瘦。幼畜还可能有神经症状,发育受阻。

5.诊断

采集粪便检查虫卵,新鲜钩虫卵具有一定特征性:色彩深,发黑,虫卵两端钝圆,两侧平直,内有8~16个卵细胞。剖检可在寄生部位找虫体。

6.防治

（1）治疗

阿苯达唑:牛的剂量为每千克体重10~20mg,羊的剂量为每千克体重5~15mg,一次口服。左旋咪唑:每千克体重6~8mg,一次口服或注射。伊维菌素:每千克体重0.2mg,一次口服或皮下注射。甲苯咪唑:每千克体重10~15mg,一次口服。

（2）预防

定期驱虫:春秋季各一次。根据当地流行情况制订驱虫计划。

加强消毒:定期用10%~20%石灰乳、10%漂白粉等对圈舍、运动场、食槽、饮水用具、皮毛以及车辆进行消毒。加强粪便管理,每天及时将粪便集中发酵,以消灭虫卵和幼虫。消毒药要轮换使用。

加强饲养管理:保持舍内清洁,注意放牧和饮水卫生。避免到低湿的地方放牧,不在清晨、傍晚或雨后放牧,避开寄生虫幼虫活动的时间出牧,禁饮积水或死水,要饮干净流水或井水,并建立固定的清洁饮水地点。有计划地轮牧。另外,还要补充精饲料,在饮水中添加多种维生素,提高牛羊抵抗力。

二、马消化道线虫

(一)马副蛔虫病

马副蛔虫病是由蛔科的马副蛔虫寄生于马属动物的小肠内所引起,是马属动物常见的一种寄生虫病。

1.病原学

马副蛔虫隶属于线形动物门、尾感器纲、蛔目、蛔科、副蛔属,是一种大型虫体。

虫体近似圆柱形,两端较细,黄白色。口孔周围有3片唇,其中背唇稍大。唇基部有明显的间唇。每个唇的中前部内侧面有一横沟,将唇片分为前后两个部分。唇片与体部之间有明显的横沟。雄虫长15~28cm,尾端向腹面弯曲。雌虫长18~37cm,尾部直,阴门开口于虫体前1/4部分的腹面。虫卵近于圆形,直径90~10μm,呈黄色或黄褐色。新排出虫卵,内含一亚圆形的尚未分裂的胚细胞。卵壳表层蛋白质膜凹凸不平,但颇细致。

2.生活史

虫卵随宿主粪便排出体外,在适宜的外界环境条件下,经10~15d发育到感染性虫卵。感染性虫卵被马食入,在其体内发育为成虫需2~2.5个月。

3.流行病学

马副蛔虫病广泛流行,主要危害幼驹。老年马多为带虫者,散布病原体。感染率、感染强度和饲养管理有关。感染多发于秋冬季。虫卵对不利的外界因素抵抗力较强。

4.临床症状与病理变化

马发病初期(幼虫移行期)呈现肠炎症状,持续3d后,呈现支气管肺炎症状——蛔虫性肺炎,表现为咳嗽、短期热候、流浆液性或黏液性鼻汁。后期即成虫寄生期呈现肠炎症状,腹泻与便秘交替出现。严重感染时发生肠堵塞或穿孔。幼畜生长发育停滞。

幼虫移行时,损伤肠壁、肝肺毛细血管和肺泡壁,可引起肝细胞变性、肺出血及炎症。马副蛔虫的代谢产物及其他有毒物质,导致造血器官及神经系统中毒,发生过敏反应,如痉挛、兴奋以及贫血、消化障碍等。幼虫钻进肠黏膜移行时,可能带入病原微生物,造成继发感染。成虫可引起卡他性肠炎、出血,严重时引起肠阻塞、肠破裂。有时虫体钻入胆管或胰管,可引起相应症状,如呕吐、黄疸等。

5.诊断

结合临诊症状与流行病学特点,通过粪便检查发现特征性虫卵即可确诊。粪便检查可采用直接涂片法和饱和盐水浮集法。见到自然排出的蛔虫或剖检时检出蛔虫均可确诊。

6.防治

(1)治疗

驱蛔灵(枸橼酸哌哔嗪):按每千克体重150~200mg,一次投服。重症病马可减少至每千克体重100mg。连服3~4次,每次间隔5~6d。

精制敌百虫:成马9~15g;幼驹5~8g或每千克体重30~70mg,配成10%~20%水溶液用胃管一次投服。

丙硫咪唑:按每千克体重2.5~3mg,腹腔注射。

(2)预防

定期驱虫:每年进行1~2次,驱虫后35d内不要放牧,妊娠马在产前2个月驱虫。

加强饲养管理:粪便及时清理并进行生物热处理。定期对用具消毒。马最好饮用自来水或井水。

(二)圆线虫病

圆线虫病是马匹的一种感染率最高、分布最广的肠道线虫病。此病是由圆线目40多种线虫所引起,为马属动物的重要寄生虫病之一。

根据虫体大小,圆线虫分为两类:大型圆线虫(马圆虫、普通圆虫、无齿圆虫等)和小型圆线虫。前者危害更大,常为幼驹发育不良的原因,成年马则可引起慢性肠卡他,以致使役能力降低,尤其是幼虫移行时,若引起动脉炎、血栓性疝痛、胰腺炎和腹膜炎可导致死亡,造成重大经济损失。

1.病原学

寄生于马属动物的圆线虫隶属于线形动物门、尾感器纲、圆线目、圆线科和毛线科。其中,圆线属的马圆线虫、无齿圆线虫和普通圆线虫虫体较大,危害严重。

马圆线虫寄生于马属动物的盲肠和结肠。我国各地均有分布。虫体呈灰红色或红褐色。口囊发达,口缘有发达的内叶冠与外叶冠。口囊背侧壁上有一背沟,基部有一大型、尖端分叉的背齿,口囊底部腹侧有两个亚腹侧齿。雄虫长25~35mm,有发达的交合伞,有两根等长的线状交合刺。雌虫长38~47mm,阴门开口于距尾端11.5~14mm处。虫卵椭圆形,卵壳薄,(70~85)μm×(40~47)μm。

无齿圆线虫又名无齿阿尔夫线虫,也寄生于马属动物的盲肠和结肠内。虫体呈深灰或红褐色,形状与马圆线虫极相似,头部稍大,口囊前宽后狭,口囊内也具有背沟,但无齿。雄虫长23~28mm,有两根等长的交合刺。雌虫长33~44mm,阴门位于距尾端9~10mm

处。

普通圆线虫又名普通戴拉风线虫,也寄生于马属动物的盲肠、结肠。虫体比前两种小,呈深灰或血红色。口囊壁上有背沟,底部有两个耳状的亚背侧齿;外叶冠边缘呈花边状构造。雄虫长14~16mm,有两根等长的交合刺。雌虫长20~24mm,阴门距尾端6~7mm。虫卵椭圆形。

2.生活史

普通圆线虫幼虫被马、骡吞咽后,钻通肠黏膜进入肠壁小动脉,在其内膜下继续移行,逆血流方向向前移行到较大动脉(主要为髂动脉、盲肠动脉及腹结肠动脉),约2周后到达积聚在肠系膜前动脉根部,部分幼虫进入主动脉向前移行到心脏,向后移行到肾动脉和髂动脉。因此,普通圆虫常在肠系膜动脉根部引起动脉瘤,并在此发育为童虫,在盲肠及结肠壁上常见到含有童虫的结节。然后,各自通过动脉的分支往回移行到盲肠和结肠的黏膜下,在此蜕皮发育到第五期幼虫,最后回到肠腔成熟。

无齿圆线虫幼虫的移行不同于普通圆虫,它们移行远,时间长,幼虫钻入盲肠、大结肠黏膜后,经门脉进入肝脏,到达肝韧带后在肠腔沿腹膜下移行,因此,幼虫主要见于此处的特殊包囊中,在继续移行到达肠壁后,便形成典型的水肿病灶,然后进入肠腔发育成熟。

马圆线虫幼虫也在腹腔脏器及组织内广泛移行,幼虫穿通盲肠及小结肠黏膜,先在浆膜下结节内停留,后经腹腔到达肝脏,然后到胰腺寄生,最后回到肠腔发育成熟。

3.流行病学

感染性幼虫的抵抗力很强,在含水分8%~12%的马粪中能存活1年以上,在撒布成薄层的马粪中需经65~75d才死亡。在青饲料上能保持感染力达2年之久,但在阳光直射下容易死亡。该病既可发生于放牧的马群,也可发生于舍饲的马匹。特别在阴雨、多雾天气的清晨和傍晚放牧,是马匹最易感染圆线虫病的时机。导致牧场的染虫率不断增高,马匹常常受到严重感染。

4.临床症状与病理变化

临诊上分为肠内型和肠外型。成虫大量寄生于肠管时,马表现为大肠炎症和消瘦,恶病质而死亡;少量寄生时呈慢性经过。幼虫移行时,以普通圆线虫引起血栓性疝痛最多见。马圆线虫幼虫移行引起肝、胰脏损伤,临诊表现为疝痛。无齿圆线虫幼虫则引起腹膜炎、急性毒血症、黄疸和体温升高等。

成虫在结肠和盲肠内寄生、口囊吸血,可引起宿主贫血和卡他性炎症、创伤和溃疡。幼虫在肠壁形成结节影响肠管功能,特别是幼虫移行危害更为严重。普通圆线虫幼虫移行危害最大,可引起动脉炎,形成动脉瘤和血栓,进而引起疝痛、便秘、肠扭转和肠套叠、肠破裂。无齿圆线虫幼虫在腹膜下移行形成出血性结节、腹腔内有大量淡黄—红色腹水,引起腹痛、贫血。马圆线虫幼虫移行导致肝脏和胰脏损伤,肝脏内形成出血性虫道,胰脏内形成纤维性病灶。

5.诊断

根据临诊症状和流行病学特点可做出初步诊断。在粪便中查出虫卵可证实有此类圆线虫寄生。但应考虑数量,一般每克粪便检出1000个虫卵以上应驱虫。各种圆线虫虫卵难以区分,可以根据三期幼虫形态进行鉴别。幼虫寄生期诊断困难,剖检可确诊。

6.防治

(1)治疗

首选驱虫剂为丙硫咪唑,以每千克体重3~5mg口服或腹腔注射,对成虫驱虫率高,对第4期幼虫作用一般。

噻苯咪唑按每千克体重50mg内服,对多种圆线虫均有效。成年及幼龄马匹应每隔4~8周驱虫1次;8~28周龄的马驹应每天用噻苯咪唑加哌哔嗪驱虫1次,效果最好。

(2)预防

在加强饲养管理的前提下,每年应对马进行定期驱虫,一年至少2次;服用低剂量硫化二苯胺(1~2g)有预防作用。

(三)马胃线虫病

马胃线虫病是由旋尾科、柔线属的大口德拉西线虫、小口柔线虫和蝇柔线虫的成虫寄生于马属动物胃内引起的,可致马匹全身性慢性中毒、慢性胃肠炎、营养不良及贫血。有时发生寄生性皮肤炎(夏疮)及肺炎。

1.病原学

寄生于马属动物的大口德拉西线虫(大口胃虫)、小口柔线虫(小口胃虫)和蝇柔线虫(蝇胃虫)隶属于旋尾科、柔线属。

大口胃虫为白色线状,表面有横纹,无齿,特征是咽呈漏斗状。雄虫长7~10m,尾部短、呈螺旋状蜷曲。雌虫长10~15mm,尾部直或稍微弯曲。虫卵呈圆柱形,大小为(40~60)μm×(8~17)μm,卵胎生。

蝇胃虫虫体为黄色或橙红色,角皮有柔细横纹,咽呈圆筒状,唇部与体部分界不明,头部有2个较小的三叶唇,无齿。雄虫长9~16mm;雌虫长13~23mm。虫卵与前者相似。

小口胃虫较少见,形态与蝇胃虫相似,但较大,咽前部有一个背齿和一个腹齿。虫卵与大口胃虫虫卵相似。

2.生活史

以蝇类为中间宿主。大口胃虫和蝇胃虫的中间宿主为家蝇和厩螫蝇,小口胃虫的中间宿主为厩螫蝇。雌虫在胃腺部产卵,虫卵排至外界,被家蝇或厩螫蝇的幼虫采食后,在蝇蛆化蛹时发育为感染性幼虫。马匹采食或饮水时吞食含有感染性幼虫的蝇而感染,也可在蝇吸血时经伤口感染,当含感染性幼虫的蝇落到马唇、鼻孔或伤口处,其体内幼虫也可逸出,自行爬入或随饲料饮水进入马体。感染性幼虫进入马胃内,经1.5~2个月发育为成虫。蝇胃虫及小口胃虫以头端钻入胃腺腔内寄生;大口胃虫钻入胃壁深层在形成的瘤肿内寄生。

3.流行病学

该病分布于世界各地,马、骡、驴均易感。

4.临床症状与病理变化

本病临诊表现为慢性胃肠,营养不良、贫血等症状。大口胃虫致病力最强,在胃腺部形成瘤肿,严重时瘤肿化脓,引起胃破裂、腹膜炎。绳胃虫和小口胃虫引起胃黏膜创伤至溃疡,破坏胃功能,虫体的毒性产物被吸收后机体发生继发性病理过程,如心肌炎、肠炎、肝功能异常,造血机能受到影响,幼虫侵入伤口引起皮肤胃虫症(夏疮),创口久不愈合,并有颗粒性肉芽增生,创口周围变硬,故又称为颗粒性皮炎,可见颈部、胸部、背部、四肢等处有结节。幼虫侵入肺脏能引起结节性支气管周围炎。

5.诊断

根据临诊症状可怀疑为本病,确诊要找到虫卵或幼虫。建议给马洗胃,检查胃液中有无虫体或虫卵。皮肤胃虫症可取创面病料或剪小块皮肤检查有无虫体。

6.防治

(1)治疗

绝食16h后用2%重碳酸钠溶液洗胃,皮下注射盐酸吗啡0.2~

0.3g,使幽门括约肌收缩,15~20min后投服碘溶液(碘、碘化钾、水比例为1:2:1500)4~4.5L。

成马用30~40ml四氯化碳或二硫化碳10~15ml作成黏浆剂,绝食10h后投服。

敌敌畏10ml(适用于200kg左右的马)作成糊剂涂于口腔内,让其舔服有效。

对皮肤胃虫病,可用九一四甘油合剂涂于创面。

(2)预防

疫区马匹应进行夏、秋两次计划性驱虫;加强厩舍及周围环境的清洁卫生,妥善处理粪便,注意防蝇、灭蝇;夏秋季注意保护马体皮肤的创伤,如覆盖防蝇绷带等。

三、猪消化道线虫

猪消化道线虫病是由多种寄生于猪消化道的线虫所引起的以消化道功能障碍、发育受阻等为特征的一类疾病。其中以猪蛔虫和食道口线虫引起的危害最为严重,是目前我国规模化养殖场流行的主要线虫病。

(一)病原学

1.猪蛔虫

属于蛔科蛔属,是寄生于猪肠道内的大型线虫之一。新鲜的虫体呈现粉红色或者黄白色,而死亡的虫体呈现苍白色。猪蛔虫成虫雌雄异体,雄虫体长150~200mm,直径约3mm;雌虫较雄虫长,长200~400mm,直径约5mm。虫体两端稍细而中间略粗,结构近似圆柱形。猪蛔虫成虫体壁从内到外由肌肉层、上皮层和角质膜3层组成;体壁内是假体腔,充满了体腔液。成虫口孔位于头端,周边围绕着3个唇片,其中一个稍大的位于背侧为背唇,两个位于腹

侧较小的为腹唇,总体呈"品"字形排列。两腹唇外缘的内侧各有
1个大乳突,外缘的外侧各有1个小乳突,背唇外缘的两侧各有1
个大乳突,3个唇片的内缘各有1排小齿。口孔后为食道,食道呈
圆柱形,为肌肉构造。雌虫的生殖孔位于体前1/3与体中1/3交
界处附近的腹面中线上,肛门距虫体末端较近。雄虫尾端向腹面
呈钩状弯曲,形似鱼钩,泄殖腔开口距尾端较近,有2根等长的交
合刺,长约2.0~2.5mm,肛前和肛后有许多小乳突。

2.猪食道口线虫

分类上属于食道口属,寄生于猪的大肠,主要是结肠。由于食
道口线虫幼虫可钻入宿主肠黏膜,使肠壁形成结节病变,故又称结
节虫病。猪常见的种类有:有齿食道口线虫、长尾食道口线虫和短
尾食道口线虫。

食道口属虫体口囊较小,口孔周围有1或2圈叶冠。雄虫交合
伞较发达,有1对等长的交合刺。雌虫生殖孔位于肛门前方不远
处,排卵器呈肾形。有齿食道口线虫雄虫长8~9mm,交合刺长
1.15~1.30mm;雌虫长8.0~11.3mm;尾长0.35mm。长尾食道口线虫
雄虫长6.5~8.5mm,交合刺长0.9~0.95mm;雌虫长8.2~9.4mm,尾长
0.4~0.46mm。短尾食道口线虫雄虫长6.2~6.8mm,交合刺长1.05~
1.23mm;雌虫长6.4~8.5mm;尾长0.081~0.12mm。

(二)生活史

1.猪蛔虫

猪蛔虫属于直接发育生活史型线虫。寄生于猪小肠内的雌虫
受精后,将虫卵产出。虫卵随粪便排出,在适宜的外界环境中,经
过一期(L1)、二期幼虫(L2)发育后成为感染性虫卵。感染性虫卵
随着猪饲料或饮水被猪吞食后,经过胃到达小肠,在小肠内孵化成
为幼虫。幼虫通过不同的途径进入肝脏,经腔静脉、右心房、右心

室、肺动脉进入肺,再由肺毛细血管进入肺泡,在肺内发育成为第四期幼虫(L4),此后离开肺泡进入细支气管、支气管和气管,随黏液一起到达咽并进入口腔,再次被咽下到达小肠内逐渐发育成为成虫,整个过程共需要2~2.5个月。蛔虫在猪小肠内主要以黏膜表层物质和肠内容物为食物。在猪体内寄生 7 ~12 个月后,即随粪便排出体外。如果宿主不再感染,大约12~15 个月可将蛔虫排尽。

2.猪食道口线虫发育史

食道口线虫经口感染,幼虫在肠内脱鞘,感染后 1~2d 大部分幼虫在肠黏膜下形成结节;感染后 6~10d 幼虫在结节内第 3 次蜕皮,成为第4期幼虫;之后返回大肠肠腔,完成第4次蜕皮成为第5期幼虫;感染38d(幼猪)或50d(成年猪)发育为成虫,成虫在体内的寿命为 8~10 个月。

(三)流行病学

1.猪蛔虫

分布流行比较广,属土源性寄生虫。仔猪易感且发病严重,而且与饲养管理方式密切相关。猪可通过吃奶、掘土、采食、饮水经口感染,此外还可经母体胎盘感染。雌虫产卵量大,一条雌虫平均每天可产卵 10 万~20 万个,产卵旺盛期可达 100 万~200 万个。蛔虫虫卵抵抗力强,只有 5%~10% 的石炭酸、2%~5% 的热碱水,新鲜的石灰水或 5% 的硫酸及苛性钠才能杀死虫卵。虫卵对高温、干燥、直射日光敏感。绝大部分能够存活越冬。

2.猪食道口线虫病

流行普遍,感染性幼虫可以越冬。潮湿的环境有利于虫卵和幼虫的发育和存活。集约化饲养的猪场常年均有该病发生。

(四)临床症状与病理变化

1.猪蛔虫

幼虫和成虫对猪群均有严重的危害。幼虫在体内移行可造成组织器官的损伤,主要是对肝脏和肺脏的损伤最为严重。幼虫移行至肝脏,引起肝脏组织表面形成白色"乳斑","乳斑"是幼虫在肝脏中移行造成的机械损伤和炎症反应所形成的白色病理损伤。当幼虫移行至肺脏时,造成肺脏水肿和点状出血,严重时可继发细菌或病毒感染,引起肺蛔虫病。肺蛔虫病所引起的呼吸窘迫被称为吕弗琉综合征,它是经过鉴别的肺嗜酸性粒细胞浸润症,临床表现为呼吸困难、发热、腹部膨胀、营养不良、贫血、黄疸、咳嗽、呼吸增快、呕吐和腹泻等症状。短暂的干咳是诱发型猪蛔虫感染呼吸窘迫的典型特征。幼虫移行造成的发病率增加与其感染强度密切相关。成虫寄生在小肠,对机体的危害也非常严重。首先是掠夺宿主大量的营养,使猪的生长发育、饲料转化率降低;感染严重时,猪表现为形体消瘦、营养不良以及活动量减少。成虫感染的慢性蛔虫病的特征症状是腹胀、疼痛、恶心和腹泻。猪蛔虫感染强度大时,病猪表现为食欲减退、生长发育缓慢以及肠道黏膜乳糖酶的活性受损。大量蛔虫常会阻塞肠道,常因肠破裂或肠穿孔造成腹膜炎而引起宿主死亡。蛔虫还可进入胆管,引起胆管堵塞,导致黄疸、呕吐等症状。

2.食道口线虫

幼虫和成虫引起的临诊症状也不同。幼虫钻入宿主肠壁引起炎症,刺激机体产生免疫反应导致局部组织形成大量结节。结节破溃后形成顽固性肠炎。成虫寄生会影响增重和饲料转化。

(五)诊断

诊断应结合临诊症状、流行病学资料和诊断性驱虫等进行综合分析。粪便检查可采用直接涂片法或饱和盐水漂浮法检查粪便中有无虫卵。猪蛔虫幼虫可剖检患病猪肝肺组织,进行幼虫分离而确诊。

(六)防治

1.治疗

左旋咪唑:剂量为每千克体重4~6mg,肌肉或皮下注射;或每千克饲料8mg,拌入饲料内喂服。

阿苯达唑:为广谱驱虫药,由于其对一般的线虫、绦虫、吸虫都有效,因此也叫抗蠕敏。药物剂量为每千克体重5~20mg,拌入饲料喂服。本品有致畸作用,妊娠动物慎用。

阿维菌素或伊维菌素:为高效、广谱的驱线虫药,有效成分剂量为每千克体重0.3mg,皮下注射(针剂)或口服(片剂)均可。

2.预防

猪蛔虫和食道口线虫均属于土源性寄生虫,因此环境卫生最为重要。平时保持猪圈的干燥与清洁,定时清理粪便并堆积发酵,以杀死虫卵。对流行本病的猪场或地区,坚持预防为主的原则,定期驱虫,断奶仔猪,驱虫1次,妊娠母猪,妊娠前后各驱虫一次。断奶仔猪要多给富含维生素和矿物质的饲料,以增强抗病力。

四、鸡消化道线虫

(一)鸡蛔虫病

鸡蛔虫病是由禽蛔科禽蛔属的鸡蛔虫寄生于鸡的小肠内引起的线虫病。本病遍及全国各地,是一种常见寄生虫病。在地面大群饲养的情况下,常感染严重,影响雏鸡的生长发育,甚至引起大批死亡,造成严重损失。

1. 病原学

鸡蛔虫寄生于鸡(主要是雏鸡)小肠内。雄虫体长 59~76mm。雌虫体长 60~116mm,阴户位于虫体中部或稍前。卵呈椭圆形,大小为(70~86)μm×(47~51)μm,壳厚而光滑,内含单个细胞。

2. 生活史

鸡蛔虫生活史比较简单,感染性虫卵被宿主吞食后,在前胃或十二指肠里逸出幼虫,经9d左右进入肠黏膜,经17d左右又回到肠腔,直至发育为成虫。鸡蛔虫由感染到发育为性成熟,经28~50d。

3. 流行病学

鸡蛔虫病的流行包括病原的存在、虫卵发育所需的外界条件、虫卵污染饲料或饮水和宿主的易感性四个环节。鸡蛔虫产卵量大,一条雌虫一天可产生7万多个虫卵,对环境污染严重。鸡蛔虫卵在外界环境中的发育与温度、湿度、阳光等自然因素密切相关。虫卵发育所需的温度界限为10℃~39℃,在10℃虫卵不能发育,但在0℃环境中可以持续2个月不死亡。在适宜温度范围内,虫卵发育时间与温度的高低成正比例关系。鸡蛔虫卵需在潮湿的土壤中才能发育,在相对湿度低于80%时则不能发育为侵袭性虫卵。侵袭性虫卵在潮湿的土壤中可存在6~15个月。蛔虫卵受阳光的照射极易死亡,但对化学药物有一定的抵抗力,在5%甲醛溶液中仍可发育为侵袭性虫卵。雏鸡在3~9个月龄时,特别易感染蛔虫,但随着年龄的增大,其易感性则逐渐降低。鸡蛔虫在鸡体内生存的时间平均约为一年。患病雏鸡表现为食欲减退,生长迟缓,呆立少动,消瘦虚弱,黏膜苍白,羽毛松乱,两翅下垂,胸骨突出,鸡冠苍白,黏膜贫血,食欲减退,下痢和便秘交替,有时粪便中有带血的黏液,以后逐渐消瘦而死亡。成年鸡一般为轻度感染,严重感染的表现为下痢、日渐消瘦、产蛋下降、蛋壳变薄。

4.临床症状与病理变化

病鸡表现出精神沉郁,往往呆立不动,鸡冠苍白,羽毛蓬松杂乱,双翅下垂,初期食欲不振,生长不良,交替发生下痢和便秘,有时排出混杂血液的稀粪,机体逐渐消瘦,能够造成死亡。另外,病鸡常伴有硒元素缺乏,从而发生跛行或者瘫痪,腿关节发生肿大,排出混杂泡沫的稀薄粪便,有些排出血粪,并伴有腹下水肿、歪颈、转圈运动。病鸡和死鸡发生贫血、非常消瘦。剖检病鸡发现血液非常稀薄,剖检病死鸡发现肠黏膜发生肿胀、增厚,有时存在充血、出血以及形成溃疡;十二指肠、回肠、空肠甚至肌胃中都存在不同大小的蛔虫,严重感染时甚至能够导致肠道堵塞。

5.诊断

雏鸡肠道内有少量蛔虫寄生时看不出明显的症状,到了中后期鸡群开始表现出精神不振、食欲减退、羽毛松乱和翅膀下垂,冠髯、可视黏膜和腿脚苍白,生长缓慢,消瘦衰弱,下痢和便秘交替出现,有时粪便中混有带血的黏液。成年鸡一般不呈现症状,严重感染时出现腹泻、贫血和产蛋量减少等症状。

该病可根据鸡粪中发现自然排出的虫体或剖检时在小肠内发现大量虫体而确诊,也可采用饱和盐水浮集法检出粪便中的虫卵来确诊。鸡蛔虫卵呈椭圆形,深灰色,卵壳厚,表面光滑,内含1个卵胚细胞。

6.防治

左旋咪唑,病鸡按体重口服30mg/kg,确保逐只给药,每天1次,连续使用4d,同时在健康鸡群的饲料中添加0.05%的药物,每天1次,连续使用3d。为避免继发感染其他细菌性疾病,可在鸡群饮水中添加氟苯尼考,在饮水添加1g/kg药物,2次/d,连续使用3d。病鸡用药驱虫12 h后,要彻底清除鸡舍内以及四周环境的粪便,并将其运送至适宜地点进行堆积发酵,要求每天清扫1次,直至病鸡完全康复。另外,鸡舍以及四周环境清扫干净后,要尽快使用生石灰进行严格消毒,在开始的2周内每2~3d进行1次。定期驱虫。幼鸡在从舍饲进入运动场前进行第一次驱虫,之后每间隔30d进行1次驱虫,直到变为成年鸡。成年鸡通常在更换饲养场地前也必须进行1次驱虫,并根据该病每年4~5月和9~10月发病率较高的特点,要提前1个月对鸡群进行驱虫。加强饲养管理。小于3月龄的雏鸡必须与成年鸡分开饲养,禁止使用同一饮水器、饲槽,不允许使用一个运动场、牧地和鸡舍。确保鸡舍环境卫生良好、干燥,适当通风,供给全价饲料,补充适量的精料,提高机体自身抵抗力。经常更换垫草,每隔一段时间要铲去运动场的表层土壤,换成新土。定期对饮水器和饲槽进行清洗、消毒。

(二)禽胃线虫病

禽胃线虫病是由锐形科锐形属、四棱科四棱属及裂口科裂口属的多种线虫寄生于禽类的食道、腺胃、肌胃和肠道内引起的线虫病。放牧的禽类多发,特别对雏禽危害大,严重者可致死。我国各地均有分布。

1.病原学

小钩锐形线虫:虫体粗壮,淡黄色,虫体前部有4条饰带,两两排列,呈不规则的波浪状弯曲,向后延伸几乎达虫体的后部,不相吻合,不折回。雄虫长9~14mm,雌虫长16~19mm。虫卵椭圆形,大小为(40~45)μm×(24~27)μm,含有幼虫。寄生于鸡、火鸡等肌胃角质膜下。

旋锐形线虫:虫体短钝,常蜷呈螺旋状。前部有4条饰带,由前向后,然后折回,但不吻合。雄虫长7~8.2mm,雌虫长9~10.2mm。卵具厚壳,大小为(33~40)μm×(18~25)μm,内含幼虫。寄生于鸡、火鸡、鸽等腺胃和食道,罕见于肠道。

美洲四棱线虫:雌雄异形。雄虫纤细,长 5~5.5mm,游离于前胃腔中。雌虫呈球状,长 3.5~4.5mm,宽 3mm,虫体纵线部位形成 4 条纵沟。虫体深藏在前胃的腺体内。寄生于鸡、火鸡、鸭、鸽、鹌鹑的腺胃。

分棘四棱线虫:雌雄异形。雄虫长 3~6mm,角质膜上有 4 行刺,交合刺 1 对,不等长。雌虫卵形或球形,大小为(2.5~6)mm×(1~3.5)mm,虫卵呈椭圆形。大小为(43~57)μm×(25~32)μm,内含幼虫。寄生于鸭、鸡、火鸡、珍珠鸡、鸽、鹌鹑等的腺胃黏膜中,偶见于食道。

鹅裂口线虫:新鲜时虫体呈淡红色,体表具有细横纹。雄虫长 9.8~14mm,有发达的交合伞和 2 根等长的交合刺。雌虫长 15~18mm,尾呈"指"状。虫卵椭圆形,大小为(68~80)μm×(42~45)μm,卵壳光滑透明,内含 12~16 个细胞。虫体寄生于鹅、鸭和野鸭的肌胃角质膜下。

2.生活史

中间宿主禽胃线虫属间接发育型线虫。小钩锐形线虫的中间宿主为蚱蜢、拟谷盗虫、象鼻虫等。旋锐形线虫的中间宿主为光滑鼠妇、粗糙鼠妇等足类昆虫。美洲四棱线虫的中间宿主为赤腿蚱蜢、长额负蝗和德国小蠊蠊等直翅类昆虫。发育过程虫卵随终末宿主粪便排至外界,被中间宿主吞食后,在其体内发育为感染性幼虫。终末宿主由于吞食了含有感染性幼虫的中间宿主而感染。

发育时间由虫卵发育至感染性幼虫,小钩锐形线虫需 20d,旋锐形线虫需 26d,美洲四棱线虫需 42d;由感染性幼虫发育至成虫,小钩锐形线虫需 120d,旋锐形线虫需 27d,美洲四棱线虫需 35d。

3.流行病学

锐形线虫主要感染散养与平养的鸡,发病季节与中间宿主的活动季节基本一致。四棱线虫在临诊上主要见于散养的鸭与鹅,且以3月龄以上的鸭、鹅多见。鹅裂口线虫主要危害雏鹅与雏鸭,常发生在夏秋季节,在临诊上主要见于2月龄左右的幼鹅,感染后发病严重,常引起衰竭死亡,常呈地方性流行,具有较高的死亡率。

4.临床症状与病理变化

(1)临床症状

虫体在寄生部位形成溃疡及出血,同时使寄生部位的腺体遭受破坏,有时形成结节,影响胃肠功能,严重者造成胃肠破裂。患禽消化不良,食欲下降,出现消瘦和贫血等症状,严重者可引起死亡。

(2)病理变化

小钩锐形线虫寄生在肌胃的角质层下面,引起胃黏膜的出血性炎症,肌层形成干酪性或脓性结节,严重时肌胃破裂。旋锐形线虫严重寄生时,尸体高度消瘦。腺胃外观肿大2~3倍,呈球状。腺胃黏膜显著肥厚、充血或出血,形成菜花样的溃疡病灶,聚集的虫体以前端深埋在溃疡中,不易从黏膜上分离。四棱线虫寄生在腺胃吸血,致使腺胃黏膜溃疡出血,腺胃黏膜上形成多个丘状突起,组织深处有暗黑色的成熟虫体。鹅裂口线虫寄生的肌胃质膜呈暗棕色或黑色,角质膜坏死,易脱落,脱落的角质层下常见充血或有溃疡病灶,在坏死病灶部位常见虫体积聚。腺胃黏膜充血,肠道黏膜呈卡他性炎症。

5.诊断

根据粪便检查发现虫卵和剖检发现虫体确诊。粪便检查可采用直接涂片法或漂浮法。

6.防治

（1）治疗

甲苯咪唑，每千克体重30mg，1次口服。丙硫咪唑，每千克体重10~15mg，1次口服。

（2）预防

做好禽舍的清洁卫生，将粪便堆积发酵，冬季可采用双覆膜发酵法；流行区满1月龄的雏鸡可进行预防性驱虫，首选药物为伊维菌素或阿维菌素与丙硫咪唑，消灭中间宿主。

第二节 球 虫 病

一、牛球虫病

牛球虫病是牛常见的寄生虫病，是由艾美尔科的艾美尔属或等孢属球虫引起，以出血性肠炎为特征。临诊上表现为渐进性贫血、消瘦及血痢。牛的球虫有10种，其中邱氏艾美尔球虫和牛艾美尔球虫致病力最强，危害最大。牛球虫病常引起犊牛的死亡，给养牛业造成损失。

（一）病原学

该病的病原为艾美尔球虫，在临床上致病性较强的是邱氏艾美尔球虫和牛艾美耳球虫。

邱氏艾美尔球虫卵囊为圆形或椭圆形，低倍显微镜下观察为无色，高倍镜下呈淡玫瑰色。原生质团几乎充满卵囊。囊壁光滑为两层，厚0.8~1.6μm，外壁无色，内壁为淡绿色。无卵膜孔，无内外残体。卵囊大小(17~20)μm×(14~17)μm。孢子化时间是48~72h。主要寄生于直肠,有时在盲肠和结肠下段也能发现。

牛艾美尔球虫卵囊呈卵圆形,低倍显微镜下呈淡黄玫瑰色。卵囊壁光滑,两层,内壁为淡褐色,厚约0.4μm;外壁无色,厚1.3μm。卵膜孔不明显,有内残体,无外残体。卵囊大小为(27~29)μm×(20~21)μm。孢子化时间为2~3d。寄生于小肠、盲肠和结肠。

(二)生活史

艾美尔球虫直接发育成成虫,不需要中间宿主。当卵囊被牛吞食后,就会在肠道内逸出孢子,孢子在牛肠道的上皮细胞内开始寄生,不断分离成为裂殖子。裂殖子发育成熟后由配子生殖,形成大小配子体,这两种配子体结合后又形成卵囊,随粪便排出体外。

(三)流行病学

该病主要发生于温暖、潮湿的季节,特别是在春末和夏秋季节多发。该病的发生与流行常以地方散发的形式出现,引起犊牛发病和死亡,死亡率可达10%~20%。该病的主要传染源是发病牛和带虫牛,由于成年牛感染后多不表现出典型症状,因此不容易被发现,是主要的传染源。该病的传播途径是消化道,当牛群采食被虫卵污染的草料和饮水时被感染。

(四)临床症状

犊牛精神沉郁,食欲减退,被毛粗乱,腹泻,最初排出乳白色水样粪便。随着病情发展,粪便因含有大量血液逐渐变为鲜红色。犊牛的后躯常被粪便污染,有的病牛血便中含有纤维素性的恶臭薄膜。成年病牛逐渐消瘦,出现症状1周左右食欲废绝,反刍停止,体温升高至41℃左右。有的病牛呼吸加快,呼吸音加重,长期患病的牛下颌和胸部水肿。病牛最后表现出可视黏膜苍白、鼻镜干燥和眼球下陷等脱水症状,如果不及时治疗,病牛会因衰竭而死亡。

（五）病理变化

对病牛进行剖检,可见胸部和下颌有大量淡黄色液体,胸腔和腹腔的积液多为红色。肠道内充满液状内容物,肠壁变薄呈半透明状,质脆,失去弹性。直肠内容物多呈红色或棕红色,有时也表现为黑色。粪便中含有大量黏膜碎片、假膜及凝血块。肠系膜淋巴结肿大、出血,盲肠和结肠内的黏膜充血、出血、水肿,肠道内含有大量血液。

（六）诊断

通过临床症状和病理变化很难对该病做出诊断,确诊需要进行实验室检验。通常采用涂片镜检可以检查出病牛体内的虫卵。通过在洁净的载玻片上滴加清水,而后将蘸有牛血液的牙签混合,再放入一些粪渣,盖上盖玻片后置于显微镜下面观察。如果在低倍镜下观察到有大量的虫卵,可以确诊该病。

（七）防治

（1）治疗

对该病进行治疗常选用2种或2种以上抗球虫药,并配合使用止血、防止脱水、抗炎和抗继发感染的药物进行对症治疗。在个别治疗的同时要群体用药控制,预防病情向周围牛群扩散。常用的治疗药物有呋喃西林,内服剂量为7~10mg/kg体重,1次/d,连用1周。对于腹泻和脱水的病牛,还应该使用相应的药物进行止泻和补水治疗。

（2）预防

对该病的预防主要是通过加强饲养管理和使用药物。及时清洁牛舍及用具,每天出粪,制订合理的消毒计划并加以实施,尤其是1月龄以内的犊牛舍更要认真清洁。在该病的高发季节投喂抗球虫药物能够起到良好的预防效果,常用药物如莫能菌素,用量为

1mg/kg饲料,氨丙啉的用量为5mg/kg饲料。

二、羊球虫病

绵羊和山羊的球虫病均由艾美尔属球虫引起,是一种急性或慢性肠炎性疾病。绵羊球虫有14种,山羊球虫有15种,寄生于绵羊或山羊的肠道中。其中阿氏艾美尔球虫对绵羊致病力最强,雅氏艾美尔球虫对山羊致病力最强。

(一)病原学

阿氏艾美尔球虫卵囊呈椭圆形或者卵圆形,平均大小为27μm×18μm,既有卵膜孔,也有极帽;卵囊壁分成2层,表面光滑,外层厚度为1μm,无色,内层厚度为0.4~0.5μm,呈褐黄色;有内残体,但没有外残体;卵囊孢子化需要大约48~72 h;主要在小肠寄生。

雅氏艾美尔球虫,卵囊呈椭圆形或者卵圆形,平均大小为23μm×18μm;卵囊壁分为2层,厚度为1μm,表面光滑,外层略微呈淡黄色或者无色,而内层呈淡黄褐色,厚度在0.4μm左右,没有卵膜孔,也没有极帽,还没有内外残体;卵囊孢子化需要24~48h;主要在小肠后段、结肠和盲肠寄生。

(二)生活史

球虫的发育分成两个阶段,即羊体内和体外发育。羊体内阶段,叫做内生性发育阶段,即羊食入卵囊后,经由胃侵入肠道,在其破裂后即可侵入肠上皮细胞,并在该处进行裂体生殖。分裂产生的子体会侵入新的上皮细胞,再经历几代就会变成卵囊,之后其会落入到肠道,经由粪便排到体外。羊体外阶段,叫做外生性发育阶段,即在温暖潮湿的环境中排到体外的卵囊会在3~4d后形成4个孢子囊,每个孢子囊内各含有2个子孢子,发育为子卵囊。在羊采食污染卵囊的饲料后,球虫会再次开始进行新的二阶段发育,即进入另一个生活史循环。

(三)流行病学

任何品种的绵羊、山羊都能够感染球虫病,其中羔羊的易感性最高,且经常发生死亡,而成年羊通常作为带虫者。该病通常在潮湿的春夏秋季流行,而气候寒冷的冬季由于不利于卵囊发育,基本不会出现发病。羊舍环境卫生差,饮水、草料以及哺乳母羊的乳头污染有粪便,都能够传播该病。另外,羊群在突然更换饲料以及机体抵抗力减弱时,也容易诱发该病。

(四)临床症状

1岁内的患病羔羊症状最明显,主要是精神萎靡、食欲不振或彻底废绝,但饮水增加,体表被毛粗乱,视黏膜苍白。症状严重的病羊,在发病初期体温升高,然后逐渐降低,急剧出现下痢,排出混杂黏液的血便,并散发恶臭味,其中存在大量的球虫卵囊。有时病羊出现肚胀,被毛发生脱落,眼和鼻黏膜上出现卡他性炎症,贫血,机体快速消瘦,容易死亡,死亡率一般可达到10%~25%。急性型病程一般持续2~7d,慢性型能持续几周。病羊耐过后能形成免疫力,不会再次出现发病。

(五)病理变化

病死羊尸体明显消瘦,黏膜苍白,剖检主要是肠系膜淋巴结、肠道、胆囊以及肝脏等组织器官发生病变,其中病变最明显的是小肠,肠壁黏膜存在白色的结片,且黏膜表面上有突起斑和息肉,呈椭圆形或圆形;肠腺的绒毛上皮细胞发生坏死,黏膜出现脱落;肠系膜淋巴结有肿大;回肠和十二指肠出现卡他性炎症,并有点状或者带状出血;胆管明显扩张,胆囊内含有浓稠胆汁,有时会有大量的块状物体。

(六)诊断

取大约20g病羊排出的新鲜粪便,或者在肛门部抠取粪便,通过漂浮法检测其中是否存在虫卵。在烧杯中放入2g采集的粪便病料,添加20ml饱和盐水,慢慢搅拌均匀后用纱网捞出漂浮物,接着使用滤网进行过滤,将滤液放在试管内,直到液面略高于试管口,放上盖玻片,注意盖玻片要充分接触液面,经过20min静置将其取下,然后将载玻片上置于显微镜下观察,如果看到大量虫卵,并通过对照羊只粪便虫卵模式图,判断为球虫。

(七)防治

(1)治疗

氨丙啉,病羊按体重服用50mg/kg, 1 次/d,连续使用4d。磺胺六甲氧嘧啶或者磺胺二甲基嘧啶,病羊按体重服用100mg/kg,连续使用3~4d。呋喃唑酮,病羊按体重服用10~20mg/kg,连续使用5d。氯苯胍,病羊按体重服用20mg/kg, 1 次/d,连续使用1 周。

2.预防

羊舍要建于干燥、向阳、通风的地方。日常要确保圈舍干燥,经常清除粪便,定期更换垫草,并对其采取堆积发酵。确保羔羊营养充足,适时进行补饲,提高机体抵抗力和免疫力。尽可能饲喂干净、新鲜的饲草,防止食入污染球虫的草料。圈舍加强灭鼠、灭蝇。在容易发病的季节,羊群可使用抗球虫药物进行预防,如再添加10~30mg/kg·bw莫能菌素混饲,或者在饲料中添加0.1%的磺胺喹恶啉混饲,或者灌服30mg/kg·bw复方敌菌净,都能够有效预防发病。

三、猪球虫病

猪球虫病是由猪的等孢球虫和艾美尔球虫寄生于猪肠上皮细

胞引起的一种原虫病。本病只发生于仔猪,多呈良性经过;成年猪感染后不出现任何临诊症状,成为隐性带虫者。

(一)病原学

猪球虫病的病原为孢子虫纲、真球虫目、艾美尔科、艾美尔属和等孢属的球虫,已报道的猪球虫有十几种,一般认为致病性较强的是猪等孢球虫、蒂氏艾美尔球虫和粗糙艾美尔球虫。这种病原具有很强的宿主专一性,并且对寄生部位也很专一。被感染的猪容易继发其他疾病,导致死亡。

猪等孢属球虫的卵囊呈球形或亚球形,内含2个孢子囊,每个孢子囊内含4个子孢子。艾美尔属球虫的卵囊内有4个孢子囊,每个孢子囊内含2个子孢子。

(二)生活史

在宿主体内进行无性世代(裂殖生殖)和有性世代(配子生殖)两个世代繁殖,在外界环境中进行孢子生殖。

(三)流行病学

目前发现球虫病在猪群中可全年发生,但高温、高湿及春夏交替的梅雨季节发病率更高。猪只不分日龄和品种均可感染,5~50日龄的仔猪是易感群体,5~7日龄仔猪属于易感性最高的群体。在仔猪的腹泻病中,有1/4~1/3由球虫引起。其传染源是患病仔猪及其排出的含有卵囊的粪便,其他的易感猪只通常会经口发生感染。

(四)临床症状

病猪主要表现腹泻,感染日龄越小的猪临床症状越严重。感染初期,只有很少的仔猪有腹泻,排出乳白色或棕褐色、呈现糊状的粪便,猪只的精神和采食有所下降,但体温和呼吸几乎没有异常,经2~4d后,可见大多数仔猪排出黄色或乌黑色呈黏性状态的稀粪,其中混有泡沫。但随病程发展,有的患病仔猪出现排粪失禁,并持续性地排出稀粪,其中还有黏液和血液混杂,且有恶臭味。

(五)病理变化

往往是发生急性肠炎,一般是回肠和空肠出现,个别会发生坏死性肠炎,即黏膜充血,上面覆盖一层黄色的纤维素坏死性假膜,并随着症状的严重程度出现变化。8日龄仔猪小肠内寄生有虫体,且回肠和空肠的绒毛变短,长度只有正常的1/2左右,这可能是由于出现溃疡、坏死等病症引起。体内球虫大部分生长发育阶段主要在绒毛的上皮细胞内进行,个别在结肠内进行。

(六)诊断

7~14日龄仔猪腹泻,用抗生素治疗无效时可怀疑本病。但确诊要在便中利用饱和盐水漂浮法和乙醚检测方法。

饱和盐水漂浮法:取腹泻2~3d的病猪新鲜粪便,采取饱和食盐水漂浮法集虫,或者取病猪肠黏膜直接进行涂片镜检,能够在显微镜下发现大量球虫卵囊,接近圆形,呈淡黄褐色。

乙醚检测方法:先取适量腹泻2~3d的病猪新鲜粪便,加入5ml 5%醋酸溶液,搅拌均匀制成悬液,静置1min使悬液沉淀,接着使用高速离心机进行1min离心,再使用长吸管吸取少许沉淀物放在干净的玻片上,然后添加少量水,充分混合后直接使用10倍显微镜观察,能够看到圆形的球虫卵囊,里面有2个孢子囊。

鉴别诊断:要与其他引起仔猪腹泻的病原,如大肠杆菌、传染性胃肠炎病毒、轮状病毒、C型产气荚膜梭菌、蓝氏类圆线虫相区别。

(七)防治

(1)治疗

猪球虫病应该选择球虫敏感的药物进行对症治疗。仔猪选择使用5%百球清悬混液,使用剂量为20mg/kg体重,间隔1周后再使用1次强化驱虫。同时选择使用磺胺六甲氧嘧啶,以0.0125%浓度添加到饲料中,连续饲喂1周,全群预防。在整个药物驱虫期间,应该及时清理猪舍内的粪便,运送出养殖场堆积发酵,杀灭粪便中的虫卵。并在整个防治期间,坚持每天上午下午各消毒1次,常用的消毒剂为5%氢氧化钠溶液,3%来苏尔溶液。通过采用上述综合治疗手段治疗7d后,养殖场发病停止,死亡停止,患病猪恢复健康,但有个别患病猪因为症状较为严重,治疗无效死亡。

(2)预防

生猪养殖中搞好环境卫生是减少球虫病寄生感染的主要措施。养殖场应重点做好产房保育舍母猪舍的卫生消毒工作,及时清理猪舍中的粪便垃圾,用高压水龙头对圈舍、地面、墙壁、隐秘场所进行全面冲洗,保证整个猪舍清洁、卫生、干燥。饲养管理人员进出入养殖区域之前必须更换相应的工作服装,尽量减少非饲养人员进入产房的机会,以免因为人携带卵囊而导致病源传播。要坚持自繁自育、全进全出的封闭养殖模式,禁止宠物进入产房。此外,养殖场还应执行严格的卫生消毒制度,定期驱虫,每年春秋两季,选择相应的驱虫药物,对猪群进行驱虫处理。根据球虫病的发病规律,流行病学特点,在该疾病流行高发期,可以连续3~4d在饲料中添加抗球虫的药物,做好预防工作。同时还应注重消灭养殖场的蚊虫、鼠害,杜绝传染源,切断球虫卵囊传播途径。切实做好猪场的管理工作,注重控制养殖密度,改善圈舍通风环境,避免圈舍温度过高、湿度过大,为球虫繁殖生长提供条件。进入夏秋高温高湿时期,可以将生石灰撒播到猪舍地面,吸收地面和猪舍空气中的水分,同时还能起到很好的消毒作用。临床上猪球虫病虽然很难彻底根治,但养殖场只要加强管理,做好卫生工作,在疫病流行高发期做好药物防治,能有效控制该种疾病的传播蔓延,减少经济损失,提高养殖效益。

四、鸡球虫病

鸡球虫病是由肠道内寄生性球虫引起,此病是一种或者多种球虫寄生于鸡的肠黏膜上皮细胞而引起的流行性疾病,这种疾病主要危害3月龄以内的尤其4~6周龄的雏鸡。该病常发生于雨水较多、湿度较大、温度较高的夏季,具有典型的季节性。此病分布广泛,影响严重,并且鸡一旦患此病,其他疾病也很容易被诱发。即使病鸡最后痊愈了,也会造成后期生长缓慢,影响产蛋率,给广大养鸡户带来很大损失,一定程度上影响养鸡业的经济效益。

(一)病原学

寄生于鸡的艾美尔球虫,全世界报道的有9种,但为世界所公认的有7种,在我国均有发现,分别为柔嫩艾美耳球虫、毒害艾美耳球虫、堆型艾美耳球虫、巨型艾美耳球虫、布氏艾美耳球虫、缓艾美耳球虫和早熟艾美耳球虫。柔嫩艾美耳球虫因寄生于盲肠,俗称盲肠球虫,是雏鸡球虫病的主要病原;而其余球虫寄生于小肠,俗称小肠球虫。各种球虫往往混合感染。

(二)生活史

球虫的发育中不需中间宿主。鸡吃到饲料、饮水或土壤中的孢子化卵囊后受感染,虫体在鸡肠道上皮细胞内依次进行裂殖生殖和配子生殖,产出新一代卵囊,并随粪便排出体外,刚排出的卵囊不具有感染性,须经孢子生殖,形成孢子化卵囊,方具有感染性。

球虫卵囊随鸡粪排出后,在合适的温度(22℃~28℃)、湿度(75%)和有氧条件下,经过孢子化生殖,形成具有感染性的孢子化卵囊,孢子化过程大约需要2d。具有感染性的孢子化卵囊被鸡吞食后,在消化液的作用下,释放出子孢子,子孢子侵入肠的上皮细胞,进行裂殖生殖,形成第一代裂殖体。裂殖体破裂,裂殖子进入肠腔,再侵入新的肠上皮细胞,形成第二代裂殖体。部分裂殖子再进入新的肠上皮细胞,形成第三代裂殖体。大多数第二代裂殖子侵入鸡肠上皮细胞后开始进行有性生殖(即配子生殖)。裂殖子形成大配子体后,产生大配子,一部分裂殖子转变为小配子体,小配子释放后与大配子交配受精,形成合子,最终形成卵囊。卵囊形成后,宿主细胞破溃,卵囊进入鸡肠腔,随粪便排出体外。

球虫卵囊有很强的抵抗力,在土壤中可存活4~9个月,且可抵抗常用消毒剂。温暖、潮湿环境有利于球虫卵囊的发育。

(三)流行病学

鸡球虫病发病率为50%~70%,死亡率为20%~30%,严重的可达80%。病鸡是主要传染源,健康鸡食入具有感染性的孢子化卵囊时可被感染。被带孢子化卵囊的粪便污染过的饲料、饮水、土壤、器具等可传播鸡球虫病。网上饲养鸡群与粪便接触减少,所以患球虫病的几率较地面平养鸡低。鸡球虫病一年四季都可发生,以温暖、潮湿的6~9月多发。该病3~5周龄的鸡最易感,成年鸡对球虫病也较敏感。鸡营养不足,鸡舍卫生条件恶劣的发病几率较大。

(四)临床症状

急性鸡球虫病的临床特点:急性球虫病主要发生在幼鸡身上,在发病的初期会表现出精神萎靡、食欲不振、闭目不动、生长缓慢及羽毛凌乱等症状,开始拉褐色稀便,后期为完全的血便。同时幼鸡的排泄生殖腔周围被粪便粘连,若病情继续恶化,则会出现鸡冠和可视黏膜苍白、翅膀下垂等,同时还会伴随两腿抽搐、贫血、幼鸡粪便中含血等症状,饮食上饮水量增大,甚至还会出现血痢,直至病鸡死亡,死亡率高达50%~80%。发病周期短则几天,长则15~

20d。

慢性鸡球虫病的临床特点：慢性球虫病经常发生在成年鸡或者5月龄左右的鸡身上。患病鸡一般不会出现死亡的情况，但会出现下痢、消瘦，甚至血便的情况，鸡的爪子和翅膀会发生轻瘫，成年鸡的产蛋率会下降，且患慢性球虫病的鸡会间歇性腹泻。相比急性球虫病，慢性球虫病的发病周期较长，短则几周，长则数月之久。

（五）病理变化

将病死鸡解剖后，不管是急性型病死鸡还是慢性性病死鸡，主要病理学变化大致相同，病变位置主要集中在肠道。部分病死鸡的腿部和胸部肌肉组织呈现苍白色，存在明显的贫血现象，肠黏膜显著增厚出血明显呈现严重的出血性炎症病变，浆膜上存在点状的白色结节或者糠麸状的伪膜覆盖，盲肠病变最为显著，盲肠充气严重扩大为原来的4~5倍，外观呈现暗红色、深红色或者紫红色，常充满大量未消化的内容物和血液。将盲肠解开后肠壁增厚，并存在大量出血斑块和坏死病灶，在直肠中还能看到红色的内容物存在。

（六）诊断

根据鸡球虫病的流行规律，对鸡的临床症状观察以及对感染鸡的病原检查，可以对鸡患有鸡球虫病做出确诊。

采集患病鸡的肠道黏液做成图片，经生理盐水调匀后，盖上载玻片进行镜检，镜检可看到大量裂殖体的存在。

采集患病鸡的少量血便，用10倍的生理盐水进行稀释并搅拌均匀，使用0.42mm的铜筛进行过滤，放置水平处静置15min后，用金属纹圈蘸取上层液膜，使用显微镜进行检查，发现大量的球虫卵囊。

(七)防治

1.治疗

当急性鸡球虫病爆发时,可以采用药物治疗法,选用抗鸡球虫病效用较高的妥曲珠利,10%的青霉素钠、青霉素G钾等药物或者采用以奈喹酯为主要成分的喹诺啉药物,能够有效降低鸡球虫的存活率,从而达到杀灭球虫的效果。

2.预防

(1)疫苗预防

平养鸡群是球虫病爆发的常见场所,建议进行接种疫苗,来防控球虫病的发生。鸡球虫疫苗分球虫活苗、亚单位苗和灭活疫苗。

(2)加强饲养管理

控制好鸡舍内外环境,勤换垫料,降低饲养密度,加强通风、消毒。粪便、垫料等污物及时清除,防止粪便污染饮水、饲料、场地,鸡舍、食槽、饮水器、笼具等按时清洗和消毒。雏鸡饲料营养应全面,保证蛋白质、维生素的供给,尽可能选用高档优质饲料喂鸡。饲养管理人员进入鸡舍应更衣换鞋。改地面平养为网上饲养可降低本病的发病率。

(3)减少应激

在鸡群饲养中尽量减少应激发生,更换饲料时应逐渐过渡5~7d,避免鸡只受到冷热应激。当鸡群不可避免发生应激时,应在饮水中添加维生素C有利于提高鸡只抗应激能力。

第三节 螨 病

螨病,又称为疥癣病、癞病。由疥螨和痒螨寄生在牛羊的表面从而引起的一种慢性、顽固性、接触性的一种慢性寄生虫病。此病的传播性强,健康的牛、羊分别与病牛、羊接触就会感染,同时螨虫污染的圈舍、运动场地等都会传播疾病。发病后的典型特征为皮炎、巨痒、脱毛。

一、病原学

疥螨属疥螨寄生于表皮深层而引起螨病。其形体很小,肉眼不易见,呈龟形,背面隆起,腹面扁平。体背面粗糙,有细横纹、锥突、圆锥形鳞片和刚毛。雌虫比雄虫大,大小为0.25~0.51mm,前端有口器,呈蹄铁形,腹面有4对粗壮的足。在足的末端有钟形吸盘,其他则为刚毛,雄虫吸盘位于1、2、4对足上,雌虫吸盘位于1、2对足上,虫卵呈椭圆形,平均在0.15mm×0.1mm大小。

痒螨属痒螨亚种,是寄生于皮肤表面的一类永久性寄生虫。其身体长圆形,体长0.5~0.9mm,肉眼可见。卵生,卵经幼虫、若虫而变为成虫,发育全过程都在体表完成,以吸取牛羊的体液为营养。互相接触传播,或通过圈舍及饲养管理用具感染。

二、流行病学

螨病可直接感染或者间接接触携带虫体的饮水、饲料以及物品等感染。螨病发生具有季节性,在冬季、春初发病率较高,尤其是饲养管理水平低、消毒措施不规范、卫生条件差的养殖场发病率更高。营养不良、对外界环境的抵抗力差是引发疾病的诱因。螨虫对外界的抵抗力较强,对一般的消毒药不敏感。该病的主要传染源是携带虫体的牛、羊,蝇、蚊也能够促进该病的传播。螨虫(疥螨和痒螨)的生长发育需要经历四个阶段,依次分别为虫卵期、幼虫期、若虫期、成虫期,这四个阶段都是在宿主体上进行。雄螨和雌螨在生长发育中存在一定的不同,其中雄螨只需要经历一个若虫期,而雌螨需要经历两个若虫期。另外,疥螨整个生长发育需要大约8~22d,其繁殖发育需要通过在牛表皮内挖掘隧道的方式来实现;而痒螨整个发育需要大约10~12d,其繁殖发育只需在体表皮肤进行即可。通常来说,疥螨往往先是从毛较短且皮肤较软的部位开始发生,如颈部、面部等之后会逐渐扩散至四周;而痒螨往往先是从毛稠密且温度适合的部分开始发生。

三、临床症状

(一)牛临床症状

病程初期,在牛颈部、颊部肩侧皮肤处出现结节、丘疹、水泡甚至脓泡,进一步蔓延至颈部、背部、胸部、腹部、臀部和尾根等被毛较短的部位。由于剧痒,病牛常啃咬患部或向周围的围栏蹭痒,引起皮肤损伤和局部脱毛,脱落皮肤鳞屑、毛、污秽和渗出液黏结在一起形成痂垢,严重者可蔓延全身,导致皮肤增厚形成皱褶和龟裂,甚至破溃出血。随着病情的加重,病畜表现精神不振、烦燥,食欲减退,消化机能紊乱,个体逐渐衰弱,丧失生产能力,特别是在饲养管理不当、营养供给不足时,易导致病牛死亡。

疥螨:多发生于头、颈,严重感染时也发生于其他部位。最初出现小结节,继为水疱,病变部瘙痒,夜间温度高时瘙痒增剧。因经常啃咬和摩擦,使皮肤损伤破裂,流出淋巴液,表面角质脱落形成痂皮,痂皮下湿润,有脓性分泌物时有臭味。患部皮肤渐光秃并起皱褶,尤其是颈部。患畜日渐消瘦,严重时引起死亡。

痒螨:病变开始于颈部、角基、尾根,渐延至垂皮及肩侧,严重时蔓延全身。皮肤损伤,渗出液形成痂皮,皮肤增厚,失去弹性,天暖时减轻,入冬又重。病畜严重时,精神萎靡,食欲大减,卧地不起,以致死亡。

(二)羊临床症状

疥螨可以感染山羊和绵羊,山羊易感性更强。疥螨主要感染山羊、绵羊的嘴唇四周、鼻部、耳根部、眼圈以及腹下、四肢的曲面等无毛或毛少的部位。发病的部位常常形成白色坚硬的胶皮样痂皮。痒螨以绵羊更易感,首先在毛密集的部位发生,然后再向全身扩展。患部瘙痒,病羊经常不断啃咬或者在墙角等部位摩擦,患部的被毛脱落,可以观察到零星的毛丛悬垂于羊的体表,病情严重的,甚至全身的被毛都脱落了。山羊有时会在耳壳内发现痒螨,此时耳内会有黄色的结痂堵塞耳道,病羊变聋,影响生理机能。

四、诊断

根据流行季节和明显的临床症状以及接触感染,大面积发生等特点可以做出初步诊断。取小刀先置于火焰上方消毒,接着涂抹50%甘油水溶液,然后在体表患处和健康相交的皮肤处刮取皮屑,直至略微出血。刮取的皮屑要放入10%NaOH或者KOH溶液中,经过煮沸处理,当大多数皮屑溶解后静止沉淀,之后取沉渣进行镜检,可发现螨虫虫体,再经过形态学观察、测量,确认是疥螨还是痒螨。

五、防治

(一)治疗

药浴：将外用驱虫药按使用说明配成相应浓度的药液，如果患病牛或羊比较多，气温适中，可以对病牛或病羊进行药浴治疗，溴氰菊酯乳油剂是常用的药物，控制好药液温度、浸泡时间，提高螨病治疗效果。

局部涂擦：采取涂抹或者喷淋药物的方式，但给病牛或病羊用药前工作人员必须带好口罩、手套，并穿上防护衣，这样不仅能够避免人体受到药物损伤，还能够避免其被病牛、病羊感染。该病可选择多种药物涂抹，如局部涂擦0.5%~1%敌百虫水溶液、0.05%蝇毒磷乳剂水溶液、0.05%双甲脒溶液或者0.05%辛硫磷油水溶液等。在涂抹之前加入适量的水，溶解后涂抹，每天涂抹次数不少于2次，一般用药3~4d便可以康复。涂抹之前，将患处部位的痂皮、污垢彻底清除，再用肥皂水刷洗，肥皂水的温度要适中，再把外用药均匀涂抹在患处部位。虫体主要集中在病灶外围，患处周围2~3cm的范围都要涂抹。这种方法可用于发病牛、发病羊的初期的治疗。

注射用药：选用广谱、高效、低毒的抗寄生虫药物伊维菌素皮下注射，通过血液循环遍布全身，彻底杀灭虫体，治疗效果显著。该药不能杀死虫卵，第1次用药后7~10d重复用药1次，方能杀灭新孵出的螨虫，以达到彻底治愈的目的。这种方法可在冬春季节气温低，大群发病的情况下使用。

口服用药：选用伊维菌素制成的片剂或粉剂按说明口服（混在饲料中喂服或灌服），此种用药方式适合牛羊群数量少，对注射用药技术掌握不够的小型养殖（场）户。

(二)预防

加强螨病预防,要做好引种检疫工作。引入前要保证引入的牛或羊没有感染螨病,引入之后,要对其进行20~30d的隔离饲养。同时,养殖人员要定期对牛群、羊群进行层次化、系统化检查,看其是否出现脱毛、发痒等情况,一旦发现可疑的牛羊,要及时对其进行隔离治疗。养殖人员可以在夏季对牛、羊进行药浴,在冬季向牛、羊投服适量的阿维菌素、伊维菌素,日常要保持畜舍清洁干燥、透光、通风,畜群密度不要过大。对畜舍里的圈栏、食槽、污染的粪便等以及病畜能直接接触的设施、设备、物品要定期清理和消毒,防止病菌大量滋生。加强饲养管理,饲料均衡搭配,强化牛、羊抵抗疾病的能力,高效预防螨病。

第四章　人畜共患传染病

　　人畜共患病是指由同一种病原体引起,流行病学上相互关联,在人类和脊椎动物之间自然传播的疾病。目前人畜共患病按传染类型来分,可分为病毒、微生物、细菌、真菌、寄生虫感染病。已知种类250种左右,其中有89种是危害较大的,以寄生虫病为主,通过动物和动物源性食品引发。据相关统计资料显示,当前全世界每年有近1700多万人死于传染病,其中有近70%是人畜共患病,国家为了防治人畜共患病,也出台了相关法律法规,如《中华人民共和国动物防疫法》等;在乡村振兴战略中,也对兽医人员做好人畜共患病防控工作提出了具体要求。

　　常见人畜共患病有高致病性禽流感、布鲁氏菌病、炭疽、鼻疽、猪丹毒、口蹄疫、狂犬病、结核病、包虫病、疯牛病、羊痘、链球菌病、钩端螺旋体病、弓形虫病、旋毛虫病等。根据《中华人民共和国动物防疫法》规定,患有人畜共患传染病的人员不得直接从事动物诊疗以及易感染动物的饲养、屠宰、经营、隔离、运输等活动。

第一节 布鲁氏菌病

布鲁氏菌病(Brucellosis)又叫地中海热、马耳他热或波浪热，是目前世界上流行最广、危害最大的人畜共患病之一。在家畜中，牛、羊、猪最常发生，且可由牛、羊、猪传染给人和其他家畜。其特征是生殖器官和胎膜炎症，引起流产不育和各种组织的局部病灶。广泛存在的致病种是马耳他布鲁氏菌(Brucellamelitensis)，主要引起公山羊和绵羊布鲁氏菌病，并导致人的感染；流产布鲁氏菌(B. abortus)是牛布鲁氏菌病的病原体；猪布鲁氏菌(B.suis)主要引起猪布鲁氏菌病。世界动物卫生组织(OIE)将其列为B类动物疫病，《中华人民共和国传染病防治法》将其列为乙类传染病，《中华人民共和国动物防疫法》将其列为二类动物疫病。

布鲁氏菌病一年四季都有发生，但有明显的季节性。羊种布鲁氏菌病春季开始，夏季达高峰，秋季下降；牛种布鲁氏菌病在夏秋季节发病率较高。牧区发病率明显高于农区，牧区存在自然疫源地，但其流行强度受布鲁氏菌种型及气候、牧场管理等情况的影响。造成本病的流行有社会因素和自然因素。社会因素如检疫制度不健全，集市贸易和频繁的流动，毛、皮收购与销售等，都能促进布鲁氏菌病的传播。自然因素如暴风雪、洪水或干旱的袭击，迫使家畜到处流窜，很容易增加传播机会，甚至暴发成灾。

一、病原学

布鲁氏菌(Brucella)是兼性细胞内寄生的革兰氏阴性球状杆菌

或短杆菌,大小为(0.5~0.7)μm×(0.6~1.5)μm,多单在,很少成双,短链或小堆状。不形成芽孢和荚膜。偶尔有类荚膜样结构,无鞭毛不运动。布鲁氏菌姬姆萨氏染色呈紫色,柯兹罗夫斯基染色法染成红色可以与其他细菌相区别。布鲁氏菌为呼吸型代谢,专性需氧,最适生长温度为37℃,最适pH为6.6~7.4。

根据抗原性和寄生宿主可以把布鲁氏菌分为6个种,19个生物型,即马耳他布鲁氏菌(B.melitensis)、流产布鲁氏菌(B.abortus)、猪布鲁氏菌(B.suis)、沙林鼠布鲁氏菌(B.neotomae)、绵羊布鲁氏菌(B.ovis)和犬布鲁氏菌(B.canis);其中依据血清型特征、抗菌素种类、染色的敏感性、培养时CO_2需要、产生H_2S情况以及代谢等生物学特性,可将马耳他布鲁氏菌、流产布鲁氏菌和猪布鲁氏菌又分为几个型,其中马耳他布鲁氏菌主要感染羊,亦称羊种布鲁氏菌,分为3个生物型;流产布鲁氏菌主要感染牛,亦称牛种布鲁氏菌,分为8个生物型;猪布鲁氏菌分为4个生物型。

二、流行病学

(一)易感动物

本病的易感动物范围很广,主要是羊、牛、猪。各种布鲁氏菌对相应动物具有最强的致病性,而对其他种类动物的致病性较弱或缺乏致病性,但目前已知有60多种家畜、驯养动物、野生动物是布鲁氏菌的宿主,家禽及啮齿动物被感染的也不少见。其中羊布鲁氏菌对绵羊、山羊、牛、鹿的致病性较强;牛布鲁氏菌对牛、水牛、牦牛、马的致病力较强;猪布鲁氏菌对猪、野兔的致病力较强;绵羊附睾种布鲁氏菌只感染绵羊;犬种、沙林鼠种布鲁氏菌只感染本动物。羊种布鲁氏菌对人最易感,其次是牛布鲁氏菌和猪布鲁氏菌,人和动物之间可以相互传播,但人与人之间不传播布鲁氏菌病。

(二)传染源

发病及带菌的羊、牛、猪是本病的主要传染源,其次是犬。患病动物的分泌物、排泄物、流产胎儿及乳汁等含有大量病菌,患睾丸肿的公畜精液中也有病菌。染菌动物首先在同种动物间传播,造成带菌或发病,随后波及人类。病畜的分泌物、排泄物、流产物及乳类含有大量病菌,如实验性羊布氏菌病流产后每毫升乳含菌量高达3万个以上,带菌时间可达1.5~2年,所以是人类最危险的传染源。各型布鲁氏菌在各种动物间有转移现象,即羊种菌可能转移到牛、猪,或相反。羊、牛、猪是重要的经济动物,家畜与畜产品与人类接触密切,从而增加了人类感染的机会。

(三)传播途径

布鲁氏菌病主要通过消化道传播,即通过污染的饲料和饮水,经过呼吸道和皮肤感染也可感染,特别的带有伤口的皮肤,通过结膜等黏膜也能感染,吸血昆虫可以传播本病,其中在蜱体内存活时间较长。

直接接触主要发生在同群动物之间,圈舍、牧场、集贸市场和运输车辆中动物的直接接触,通过发病动物和易感动物直接接触而传播。

间接接触主要指媒介物机械性带毒所造成的传播,包括无生命的媒介物和有生命的媒介物。无生命媒介物包括细菌污染的圈舍、场地、水源和草场以及设备、器具、草料、粪便、垃圾、饲养员的衣物等。畜产品如病畜的肉、骨、鲜乳及乳制品、脏器、血、皮、毛等都是无生命的媒介体,均可以传播细菌引起发病。

牧场的工作人员、看管病畜的饲养人员、到牧场参观访问的人员、人工授精技术人员及兽医和畜牧人员等,他们与病畜接触后,在其衣服、鞋、帽、手等处带有来自病畜的细菌,这些带毒者可以携带细菌到任何距离的健康畜群。

三、布鲁氏菌的抵抗力

布鲁氏菌对外界环境的抵抗力较强,在水中存活5h~4d,牛奶中存活2d~18月,土壤中存活4d~4月,酸乳中存活2d~1月,尘埃中存活21~72d,奶油中存活25~67d,粪中存活8d~4月,奶酪中存活21~90d,尿中存活4d~5月,冻肉中存活14~47d,畜舍中存活4d~5月,腌肉中存活20~45d,衣物中存活30~80d,皮毛中存活1.5~4月,培养基中存活60d至10个月。

布鲁氏菌对热和消毒剂的抵抗力不强,湿热60℃60min,80℃30min,湿热100℃30s,干热80℃60min,干热100℃7min;新洁尔灭(0.1%)30s,来苏儿(2%)1~3min,漂白粉(0.2~2.5%)2min,高锰酸钾(0.1%~0.27%)7~15min,氢氧化钾(2%)3min,肥皂水(2%)20min;直射日光1~4h,散射日光7~8d。

在低温下布鲁氏菌十分稳定,细菌在4℃~7℃可存活数月,-20℃以下,特别是-70℃~-50℃十分稳定,可保存数年之久。紫外线能使细菌迅速被灭活,但存在光复活作用。在自然条件下,布鲁氏菌失活主要是温度和阳光中紫外线共同作用的结果。电离辐射亦可使细菌灭活。可见光对细菌的作用很弱。超声波对布鲁氏菌没有明显的作用,除非大剂量、长时间使用。

四、发病机制及病理变化

布鲁氏菌病是一种传染——变态反应性疾病,在疾病发展过程中出现全身网状内皮系统组织增生,常伴有菌血症、毒血症及神经、血液循环、泌尿生殖、免疫系统和运动器官的损伤,尤其是关节受损较为明显。

病原菌在侵入机体后,先在局部存活一段时间,然后进入淋巴管而定居于局部淋巴结。经过在淋巴结中繁殖而进入血液,引起菌血病。由于内毒素的作用,出现发热、中毒症状,以后病原菌随血液循环侵入各种脏器细胞内寄生,血流中细菌逐步消失,体温也逐渐消退。细菌在细胞内繁殖至一定程度时,再次进入血液又出现菌血症,体温再次上升,反复呈波浪热型。

病畜主要病变为生殖器官的炎性坏死,淋巴结、肝、脾等器官出现水肿和特征性肉芽肿(称为布鲁氏菌病结节)。有的病畜出现关节炎。

胎儿的病变主要是败血症,黏膜和浆膜有出血点和出血斑,皮下结缔组织发生浆液性出血性炎症变化,肺常有支气管肺炎。

公畜患病后,可能出现睾丸和附睾坏死或增生,精囊出血、坏死。母畜主要病变在子宫内,可见子宫绒毛膜的间隙中有污灰色或黄色胶样渗出物,其中含有细胞、细胞碎屑和布鲁氏菌,绒毛膜有坏死病灶。

五、临床症状

(一)牛布鲁氏菌病

潜伏期长短不一,通常依赖于病原菌毒力、感染剂量及感染时母牛的妊娠阶段,一般在14~180d。患牛多为隐性感染。怀孕母牛的流产多发生于怀孕后6~8个月,流产后常伴有胎衣滞留和子宫内膜炎。通常只发生1次流产,第2胎多正常,这是因为布鲁氏菌长期存在于体内,已获得免疫力的结果,即或再度发生也属少见。有的病牛发生关节炎、淋巴结炎和滑液囊炎。公牛发生睾丸炎和附睾炎,睾丸肿大,触之疼痛。

(二)羊布鲁氏菌病

由羊种布鲁氏菌引起。绵羊、山羊流产时,一般为无症状经过。有的在流产前2~3d长期躺卧,食欲减退,常发生阴户炎和阴道炎,从阴道排出黏性或黏液血样分泌物。在流产后的5~7d内,仍有黏性红色分泌物从阴道流出。母羊流产多发生在妊娠期的3~4个月,也有提前或推迟的。不论流产的早与晚,都容易从胎盘及胎儿中分离到布鲁氏菌。病母羊一生中很少出现第2次流产,胎衣不下也不多见,病母羊有时可出现子宫炎、关节炎或体温反应。公羊发病时,常见睾丸炎和附睾炎。

(三)绵羊附睾种布鲁氏菌病

仅限于公绵羊。表现体温上升,附睾肿胀,睾丸萎缩,以致两者愈合在一起,触诊时无法区别。本病多发生在一侧睾丸。

(四)猪布鲁氏菌病

由猪种布鲁氏菌引起。感染大部分为隐性经过,少数呈现典型症状,表现为流产、不孕、睾丸炎、后肢麻痹及跛行、短暂发热或无热、很少发生死亡。母猪的症状是流产,常发生在妊娠后的4~12周,但也有提早或推迟的。流产前母猪出现精神抑郁,食欲不振,乳房和阴唇肿胀,有时可从阴道排出黏性脓样分泌物,分泌物通常于1周左右消失。很少出现胎盘停滞。子宫黏膜常出现灰黄色粟粒大结节或卵巢脓肿,以致不孕。正常分娩或早产时,除可产下虚弱的仔猪外,还可排出死胎,甚至木乃伊胎。病猪如发生脊椎炎,可致后躯麻痹。发生脓性关节炎、滑液囊炎时,可出现跛行。病公猪常呈现一侧或两侧睾丸炎,病初睾丸肿大,硬固,热痛。病程长时,常导致睾丸萎缩,病公猪性欲减退,甚至消失,失去配种能力。

(五)犬种布鲁氏菌病

多发生在犬。母犬表现为流产或不孕,无体温反应,长期从阴道排出分泌物。流产胎儿伴有出血和浮肿,大多为死胎,也有活胎但往往在数小时或数天内死亡,感染胎儿有肺炎和肝炎变化,全身淋巴结肿大。公犬常发生附睾炎、睾丸炎、睾丸萎缩、前列腺炎和阴囊炎等,性欲消失,睾丸常常出现萎缩和缺乏精子,晚期附睾可肿大4~5倍。但大多数病犬缺乏明显的临诊症状,尤其是青年犬和未妊娠犬。犬感染牛、羊或猪种布鲁氏菌时,常呈隐性经过,缺乏明显的临诊症状。

(六)马布鲁氏菌病

多数是由牛种布鲁氏菌或猪种布鲁氏菌所引起。患病母马并不流产,最具特征的症状,是项部和鬐甲部的滑液囊炎,从发炎的滑液囊中流出一种清澈丝状或琥珀黄色的渗出液,逐渐成为脓性。晚期病例可出现项瘘和鬐甲瘘。有的可引起关节炎或腱鞘炎,患肢跛行。

(七)鹿布鲁氏菌病

鹿感染布鲁氏菌后多呈慢性经过,初期无明显症状,随后可见食欲减退,身体衰弱,皮下淋巴结肿大。有的病鹿呈波状发热。母鹿流产多发生在妊娠第6~8个月,分娩前后可见从子宫内流出污褐色或乳白色的脓性分泌物,带恶臭味。流产胎儿多为死胎。母鹿产后常发生乳腺炎、胎衣不下、不孕等。公鹿感染后出现睾丸炎和附睾炎,呈一侧性或两侧性肿大。

六、诊断

布病的诊断过程可分为初步诊断和实验室诊断。

(一)初步诊断

1.流行病学调查

疫区内动物基本情况,免疫情况,免疫监测情况等。本次疫病的流行情况,包括最初发病时间,地点,疫情,是否在短时间内出现许多明显的流产症状,本地区过去是否出现过布病,附近地区近期是否有布病发生,是否有其他地方引进动物或有其他地方人员来参观,本地相关动物管理制度,牲畜流动,检疫屠宰情况,气候、地理、交通情况等。

2.临床诊断

最初阶段的临床症状不明显;随着病程的发展,布病会引起母畜流产、死胎、不孕和子宫内膜炎等。雄性动物出现附睾炎和睾丸炎。

3.病理诊断

胎衣呈黄色胶冻样浸润,有些部位覆有纤维蛋白絮片,有出血点。胎儿胃中有淡黄色或白色黏液絮状物,肠胃和膀胱的浆膜下可见有点状或线状出血。皮下呈出血性浆液性浸润。淋巴、脾脏和肝脏有不同度肿胀。期待呈浆液性浸润,肥厚。可能有肺炎病灶。

(二)实验室诊断

1.病原学

病原学分离鉴定:将病料中的病原进行分离培养,并对其属、种、型进行分析,从而判定该疑似病原是否属于布鲁氏菌,属于布鲁氏菌的那个种(流产、猪、羊等),属于该种布鲁氏菌的哪个变型。

PCR:多重PCR技术对布鲁氏菌的种型进行分析。其扩增的目的条带是细菌基因组中广泛分布的基因片段。通过电泳条带比较分析,揭示基因组间的差异。该方法特异性强,灵敏度高,简单快捷。

2.血清学

血清学包括RBT(虎红平板凝集实验)、SAT(试管凝集实验)、

CFT（补体结合实验）、FPA（荧光偏振实验）和ELIST（酶联免疫吸附实验）。

RBT（虎红平板凝集实验）：简便快捷，敏感性较高。能够检测所有光滑型布鲁氏菌的感染。抑制IgM，检测IgG1。反应条件要控制在室温，虎红抗原4℃冷藏，严禁冷冻保存。

SAT（试管凝集实验）：特异性抗体可与相应的布氏菌抗原发生特异性结合，在电解质的作用下，就会形成肉眼可见的凝集反应，通过这种检测来判断，该动物是否为患病动物（图4-1）。

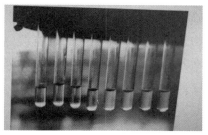

图4-1　试管凝集实验

六、布鲁氏菌病的防控与净化

（一）净化措施

应当着重体现"预防为主"的原则。一个病种的净化不是一朝一夕能完成的，动物疫病净化工作是一项长期性、反复性的工作，需要一定的经济基础支撑，更需要长期不懈的坚持。只有在政府、社会、企业多方共同参与下，群策群力并制订切合实际的净化路线并长期坚持，才能达到理想的效果。

净化场：在未感染畜群中，控制本病传入最好的办法是自繁自养，必须要引进种畜或补充畜群时，务必严格执行检疫，即将牲畜隔离饲养两个月，同时进行布鲁氏菌病的检查（应注意对冻精的检疫），全群两次免疫生物学检查为阴性者，才可以与原有牲畜接触。清净的畜群，还应定期检疫（至少每年一次），一经发现，立即淘汰。

污染场：每隔3个月全场检测一次，直到检不出布病阳畜，才能视为假定健康场。

(二)疫情处理

1.发现疑似疫情

畜主应限制动物移动。对疑似患病动物应立即隔离。动物防疫监督机构要及时派员到现场进行调查核实,开展实验室诊断。确诊后,当地人民政府组织有关部门按下列要求处理。对患病动物全部扑杀。对受威胁的畜群(病畜的同群畜)实施隔离,可采用圈养和固定草场放牧两种方式隔离。隔离饲养用草场,不要靠近交通要道,居民点或人畜密集的地区。场地周围最好有自然屏障或人工栅栏。

2.无害化处理

患病动物及其流产胎儿、胎衣、排泄物、乳、乳制品等按照GB/T 18646-1996《畜禽病害肉尸及其产品无害化处理规程》进行无害化处理。开展流行病学调查和疫源追踪,对同群动物进行检测。

3.消毒

对患病动物污染的场所、用具、物品严格进行消毒。饲养场的金属设施、设备可采取火焰、熏蒸等方式消毒;养畜场的圈舍、场地、车辆等,可选用2%烧碱等有效消毒药消毒;饲养场的饲料、垫料等,可采取深埋发酵处理或焚烧处理;粪便消毒采取堆积密封发酵方式。皮毛消毒用环氧乙烷、福尔马林熏蒸等。

(三)预防和控制

非疫区以监测为主,稳定控制区以监测净化为主。控制区和疫区实行监测、扑杀和免疫相结合的综合防治措施。免疫接种范围内的牛、羊、猪、鹿等易感动物。根据当地疫情,确定免疫对象。疫苗选择为布病疫苗S2株(以下简称S2疫苗)、M5株(以下简称M5疫苗)、S19株(以下简称S19疫苗)以及经农业部批准生产的其他疫苗。

1.监测

(1)监测对象和方法

监测对象:牛、羊、猪、鹿等动物。

监测方法:采用流行病学调查、血清学诊断方法,结合病原学诊断进行监测。

(2)监测范围、数量

免疫地区:对新生动物、未免疫动物、免疫一年半或口服免疫一年以后的动物进行监测(猪可在口服免疫半年后进行)。监测至少每年进行一次,牧区县抽检300头(只)以上,农区和半农半牧区抽检200头(只)以上。

非免疫地区:监测至少每年进行一次。达到控制标准的牧区县抽检1000头(只)以上,农区和半农半牧区抽检500头(只)以上;达到稳定控制标准的牧区县抽检500头(只)以上,农区和半农半牧区抽检200头(只)以上。所有的奶牛、奶山羊和种畜每年应进行两次血清学监测。

(3)监测时间

对成年动物监测时,猪、羊在5月龄以上,牛在8月龄以上,怀孕动物则在第1胎产后半个月至1个月间进行;对S2、M5、S19疫苗免疫接种过的动物,在接种后18个月(猪接种后6个月)进行。

(4)监测结果的处理

按要求使用和填写监测结果报告,并及时上报。判断为患病动物时,按相关规定处理。

2.检疫

异地调运的动物,必须来自非疫区,凭当地动物防疫监督机构出具的检疫合格证明调运。

动物防疫监督机构应对调运的种用、乳用、役用动物进行实验室检测。检测合格后,方可出具检疫合格证明。调入后应隔离饲养30d,经当地动物防疫监督机构检疫合格后,方可解除隔离。

(四)人员的防护与治疗

1.防护

(1)从事屠宰加工及相关工作的人员

牲畜屠宰人员在屠宰、剥皮等过程中,很容易造成手部受伤,若屠宰的是布病病畜,则病畜血液和内脏中的布鲁氏菌很容易通过伤口感染。有些屠宰人员不注意个人防护,激烈操作,容易使血液等溅到皮肤或眼睛上,引起感染。屠宰加工等相关人员必须注意操作过程中不要弄伤自己,注意个人防护,操作过程不要过于剧烈,务必穿着防护服、佩戴橡胶围裙、乳胶手套、口罩、帽子、防护眼镜、胶鞋等,如有伤口应及时妥善处理,工作结束应洗手、洗澡,做好消毒工作,遵守防护制度。肉食品加工销售人员不可以加工出售病死牛羊肉,加工工具要生熟分开,熟食要充分加热,熟透方可出售。工作时须穿戴工作服,佩戴手套、帽子等,注意个人卫生,做好操作地的消毒工作。

(2)畜牧业养殖人员

养殖户必须从科学养殖入手,注意环境消毒,加强饲养管理,采用合理的免疫程序。养殖户要避免感染布病发生,最重要的一点是保证所养牲畜中没有病畜,首先要做到不从疫区引进种畜,新引入动物要求动物卫生监督机构对牲畜进行检疫,检测合格后方可混群饲养,对检出的患布病牲畜进行无害化处理。如需从外地特别是外省购买羊只,应索要检疫证明,不要购买无检疫证明和标志的羊只,尽量避免到布病流行严重的高风险地区购买羊只,购进的羊只需经本地动物卫生监督机构复检后再混群饲养。

加强饲养管理,减少应激因素,保证充足的营养,增强畜群抗病能力。牲畜要用专门的牲畜圈,不可以人畜同院,最好设在村庄外围,以免污染周围环境,要及时清扫圈舍,经常打扫环境卫生,定期进行消毒。饲养管理牲畜时要注意个人防护,穿专门的工作服,收工后及时更换衣物并洗手消毒,如皮肤有破损应注意避免接触牲畜的排泄物、分泌物等。

当出现可疑病例,养殖户要及时向当地兽医部门报告。日常配合当地兽医部门做好布病监测和净化工作。给临产母畜接生是最容易感染布病的环节,做好个人防护很重要,要穿戴防护服、橡皮围裙、乳胶手套、口罩、帽子、胶鞋等,严禁徒手操作,而且接生要在专门场地,以免污染周围环境。流产的牲畜、胎盘等不可以徒手抓拿和随意丢弃,更不可以充当补品食用或者饲喂犬只等食肉动物,应将其无害化处理。

(3)实验室人员

病原分离培养和动物感染实验须在生物安全三级实验室(BSL-3)中操作,未经培养的感染性材料实验和灭活性实验(如血清学诊断实验、核酸提取等)要在生物安全二级实验室(BSL-2)的生物安全柜中操作。

进入工作区域要做好个人防护,穿戴工作服、乳胶手套、口罩、帽子、鞋套等,必要时戴防护眼镜。操作时严格按照实验安全规程操作,操作台面采用吸收性材料制作,并注意收集和吸收迸溅物和液滴等,用消毒剂、防腐剂杀灭废物收集容器中的微生物。实验室应划出专门的废弃物处理区和配备专门的处理设备,实验废弃物经高压灭菌后再进行无害化处理。

实验人员直接或者间接接触感染布鲁氏菌的样品,故对样品按要求进行封装,样品接收人员要根据《实验室生物安全管理程序》内容,科学设置布病样品接收空间,在规定的位置移交样品,在指定的实验区域开展布病实验,在源头上防止间接或者直接接触感染样品、实验环境。实验室检测结束后,应对实验室工作区域(地面、工作台面、仪器设备等)进行消毒,防止造成二次污染。

从事畜牧业养殖的工作人员和布鲁氏菌病实验室的人员都要定期做布鲁氏菌病血清学检测,在世界上只有少数国家用布氏菌苗给人群进行预防接种。我国采用104M苗给人皮上划痕达到免疫目的。将冻干菌苗用无菌生理盐水稀释后进行皮上划痕接种,在上肢三角肌处消毒后划痕,每个人免疫量为50亿,在划痕处滴2滴苗液。此苗免疫期约9~12个月,保护力约为80%。此苗一定在高危人群中应用,但不能年年复种。在接种前用布氏菌素进行检查,阴性者方可接种。在已发现有布鲁氏菌病感染环境下的工作人员在处理样品及带毒物品等存在与活菌接触的可能时,在实验前后可以服用四环素类药物预防。如已发现典型的临床症状,应立即去医院治疗。

2.治疗

诊断一经确立,立即给予治疗,以防疾病向慢性发展;剂量足,疗程够,一般联合两种抗菌药,连用2~3个疗程;蒙医、藏医和中医结合;综合治疗,以药为主,佐以支持疗法,以提高患者抵抗力,增强战胜疾病的信心。

急性期要以抗菌治疗为主。常用抗生素有链霉素、四环素类药物、磺胺类及TMP(甲氧苄胺嘧啶),另外氯霉素、利福平、氨苄青霉素也可试用。通常采用链霉素加四环素类药物或氯霉素。链霉素1~2g/d,分两次肌注;四环素类的四环素2g/d,分四次服;强力霉素较四环素强,仅需0.1~0.2g/d;氯霉素2g/d,分次服。其次为TMP加磺胺类药或加四环素类药。如复方新诺明(每片含TMP80mg,

SMZ400mg），4~6片/d，分两次服。为了减少复发，上述方案的疗程均需3~6周，且可交替使用上述方案2~3个疗程。各疗程间间歇5~7d。另外，利福平为脂溶性，可透过细胞壁，抗菌谱较广，值得试用。

七、布鲁氏菌病对人的危害

(一)急性期

1.发热

体温可达38℃~40℃，不同人发热的热型差别较大。有的人体温并不太高，波动于37℃~38℃，持续时间长，处于长期低热状态；有的人体温呈波浪状，即高热几天，体温降下来几天，又开始高，反复多次，所以布鲁氏菌病又称浪状热。还有的体温忽高忽低，早晚变化大，病情凶险，呈弛张性发热等。

2.多汗

多汗是本病主要症状之一，患者发热或不发热，亦有多汗，大量出汗后可发生虚脱。

3.乏力

这一症状为全部病人所具有，尤以慢性期患者为甚，患者自觉疲乏无力，能吃不爱动，故有人将此病称为"懒汉病""爬床病"。

4.神经系统症状

头疼、脑膜刺激症状、眼眶内痛和眼球胀痛。

神经痛，主要发生在腰骶神经、肋间神经、坐骨神经。

5.关节疼痛

为关节炎所致，常在发病之初出现，亦有发病后1月才出现者。多发生于大关节如膝、腰、肩、髋等关节。关节炎可分为两类：一类为感染者，常累及一个关节；另一类为反应性，常为多关节炎。疼痛性质初为游走性、针刺性疼痛,以后疼痛,固定在某些大关节。常因劳累或气候变化而加重。

6.泌尿生殖系统症状

可发生睾丸炎、附睾炎、前列腺炎、卵巢炎、输卵管炎及子宫内膜炎。可发生特异性乳腺炎,表现为乳腺浸润性肿胀而无压痛。有少数患者可发生肾炎、膀胱炎等。

7.肝、脾及淋巴结肿大

约半数患者可出现肝肿大和肝区疼痛。脾多为轻度肿大。淋巴结肿大与感染方式有关,经口感染者以颈部、咽后壁和颌下淋巴结肿大为主,接触性传染者多发生在腋下或腹股沟淋巴结。有时腹腔或胸腔淋巴结亦可受累。肿大的淋巴结一般无明显疼痛。亦有发生化脓,破溃而形成瘘管状。

(二)慢性期

病程长于1年者为慢性期。本期可由急性期没有适当治疗发展而来,也可无明显急性病史待发现时已为慢性。

主要表现为疲乏无力,有固定的或反复发作的关节和肌肉疼痛,可存在骨和关节的器质性损害。此外常有精神抑郁、失眠、注意力不集中等精神症状。

慢性期可分为两型:

1.慢性活动型

体温正常或有低热症状和体征反复发作并逐渐加重,血清血检查阳性。

2.慢性相对稳定型

体温正常、体征和症状因气候变化或劳累过度而加重者。

第二节 口 蹄 疫

口蹄疫(FMD)是偶蹄兽的一种急性、发热性、高度接触性传染病,其临诊症状是口腔黏膜、蹄部和乳房皮肤发生水疱和溃烂。本病在世界各地均有发生,目前在非洲、亚洲和南美洲流行较严重。动物感染本病将导致其生产性能下降约25%,由此而带来的贸易限制和卫生处理等费用更难以估算。因此,世界各国都特别重视对本病的研究和防制。

一、病原学

口蹄疫病毒属于微核糖核酸病毒科的口蹄疫病毒属。本病毒是已知最小的动物RNA病毒。病毒粒子直径为20~25nm。RNA呈单股线状,决定病毒的感染性和遗传性;病毒蛋白质决定其抗原性、免疫性和血清学反应。口蹄疫病毒目前有A、O、C、SAT1、SAT2、SAT3以及AsiaI型等7个血清型。以O型最常见。各型间彼此几乎没有交叉免疫性。每一个血清型又分若干亚型,同型各亚型之间仅有部分交叉免疫性。据最近报道,口蹄疫亚型已增加到70个以上。FMDV特别容易变异常有新的亚型出现。

口蹄疫病毒在病畜的水疱皮内及其淋巴液中含毒量最高。未断乳小鼠对本病非常敏感,是能查出病料中少量病毒最好的实验动物。4~6日龄的乳鼠,皮下或腹腔接种。口蹄疫病毒可用犊牛肾细胞、仔猪肾细胞、仓鼠肾细胞等几十种细胞培养,培养方法:单层细胞培养和深层悬浮培养。许多国家用传代细胞,如幼仓鼠肾细胞(BHK21)。

在感染了口蹄疫病毒的细胞培养液中,有大小不同的4种粒子。完整病毒:具有感染性;不含RNA的空衣壳,没有感染性,有型特异性和免疫原性;衣壳蛋白亚单位:无RNA,无感染性,有抗原性;病毒感染相关抗原(VIA抗原):是一种不具有活性的RNA聚合酶,当病毒粒子进入细胞,经细胞蛋白激活才有酶活性,能诱发动物产生特异抗体,无型特异性,而有群特异性。

病毒对外界环境抵抗力很强。在自然情况下,含毒组织和被污染的饲料、皮毛及土壤等可保持传染性达数天、数周甚至数月之久。酸和碱对口蹄疫病毒的作用很强,所以1%~2%氢氧化钠、1%~2%甲醛溶液、0.2%~0.5%过氧乙酸等均是口蹄疫病毒的良好消毒剂,短时间内即能杀死病毒。

二、流行病学

(一)易感动物

口蹄疫能侵害多种(33种)动物,而以偶蹄兽最易感染。家畜对口蹄疫最易感的是牛,骆驼、羊、猪次之;犊牛比成年牛易感,病死率亦高。野生动物也有发病。本病较容易从一种动物传到另一种动物,但在某些流行中强烈地感染牛,而不感染羊或很难感染猪,某些流行强烈地感染猪而不感染或很难感染牛、羊。新流行地区发病率可达100%,老疫区发病率为50%以上。

(二)传染源

病畜是主要的传染源。发病初期的病畜是最危险的传染源,症状出现后的头几天,排毒量最多,毒力最强。病牛排出的病毒量以舌面水疱皮为最多,其次为粪、乳、尿和呼出的气体。病猪排毒以破溃的蹄皮为最多。痊愈家畜的带毒期长短不一,有人报道病牛有50%可能带毒4~6个月,甚至有将康复后一年的牛运到非疫区而引起口蹄疫流行的。羊群中痊愈的养只成为长期带毒的传染源。由于病猪的排毒量远远超过牛、羊,据报道,病猪经呼吸排至空气中的病毒量相当于牛的20倍,因此认为在本病的传播中有相当重要的作用。

(三)传播途径

直接接触和通过各种媒介物而间接接触传播。消化道是最常见的感染门户;也能经损伤的黏膜和皮肤感染;呼吸道感染更易发生;牲畜的流动、畜产品的运输以及被病畜的分泌物、排泄物和畜产品(如皮毛、肉品等)污染的车辆、水源、牧地、饲养用具、饲料、以及来往人员和非易感动物都是重要的传染媒介;有资料证明,空气也是一种重要的传播媒介,病毒能随风散播到50~100km以外的地方,故有人提出顺风传播的说法。本病常可发生远距离的跳跃式传播。有人认为气源性传播在口蹄疫流行上起着决定性的作用。

口蹄疫的发生没有严格的季节性,它可发生于一年的任何月份。在牧区,往往表现为秋末开始,冬季加剧,春秋减轻,夏季基本平息。在农区,这种季节性表现不明显。猪口蹄疫以秋末、冬春为常发季节,尤以春季为流行盛期,夏季较少发生,但在大群饲养的猪舍,本病无明显季节性。

口蹄疫病毒的传染性很强,一经发生往往能呈流行性,其传播既有蔓延式的,也有跳跃式的。

口蹄疫的暴发流行有周期性的特点,每隔一二年或三五年就流行一次。

三、发病机理

病毒侵入机体后,首先在侵入部位的上皮细胞内生长繁殖,引起浆液性渗出物而形成原发性水疱。1~3d后病毒进入血液引起体温升高和全身症状,病毒随血液到达所嗜好的部位,如口腔黏膜和蹄部、乳房皮肤的表层组织继续繁殖,形成继发性水疱,随着水疱的发展、融合而破裂时,体温即下降至正常,病毒从血液中逐渐减少至消失,此时病畜即进入恢复期,多数病例逐渐好转。有的病例,特别是吃奶的幼畜,当血液感染时,病毒产生的毒素危害心肌,致使心脏变性或坏死而出现灰白色或淡灰色的斑点、条纹,多以急性心肌炎而致死亡。

四、临床症状

由于动物的易感性不同,病毒毒力和数量不同、潜伏期的长短和病状也不完全一致。

(一)牛口蹄疫

潜伏期平均2~4d。病牛体温升高达40℃~41℃,精神萎顿,流涎,在唇内面、齿龈、舌面和颊部黏膜发生蚕豆至核桃大的水疱,采食反刍完全停止。经一昼夜破裂形成浅表的红色糜烂,水疱破裂后,体温降至正常,糜烂逐渐愈合,全身症状逐渐好转,如有细菌感染,发生溃疡,在口腔发生水疱的同时或稍后,趾间及蹄冠表现红肿、疼痛、迅速发生水疱,并很快破溃,然后逐渐愈合。乳头皮肤有时也可出现水疱,很快破裂形成烂斑,泌乳量显著减少,本病一般取良性经过,约经一周即可痊愈。如果蹄部出现病变时,则病期可延至2~3周或更久。病死率很低,一般不超过1%~3%。但恶性口蹄疫病死率高达20%~50%,主要是由于病毒侵害心肌所致。

哺乳犊牛患病时,水疱症状不明显,主要表现为出血性肠炎和心肌麻痹,死亡率很高。

(二)羊口蹄疫

潜伏期一周左右,病状与牛大致相同,但感染率较牛低,山羊多见于口腔,呈弥漫性口膜炎,水疱发生于硬腭和舌面,羔羊有时有出血性胃肠炎,常因心肌炎而死亡。

(三)猪口蹄疫

潜伏期1~2d,病猪以蹄部疱为主要特征,主要症状是跛行。病初体温升高至40℃~41℃,精神不振,食欲减少或废绝。口黏膜(包括舌、唇、齿龈)形成小水疱或糜烂。蹄冠、蹄叉、蹄锤等部位出现局部发红、微热、敏感等症状,不久逐渐形成米粒大、蚕豆大的水疱,水疱破裂后表面出血,形成糜烂,如无细菌感染,一周左右痊愈。

除口腔、蹄部的水疱和烂斑外,在咽喉、气管、支气管和前胃黏膜有时可发生圆形烂斑和溃疡,上盖有黑棕色痂块。真胃和大小肠黏膜可见出血性炎症。

另外,具有重要诊断意义的是心脏病变,心包膜有弥散性及点状出血,心肌切片有灰白色或淡黄色斑点或条纹,好似老虎身上的斑纹,所以称为“虎斑心”。心脏松软,似煮肉状。

五、诊断

根据急性经过、呈流行性传播、主要侵害偶蹄兽和一般取良性转归以及特征性临诊症状可进行诊断。

诊断口蹄疫时要定型。可采取病牛舌面水疱或猪蹄部疱皮或疱液,置50%甘油生理盐水中,送实验室做补体结合实验或微量补体结合实验鉴定毒型。或送检病畜恢复期血清,做乳鼠中和实验、病毒中和实验、琼脂扩散实验或放射免疫、免疫荧光抗体法、被动血凝实验鉴定毒型。

口蹄疫与牛瘟、牛恶性卡他热、传染性水疱性口炎等疫病可能混淆,应当认真鉴别。

六、防制

无病地区不要从有病地区(或国家)购进动物及其畜产品。来自无病地区的动物及其产品,也应进行检疫。口蹄疫常发地区要定期进行预防接种。口蹄疫流行的地区和划定的封锁区应禁止人畜及物品的流动。当口蹄疫发生时,必须立即上报疫情,确定诊断,划定疫点、疫区和受威胁区,分别进行封锁和监督。严格封死疫点,捕杀病畜及同群畜,及时清除疫源并对捕杀的病畜及同群畜做无害化处理,对剩余饲料、饮水、场地、病畜走过的道路、畜舍、畜产品与污染物品进行全面严格的消毒。工作人员外出必须全面消毒。封锁、监视疫区,对疫区内所有畜群做严密监视,并禁止动物进入非疫区。禁止一切畜产品及饲料运出。疫点内最后一头病畜消灭之后,3个月内不出现新病例时可以解除封锁。

发生口蹄疫时,需用与当地流行的相同病毒型、亚型的减毒活苗或灭活苗。对疫区和受威胁区内的健康畜进行紧急接种,在受威胁周围的地区建立免疫带以防疫情扩展。康复血清或高免血清用于疫区和受威胁的家畜。

七、治疗

家畜发生口蹄疫后,一般经10~14d自愈。为了促进病畜早日痊愈,缩短病程,为了防止继发感染的发生和死亡,应在严格隔离的条件下,及时对病畜进行治疗。

口腔可用清水、食醋或0.1%高锰酸钾洗漱,糜烂面上可涂以1%~2%明矾或碘甘油。蹄部可用3%碘药水或来苏儿洗涤,擦干后涂松节油或鱼百脂软膏等,再用绷带包扎。乳房可用肥皂水或2%~3%硼酸水洗涤,然后涂以青霉素软膏或其他防腐软膏。

八、口蹄疫对人的危害

人患病后,体温升高,口腔发热,唇、齿龈相颊部黏膜潮红,发生水疱,舌边咽部、手足也发生水疱。有的病人表现头痛、晕眩、四肢和背部疼痛、胃肠痉挛、呕吐、咽喉痛、吞咽困难、腹循环扰乱和高度虚弱等症状。

第三节　结　核　病

结核病(Tuberculosis)是由结核分枝杆菌所引起的人畜和禽类的一种慢性传染病。其病理特点是在多种组织器官形成肉芽肿和干酪样、钙化结节病变。

一、病原学

结核分枝杆菌主要有三个型;即牛型、人型和禽型。人型是直或微弯的细长杆菌;牛型比人型菌短粗,且着色不均匀;禽型短而小,为多形性,无芽胞和荚膜,也不能运动,为革兰氏染色阳性菌,用一般染色法较难着色,常用抗酸染色法。

结核杆菌在外界环境中生存力较强。对干燥和湿冷的抵抗力强,对热抵抗力差,60℃30min即死亡。本菌对链霉素、异烟肼、对氨基水杨酸和环丝氨酸等药物敏感。

二、流行病学

(一)易感动物

本病可侵害多种动物,据报道,约50种哺乳动物,25种禽类可患病。在家畜中牛最易感,特别是奶牛,猪和家禽亦可患病,羊极少发病。猴、鹿、狮、豹等也有结核病的发生。牛结核病主要由牛型结核杆菌,也可由人型结核杆菌引起,牛型菌尚可感染猪和人,也能使其他家畜致病。禽型结核杆菌是家禽结核病的主要病原菌,但也可感染牛、猪和人。

(二)传染源

结核病患畜是本病的传染源,特别是通过各种途径向外排菌的开放性结核患畜。

(三)传播途径

本病主要通过呼吸道和消化道感染。

三、免疫和发病机理

结核杆菌是细胞内寄生的细菌,结核杆菌侵入机体后,与吞噬细胞遭遇,易被吞噬或将结核菌带入局部的淋巴管和组织,并在侵入的组织或淋巴结处发生原发性病灶,细菌被滞留并在该处形成结核。如果机体抵抗力强,此局部的原发性病灶局限化,长期甚至终生不扩散。如果机体抵抗力弱,疾病进一步发展,细菌经淋巴管向其他一些淋巴结扩散,形成继发性病灶。如果疾病继续发展,细菌进入血流,散布全身,引起其他组织器官的结核病灶或全身性结核。

四、临床症状

潜伏期长短不一,短则十几天,长则数月甚至数年。

(一)牛结核病

主要由牛型结核杆菌引起。人型菌和禽型菌,对牛毒力较弱,多引起局限性病灶且缺乏肉眼变化,即所谓的"无病灶反应牛",通常这种牛很少能成为传染源。传染途径主要经呼吸道感染,特别是经飞沫,小牛多经消化道感染。牛常发生肺结核,常发短而干的咳嗽,病畜日渐消瘦、贫血,有的牛体表淋巴结肿大,常见于肩前、股前、腹股沟、淋巴结等。病势恶化可发生全身性结核。多数病牛乳房被感染侵害,见乳房上淋巴结肿大无热无痛,泌乳量减少,肠道结核多见于犊牛,消化不良、顽固性下痢,迅速消瘦。

(二)禽结核病

主要危害鸡和火鸡,成年鸡和老鸡多发。感途径主要经消化道,但呼吸道感染的可能性亦不能排除。病鸡表现不活泼、易疲乏、沉郁,食欲变化不大,但体重减轻。病鸡逐渐消瘦,特别是胸肌萎缩严重,胸骨突起、变形,随着病程的发展,病鸡表现呆笨,羽毛松乱,冠、耳叶可见黏膜、结膜都变苍白,冠、耳叶较正常小,偶呈青紫色、黄疸,无毛的皮肤特别干燥。鸡表现单侧性的跛行和特殊性的痉挛,有跳跃式的步态,偶有一侧性翅膀下垂,肿胀的关节有时破溃,从破孔中排出干酪样分泌物。结核性关节炎也可引起鸡的瘫痪。母鸡产蛋量减少或停止。触摸病鸡的腹部可触到节状或块状物,不少病鸡的肝脏结核结节病变也可摸到,由于肝肿大,致使行动困难。肠道发生溃疡时,可导致严重腹泻,或发生间歇性腹泻。肠道紊乱引起病鸡的极度衰弱,病鸡常呈坐着的姿势。病程持续2~3个月,甚至达一年,病鸡极度衰竭,肝、脾破裂而使鸡突然死亡。

(三)猪结核病

发病猪很少出现临床症状,仅在淋巴结发生微细的结核病灶。但是在病势的发展过程中,会出现体温升高、食欲不振、消瘦、呼吸困难、拉稀、咳嗽。病灶溃烂或形成瘘管。

五、病理变化

(一)牛结核病

最常见于肺、肺门淋巴结、纵隔淋巴结,其次为肠系膜淋巴结和头颈部淋巴结。在肺脏或其他器官常有很多突起的白色或黄色结节,切开后有干酪样坏死,有时钙化。胸、腹腔浆膜可发生密集的结核结节,粟粒至豌豆大半透明或不透明的灰白色结节,即珍珠病。

(二)禽结核病

经剖检发现多数病变在肝脏、脾脏、肠系膜淋巴结及肺脏等器官,在骨骼、卵巢、睾丸、胸腺以及腹膜生成粟粒至豌豆大的灰黄色或灰白色的结核结节,大多数呈现为圆形或椭圆形,有的几个结节融合在一起而呈现不规则状。这种结核结节的特点,通常是界限明显,坚韧如软骨,但具有中心柔软或干酪样的病灶,如果完全钙化的时候质地如沙砾一样。

(三)猪结核病

对病死猪进行屠宰,常在咽、颈和肠系膜淋巴结发现结核病灶。病灶呈黄白色干酪样,小型的仅几厘米,大型的呈弥漫性增大如鸡蛋。如果猪感染了禽型结核菌,则淋巴结肿大坚硬,没有化脓性病灶,断面呈肿瘤样,兼有极少的干酪样病灶。如果感染了牛型或者人型的结核杆菌,病灶周围组织容易分离,有包围的趋向,钙化显著。病灶分布稀疏,呈干酪变性。

六、诊断

当畜禽发生不明原因的渐进性消瘦、咳嗽、肺部异常、慢性乳腺炎、顽固性下痢、体表淋巴结慢性肿胀等,可作为疑似本病的依据。病畜死后可根据特异性结核病变,做出诊断,必要时进行微生物学检验。用结核菌素做变态反应,对畜禽(或鸡群)进行检疫,是诊断本病的主要方法。诊断牛结核病用牛型提纯结核菌素,将菌素稀释后经皮内注射0.1ml,72h后否判定反应。局部有明显的炎性反应,皮厚差在4mm以上者判为阳性牛。

微生物学诊断,可采取病料做抹片镜检,分离培养,近年来采用荧光抗体技术检查病料中的结核杆菌,具有检验迅速、准确、检出率高等优点。

七、防制

主要采取综合性防疫措施,防止疾病传入,净化污染群,培育健康畜群。

(一)健康畜群

平时加强防疫,检疫和消毒措施,防止疾病传入。每年春秋两季定期进行结核病检疫,发现阳性病畜及时处理。

(二)污染畜群

反复进行多次检疫,淘汰污染群的开放性病畜及生产性能不好的结核菌素反应阳性病畜。

(三)假定健康畜群

应在第一年每隔三个月进行一次检疫,直到没有一头阳性牛出现为止。然后再在一至一年半的时间内连续进行3次检疫。如果3次均为阴性反应即可改称为健康畜群。

八、结核病对人类的危害

人感染结核病多由牛型结核杆菌所致,特别是儿童饮用带菌的生牛奶而患病。消毒牛奶是预防人患结核病的一项重要措施。但为了消灭传染源,对牛群采取检疫,淘汰和屠宰病牛的办法是行之有效的。

第四节　狂　犬　病

狂犬病(Rabies)俗称疯狗病,是狂犬病毒所致的急性传染病,多见于犬、狼、猫等肉食动物,人多因被病兽咬伤而感染。临床表现为特有的恐水、怕风、咽肌痉挛、进行性瘫痪等。因恐水症状比较突出,故本病又名恐水症(Hydrophobia)。动物通过互相间的撕咬而传播病毒。我国的狂犬病主要由犬传播,家犬可以成为无症状携带者,所以表面"健康"的犬对人的健康危害很大。目前对于狂犬病尚缺乏有效的治疗手段,是重要的人兽共患病,病死率达100%。

一、病原学

狂犬病病毒属于弹状病毒科(Rhabdoviridae)狂犬病毒属(Lvssavims,Lv),外形呈弹状,核衣壳呈螺旋对称,表面具有包膜,内含有单链RNA。是引起狂犬病的病原体。狂犬病毒具有两种主要抗原:一种是病毒外膜上的糖蛋白抗原,能与乙酰胆碱受体结合使病毒具有神经毒性,并使体内产生中和抗体及血凝抑制抗体,中和抗体具有保护作用;另一种为内层的核蛋白抗原,可使体内产生补体结合抗体和沉淀素,无保护作用。

二、理化特性

狂犬病病毒不稳定,但能抵抗自溶及腐烂,在自溶的脑组织中可以保持活力7~10d。对神经组织较强的嗜性是狂犬病病毒的主要特征,与其他组织细胞相比,狂犬病病毒在神经组织细胞中繁殖和复制的效率极高。狂犬病病毒对紫外线、日光、热、干燥敏感,对其抵抗力较弱,一般加热50℃1h或加热60℃5min即可杀死病毒,该病毒对强酸、强碱敏感,容易被灭活。同时狂犬病病毒对甲醛、乙酸、碘、肥皂水、20%乙醚、10%氯仿以及离子型和非离子型去污剂均敏感,可灭活病毒。病毒在冻干条件下可以长期存活,在50%甘油中保存的脑组织病毒至少可以存活一个月,4℃保存数周,低温中保存数月至数年,室温中保存不稳定。反复冻融可使病毒灭活,紫外线照射、蛋白酶、酸和季铵类化合物(如新洁尔灭)、自然光及热等都可迅速破坏病毒活力。真空条件下冻干保存的病毒于4℃存活可达数年。

三、流行病学

人和各种畜禽对本病都有易感性,传染源中以犬为主,占90%,即病犬和带毒犬。我国隐性感染率为15.2%,无症状和顿挫型感染的动物可长期通过唾液排毒,可成为人畜的危险传染源;猫仅次于狗;野生动物如狼、狐、蝙蝠,可因患病(或带毒)动物咬伤而感染。当健康动物皮肤黏膜有损伤时,可通过接触病畜的唾液而感染。也有报告可经呼吸道感染。

作为一种古老的人兽共患病,狂犬病在世界范围内广泛存在。2013年,世界动物卫生组织(OIE)调查显示,目前有150个国家和地区报道过狂犬病的流行,仅有部分发达国家和地区的岛屿没有狂犬病报告,每年55000多人死于狂犬病。我国作为狂犬病高发国家,每年有上千人死于狂犬病,狂犬病发病和死亡人数居于世界第2位,仅次于印度。在20世纪,人类在与狂犬病的斗争中取得了重大胜利,90年代北美地区死于狂犬病的人数降至个位数,欧洲各国除俄罗斯外,狂犬病发病率也控制到每年1~2个的水平,甚至有些国家多年都没有出现过狂犬病疫情。中国在狂犬病防治上也取得了巨大进步,虽然疫情有所反复,但总体呈现下降趋势,2017年共有502人死于狂犬病,远低于2007年的3300人。

四、临床症状

狂犬病潜伏期长短不一,目前有记载的狂犬病最长潜伏期是六年,多数在3个月以内。潜伏期的长短与年龄(儿童较短)、伤口部位(头面部咬伤的发病较早)、伤口深浅(伤口深者潜伏期短)、入侵病毒的数量及毒力等因素有关。其他如清创不彻底、外伤、受寒、过度劳累等,都可能使疾病提前发生。典型临床表现过程可分为以下3个阶段:

(一)前驱期或侵袭期

大多数患者最初有低热、食欲不振、恶心、头痛、倦怠、周身不适等,症状像感冒;继而出现恐惧不安,对声音、光、风、痛等较敏感,并有喉咙紧缩感。其实最开始的时候病人伤口及伤口附近有麻、痒、痛及像蚂蚁爬等感觉异常,这是病毒繁殖时刺激神经元所导致的,一般持续2~4d。

(二)兴奋期

2~4d后病人逐渐进入高度兴奋状态,突出表现为极度恐惧、怕水、怕风、突然呼吸困难、大小便困难及多汗流口水等。这个阶段持续1~3d。怕水是狂犬病的特殊症状,病人见到水、喝水、听流水声甚至只是提到喝水都可能引起严重咽喉肌痉挛。怕风也是常见症状之一,严重的时候还会引起全身疼痛性抽搐。

(三)麻痹期

这个阶段,病人痉挛停止并逐渐安静,但出现迟缓性瘫痪,以肢体软瘫为多见。眼部肌肉、颜面肌肉及咀嚼肌也会受到影响,病人会出现斜视、口不能闭、面部无表情等,这个阶段持续6~18h。狂犬病的整个病程一般不超过6d,偶见超过10d的情况。

五、诊断

(一)病原学诊断

1.病毒分离

首先采集动物或患者死后的新鲜脑组织或甲醛固定的脑组织,脑干要包含在采集的脑组织混合物中,将采集到的病毒标本进行冷冻保存。病毒分离方法有两种,一种是采用乳鼠体内接种法,即在乳鼠体内接种脑组织悬液,采用免疫荧光技术对乳鼠脑组织进行检测,此方法时间较长,需25d后方可获得结果,且费用较高。另一种是细胞培养法,即采用鼠神经细胞瘤细胞进行细胞培养,培养1~2d,然后采用免疫荧光技术对狂犬病毒内基氏小体进行检测。

2.荧光抗体检测(FAT)

荧光抗体检测荧光抗体检测(FAT)是OIE推荐用于检测狂犬病病原的技术之一。FAT可用于检测压印片、细胞培养物及小鼠脑组织中的病原。Muhamuda等报道,FAT的检测原理是发光抗体与抗原相结合后,在紫外线照射下,用显微镜检查荧光素的有无来判断被检样品中的病原。FAT技术的优点是步骤简便、耗时短、敏感性强,适用于检测新鲜病料、甘油保存样品及被甲醛固定的标本,病原检出率大于99%。

3.乳鼠接种实验

将采集的脑组织(病动物的大脑皮层、海马或小脑、延髓等组织)匀浆悬液与含抗菌素的等渗缓冲液配成20%(W/V)溶液,待过滤后进行乳鼠脑内接种,最后利用荧光抗体实验对死亡鼠进行狂犬病毒检测。动物接种实验的优点是可以收获大量的病毒,用于毒株的保存及后续鉴定工作,缺点是这个实验必须使用SPF动物,实验成本高,不适用于大规模检测工作。

(二)血清学诊断

1.荧光抗体病毒中和实验

荧光抗体病毒中和检测实验(FAVN)是将抗体血清与狂犬病病毒在体外中和,然后接种BHK-2l细胞或C13细胞,测定血清抗体100%中和病毒及血清滴度在50%以上就能中和病毒时的血清稀释度。原始的FAVN方法已被改进,目前常用的方法为96孔微量板定量法。

2.快速荧光灶抑制实验

RFFIT是WHO狂犬病专家委员会推荐的标准方法,常用以评价RABV中和抗体的含量。抗体水平是监测中枢神经系统免疫反应的重要工具。该实验是让血清进行三倍系列稀释检测,将狂犬病毒与预先滴定过的中和进行等量混合,需在37℃温度条件下中和1h,然后将96孔E接种形成单位的BSR细胞,再在37℃下的CO_2,孵箱中培养1d,并将其固定同时进行荧光抗体染色,最后用荧光镜观察并将荧光灶数记录好,然后根据该数量计算血清抗体效价。

3.分子生物学诊断

该诊断方法主要是通过逆转录—聚合酶链反应直接扩增病毒株特异而保守的N基因。逆转录—聚合酶链反应有两大特点,一是灵敏度极高,二是特异性极高;其在大规模样品的初步筛选中是无可替代的,且检测结果直观,容易判定。

六、预防

(一)管理传染源

对家庭饲养动物进行免疫接种,管理好流浪动物。对怀疑因狂犬病死亡的动物,最好将其焚毁或深埋,千万不要剥皮或食用。

(二)正确处理伤口

被动物咬伤或抓伤后,应立即用20%的肥皂水反复冲洗伤口,一般冲洗时间至少为15min,伤口较深者需用导管伸入,以肥皂水持续灌注清洗,尽量去除动物口水,挤出污血。一般不缝合包扎伤口,必要时使用抗菌药物,伤口深时还要使用破伤风抗毒素。

(三)接种狂犬病疫苗

预防接种对防止发病具有肯定价值,人一旦被咬伤或抓伤,疫苗注射至关重要,严重的还要注射狂犬病血清。

1.疫苗注射

暴露后免疫接种:一般被咬伤者0d(第1d)、3d(第4d,以下类推)、7d、14d、28d各注射狂犬病疫苗1针,共5针。成人和儿童剂量相同。严重咬伤者(头面、颈、手指、多部位3处咬伤者或咬伤舔触黏膜者),除按上述方法注射狂犬病疫苗外,应于0d、3d注射加倍量。暴露前预防接种:对未咬伤的健康者预防接种狂犬病疫苗,可按0d、7d、28d注射3针,一年后加强一次,然后每隔1~3年再加强一次。这种情况主要针对饲养宠物的易感人群。

血清注射：创伤深广、严重或发生在头、面、颈、手等处，同时咬人动物确有狂犬病时，应立即注射狂犬病血清，这种血清含有高效价抗狂犬病免疫球蛋白，可直接中和狂犬病病毒，伤后一周再用几乎无效。

我国的狂犬病主要由犬传播，家犬可以成为无症状携带者，所以表面"健康"的犬对人的健康危害很大。目前对于狂犬病尚缺乏有效的治疗手段，人患狂犬病后的病死率达100%，患者一般于3～6d内死于呼吸或循环衰竭，故应加强预防措施。管理好饲养的宠物、流浪动物非常重要。人一旦被咬伤或抓伤，一定要尽早注射疫苗，严重者还需注射狂犬病血清。

七、防制

(一)构建与完善相关的法律法规、技术规范

认真贯彻学习中华人民共和国动物防疫法。在准确把握各地区狂犬病具体防控情况的基础上构建、完善狂犬病防控层面的法律法规、技术规范，明确动物狂犬病诊断、紧急免疫、疫情处理及疫病防控等方面具体规定，为各项狂犬病防控工作的高效开展提供重要的制度保障。

各乡镇将区域划片包干，责任到人，进场入户，拉网式普防，平时不定期补防，对散养户、专业户、流浪犬、无主犬排查登记，确保村不漏户，户不漏一条家犬，统一普防，建立免疫档案，有力促进畜牧业长足发展。

(二)深化了解易感动物，切断狂犬病传播路径

狂犬病的易感动物主要为牛、羊、猫、犬、狼和狐狸等。与此同时，要多层次科学把握狂犬病的传播路径，人被感染后的动物咬伤

或者皮肤被抓伤后容易感染狂犬病病毒,要对伤口进行紧急处理。

(三)犬的养殖技术和疫病防疫程序

家犬的饲喂,要删繁就简。犬最好的食物是狗粮,不要长时间喂食猪肝、内脏等,要合理搭配食物,保证营养均衡。狗为杂食动物,凡人吃的东西它都想吃,但是本性还是肉食倾向较重;要合理使用疫苗,控制传染病。幼犬出生50d后至3月龄第一次接种,以后每4周接种一次,肌肉注射,连续3次,以后每年1次。疫苗的种类主要有美国辉瑞、英特威二联、四联和六联。平时预防犬瘟热、细小、犬副流感、冠状病毒等。要加强免疫,即首次免疫11个月后,多联疫苗和狂犬疫苗各加强一针。

(四)加强人员培训,搞好养殖环境安全

动物疫控中心和基层畜牧兽医部门应定期对抽样和检测人员进行培训,对狂犬病的理论知识、危险性、自身防护知识和犬猫的抽样技术进行培训。养殖家犬,在平时,要时刻做好消毒,粪尿污水要堆积发酵,病死犬要无害化处理,定期驱除皮内外寄生虫。

八、狂犬病对人类的危害

人患本病大都是由于被狂犬病动物咬伤所致。病初表现头痛,乏力,食欲不振,恶心和呕吐等,被咬伤部位有发热、发痒、蚁走等感觉,脉速、瞳孔散大、多泪、流涎、出汗。有时见呼吸肌和咽部痉挛,出现呼吸困难。见到水即表现恐惧,故名"恐水症"。在发作的间歇中,表现恐怖和忧虑,有时出现狂燥,失去自制。通常在发病3~4d后因全身麻痹而死亡。

第五节　炭　　疽

　　炭疽(Anthrax)是由炭疽芽胞杆菌引起的一种急性、热性、败血性人畜共患传染病。我国将其列为二类动物疫病,世界动物卫生组织(OIE)将其列为必须报告的动物疫病。

一、病原学

(一)形态特征

　　炭疽杆菌为革兰氏染色阳性粗大杆菌。菌体长 4~8μm,宽 1~1.5μm。频死动物的血液中常有大量细菌存在。在动物体内,菌体不形成长链,单个或成双排列,有荚膜。在人工培养基上的菌体粗大,形成长链,菌体连接处有明显的空隙,状如竹节。在有充足的氧气和适当的温度时,该菌能形成椭圆形的芽孢,且位于菌体的中央或稍偏,小于菌体宽度。芽孢一旦发育成熟,菌体随即消失,形成游离的孢子。在适宜的温度下,芽孢发育成有致病力的繁殖体。

(二)培养特性

　　炭疽杆菌为需氧性芽孢杆菌。在普通营养琼脂及血液琼脂培养基上生长良好。菌落 2~6mm,大而扁平,色灰白,不透明,无光泽,边缘不整齐,表面粗糙如卷发状,一般不溶于血。在含有血清的琼脂培养基上可形成荚膜。明胶培养基上呈倒立杉树状生长。在含有青霉素的特殊培养基 E 培养时,炭疽杆菌发生形态变异,形成大而均匀的圆球形并相联如串珠状。

(三)生化特性

本菌能分解葡萄糖、麦芽糖和蔗糖,产酸不产气,能缓慢液化明胶。不分解乳糖、甘露醇,不产生靛基质及硫化氢。

(四)抵抗力

炭疽杆菌本身的抵抗力不强,加热到60℃30~60min、75℃5~15min均可死亡。一般浓度的常用消毒药都可在短时间内将其杀死。但是芽孢的抵抗力很强,室温干燥环境可存活几十年之久。芽孢对碘液、过氧乙酸、升汞及福尔马林敏感,1:2500碘液10min、10%福尔马林15min即可破坏芽孢。

(五)致病力

炭疽杆菌的毒力与荚膜和炭疽毒素有关。荚膜有抗吞噬细胞吞噬的功能,使细菌易于扩散繁殖。炭疽毒素的毒性作用主要增强微血管的通透性,改变血液的正常进行,损害肾功能,干扰糖代谢,最后导致机体死亡。因此,有毒力的炭疽杆菌,必须具备产生这两种成分的能力,失去任何一种成分,都会使毒力减弱以至消失。

二、流行病学

炭疽是一种自然疫源性疾病,也是全球性人畜共患传染病,各种家畜、野生动物对本病都有不同程度的易感性。草食动物最易感,其次是杂食动物,再次是肉食动物,家禽一般不感染,每年病例在2万~10万例。我国炭疽疫情主要集中在西北、西南和东北的部分省份。一年四季都有可能发生疫情,每年6~9月为发病高峰,干旱、洪涝是主要诱因。

主要经消化道、呼吸道和皮肤感染。人和动物主要通过消化道传播,也可通过呼吸道和受损的皮肤接触感染。患病动物和因炭疽而死亡的动物尸体以及污染的土壤、草地、水、饲料都是本病的主要传染源,炭疽杆菌一旦接触空气,就可形成炭疽芽孢,具有极强的抵抗力,被污染的土壤、水源和场地可形成持久性疫源地。大多数情况下,牛、羊等草食动物在吃草时摄入炭疽芽孢引起感染,人接触了感染炭疽牲畜的肉类、毛皮、血液或土壤等污染物而感染。炭疽病呈地方性、季节性流行,多发生在吸血昆虫多、雨水多、洪水泛滥的季节。

三、临床症状

本病潜伏期一般为20d,主要呈急性经过,多以突然死亡、天然孔出血、血呈酱油色不易凝固、尸僵不全、左腹膨胀为特征。天然孔出血多见于羊,牛很少见。

(一)牛炭疽

体温升高常达41℃以上,可视黏膜呈暗紫色,心动过速、呼吸困难。呈慢性经过的病牛,在颈、胸前、肩胛、腹下或外阴部常见水肿;皮肤病灶温度增高,坚硬,有压痛,也可发生坏死,有时形成溃疡;颈部水肿常与咽炎和喉头水肿相伴发生,致使呼吸困难加重。急性病例一般经24~36h后死亡,亚急性病例一般经2~5d后死亡。

(二)羊炭疽

多表现为最急性(猝死)病症,摇摆、磨牙、抽搐,挣扎、突然倒毙,有的可见从天然孔流出带气泡的黑红色血液。病程稍长者也只持续数小时后死亡。

(三)马炭疽

体温升高,腹下、乳房、肩及咽喉部常见水肿。舌炭疽多见呼吸困难、发绀;肠炭疽腹痛明显。急性病例一般经24~36h后死亡,有炭疽痈时,病程可达3~8d。

(四)猪炭疽

多为局限性变化,呈慢性经过,临床症状不明显,常在宰后见病变。

四、病理变化

严禁在非生物安全条件下进行疑似炭疽动物、炭疽动物的尸体剖检。死亡患病动物可视黏膜发绀、出血。血液呈暗紫红色,凝固不良,黏稠似煤焦油状。皮下、肌间、咽喉等部位有浆液性渗出及出血。淋巴结肿大、充血,切面潮红。脾脏高度肿胀,达正常大小的数倍,脾髓呈黑紫色。

五、诊断

根据发病表现,结合过去疫情等,可提出是否可能为炭疽。如疑似为炭疽时禁止剖解。一是将血液、病变组织和淋巴结做成涂片,在显微镜细菌检查时观察是否有炭疽杆菌;二是牲畜的鼻、口腔、肛门等处是否冒出有凝固状态不良或色如煤焦油状的黑色血液;三是检查牲畜有无淋巴结炎、败血脾等症状,并观察出血的部位是否位其于黏膜、浆膜处。使用上述三种方式进行初步的判断,再通过实验室诊断(实验室病原学诊断必须在相应级别的生物安全实验室进行)、镜检、动物接种、串珠实验等方式确认诊断结果。

六、疫情处置

(一)疫情报告

任何单位和个人发现患有该病或者疑似该病的动物,都应立即向当地动物防疫监督机构报告。当地动物防疫监督机构接到疫情报告后,按《农业农村部关于做好动物疫情报告等有关工作的通知》(农医发[2018]22号)要求上报疫情。

(二)疫情处置

我国将炭疽列为二类动物疫病,当出现暴发流行时按一类动物疫病处置。发病地区应按农业部发布的《炭疽防治技术规范》(农医发[2007]12号)要求,采取封锁、扑杀、消毒、无害化处理、紧急免疫接种等措施。尤其要注意,处理污染物品时穿着的防护衣物应焚毁或高压灭菌,接触过污染物品的人员应用抗生素类药物进行预防。

七、防制

要控制炭疽,就要从根本上解决外环境的污染问题,对新老疫区进行经常性消毒,雨季要重点消毒。在实际工作中,有效且易实施的措施有免疫接种、限制放牧、加强饲养管理、做好人员防护等。

免疫接种:炭疽常发地区的草食家畜应每年定期接种炭疽疫苗。通常使用的菌苗包括Ⅱ号炭疽芽孢苗和无毒炭疽芽孢苗。Ⅱ号炭疽芽孢苗适用于牛、羊、猪,一般不引起接种反应,注射后24d可产生坚强免疫力,免疫期1年。无毒炭疽芽孢苗是一株弱毒变种,失去了形成荚膜的能力,但此苗对山羊反应强烈,故禁用于山羊。

放牧管理:牲畜,尤其是草食性牲畜严禁在受到炭疽杆菌芽孢污染的地方(掩埋过尸体的田野、山冈、山谷、水淹地)放牧。

饲养管理:建立健全消毒隔离制度。保持圈舍清洁、干燥及通风。经常清除粪便,定期更换褥草,保持地面清洁。引进动物时须经检疫和隔离观察,确定健康时方混群饲养。加强管理,增强动物自身抵抗力。

人员防护:动物防疫检疫、实验室诊断及饲养场、畜产品及皮张加工企业工作人员要注意个人防护,参与疫情处理的有关人员,应穿防护服、戴口罩和手套,做好自身防护。

第六节 牛海绵状脑病(疯牛病)

牛海绵状脑病(BSE)是由朊病毒引起的牛的一种进行性神经系统疫病。以潜伏期长,病情逐渐加重,终归死亡为特征。主要表现是行为反常、运动失调、轻瘫、体重减轻、脑灰质海绵状水肿和神经原空泡形成。死亡率很高。世界动物卫生组织(OIE)将疯牛病列为必须报告的动物疫病,也是我国《进境动物检疫疫病名录》中的一类动物检疫疫病。2012年,《国家中长期动物疫病防治规划》将其列为重点防范的外来动物疫病。

一、病原学

本病的病原为朊病毒,是一种特殊的具有致病能力的糖蛋白。它是一种特殊的传染性因子,不同于一般病毒,也不同于类病毒,其自身不含有核酸。其主要以两种形式存在于细胞中,即细胞型和异常型。细胞型通常没有感染性,而异常型具有感染性。感染本病毒后病畜机体不会产生相应的抗体,病毒在机体中分布广泛,尤其是在脑中病毒含量最高。病毒对热、辐射、酸碱和常规消毒剂有很强的抗性,患病动物脑组织匀浆经134℃~138℃高压灭菌60min不完全使其灭活,对实验动物仍有感染力。其在浓度为20%的福尔马林中可以存活超过2年。用高浓度的氢氧化钠、苯酚及次氯酸钠等浸泡1h以上,反复3次即可灭活。任何有BSE症状的牛均不应食用或作饲料,将其消灭最好的办法是焚烧。

二、流行病学

本病的传染源是感染痒病的羊和患有疯牛病的牛，以及一些隐性带毒的羊或牛。传播途径为消化道传播，主要是动物采食了含有羊痒病或疯牛病病原因子的骨肉粉后在消化道内感染发病，还可以通过直接接触病牛口部和肛门分泌物造成传播。本病对多种动物均有易感性，对人也能够感染。感染动物时与性别、品种以及一些其他因素无关，但奶牛的发病率稍高，尤其是黑白花的奶牛。本病的潜伏期较长，通常可以达到5年以上。通常情况下，3~11年的牛均可感染发病，但以4~6年的牛发病率最高。犊牛的感染率最高，是成年牛的3倍左右。

三、临床症状

牛在感染后病程通常在14~180d。主要表现为中枢神经系统的症状。病牛可见精神亢奋、烦躁、对周围的刺激非常敏感，具有异常行为，其在受到刺激后常表现为具有显著的攻击性、行走不稳、会突然摔倒，有时可见其低头呈痴呆状，不停地磨牙，所以通常将其称之为"疯牛病"。有些病例发病严重还出现抽搐和肌肉震颤等情况。奶牛的产奶量急剧下降。听觉失常，病牛会一直向前走。病牛采食量通常没有明显变化，粪便变的坚硬，体温会有一些上升，呼吸和脉搏次数增加。病牛最终由于衰竭而亡。

四、病理变化

本病的病变通过肉眼观察不太明显，主要是通过组织学检查。病理变化表现在中枢神经系统的灰质空泡化。神经树突和轴突结合部位也出现了空泡。脑干的灰质发生了双侧性的海绵状变性。

在脑干的一些神经元也会出现有浆泡内的大空泡。神经纤维网也会有呈现对称性的一些空泡分布，多呈现圆形和卵圆形。

五、诊断

动物摄取被本病毒污染的饲料而被感染，潜伏期为4~6年。确诊需要通过脑组织病变检查。尤其是脑干神经元和神经纤维网的空泡是诊断的重要检查部位。也可以通过检查延髓孤束核和三叉神经脊束核的空泡来进行本病的诊断，具有极高的准确率，通常可以达到99%以上。还可以通过动物实验进行诊断。但是本病不能使用传统的免疫血清学方法来进行诊断，由于朊病毒在感染牛后并不会引起炎症反应和免疫应答，在血液中不会有针对本病的抗体存在。

六、防制

本病没有特效治疗药物和疫苗。一旦发病，应按规定捕杀和销毁病牛和可疑病牛，严禁宰杀和出售病牛及其制品，其产品也不可以制作动物饲料。

未发病国家应加强反刍动物及其产品进口管理和监测工作，禁止从发病国家进口活牛、牛肉及其制品、牛精液、胚胎和肉骨粉等；加强疯牛病风险评估和反刍动物及其产品进境检疫，协调有关部门加大打击反刍动物及其产品走私力度，加强反刍动物及其产品进境后管理；严格反刍动物饲料监督管理，加强生产和源成分管理；严格动物卫生监管，加强动物检疫申报和产地检疫制度，一经发现疑似病牛立即进行隔离，上报，按要求进行处理，如立即剖检，采集脑组织进行病理组织学检查，对符合牛海绵状脑病病理组织血变化标准的，应对接触的牛只全部无害化处理，对尸体进行焚烧或深埋至3m以下。

第七节　羊接触传染性脓疱性口炎

羊传染性脓疱(羊口疮),是由传染性脓疱病毒引起的绵羊和山羊的一种急性接触性传染病,以羔羊、幼龄羊发病最多。其特征为口、唇、舌鼻、乳房等处的皮肤和黏膜形成丘疹、水疱、脓疱、溃疡和结成疣状厚痂,可感染人。羊口疮病毒可以感染各种年龄、性别、品种的羊,但3~6月龄的羔羊更易感且症状严重。圈舍潮湿和拥挤,饲喂带芒刺或尖硬的饲草,均可促使本病的发生。目前羊口疮在世界范围内广泛流行,如美国、英国、澳大利亚、俄罗斯及南非国家。我国新疆、内蒙古、青海、甘肃、西藏、四川、云南等多个省区广泛流行。

一、病原学

羊口疮病毒属于痘病毒科、副痘病毒属,病毒粒子呈椭圆性,长度为250~280nm,宽度为170~200nm,通常体积略小于痘病毒,表面呈线团状,即具有特征性的编织螺旋结构。病毒粒子具有两种形态,分别是C形和M形,且彼此能够互变,如在有机溶剂或者碱性溶液中的M形粒子,其失去表面结构后即可变成C形粒子。其中C形呈光滑的球形,M形呈特征性的羊毛球状。一般来说看,大部分是M形,C形通常存在于人工感染的病料中。羊通过唇、口腔、足端的皮肤或者外阴部黏膜的损伤感染病毒后,病毒可在以上部位的上皮细胞中大量繁殖,导致上皮层的角质化细胞快速增生、膨大、空泡化,引起网状组织发生恶化等。随着表皮逐渐浮肿、毛细血管增生,诱使机体产生血管内皮生长因子;血管内单核细胞和淋巴细胞渗透至外周,形成嗜碱性胞浆内包涵体,且最后发生液化,从而出现水泡,接着由于嗜中性粒细胞转移到网状组织坏死区,就会出现脓疱。当表面的上皮细胞发生坏死,纤维蛋白逐渐凝结,脓疱干燥后即可出现痂块,其脱落后不会遗留疤痕,而是变成再生皮肤。

二、流行病学

传染性脓疱病毒为羊口疮病的源头,而由于该病毒对温度变化具备一定敏感性,因此羊群很容易在每年的3~6月感染羊口疮病,成年羊发病的情况较为少见。虽然春秋两季羊口疮病发病率相对较高,但羊在一年四季中均可能感染羊口疮病。由于传染性脓疱病毒的环境抵抗力较为优秀,因此一旦出现羊口疮病,未来几年内均可能出现羊口疮病感染问题,羊口疮病对羊养殖业威胁的严重程度可见一斑。

三、发病机理

多种原因均可能引发羊口疮病,主要有外在因素感染、接触感染、饲养管理存在问题。外在因素感染指的是没有检疫条件的养殖场忽视种羊引进环节的检疫工作,患有羊口疮病的病羊进入羊群,很容易导致羊口疮病的大面积传播;接触感染指的是患有羊口疮病的病羊接触健康羊群引发的感染,健康羊只携带传染性脓疱病毒也可能导致直接性感染的出现。此外,病羊的皮毛、尸体及接触过的用品,如未能得到彻底的消毒处理,也可能成为传染性脓疱病毒的传播媒介;饲养管理存在问题主要表现为饲料营养不均衡、圈舍清洁不到位,这类传统养殖方式往往会导致羊群抵抗力弱、体质较差,感染羊口疮病的几率会因此大幅提升。此外,采食过程中的羊群如被垫草或草料刺伤,在护理不到位的情况下同样会为传染性脓疱病毒的入侵提供便利,由此引发的羊口疮病必须得到重视。

四、临床症状

传染性脓疱病毒主要侵入病羊暴露的体表皮肤黏膜部位,基于病羊的具体发病部位,羊口疮病可细分为四种类型,分别为口唇型、乳房型、外阴型、蹄型,部分病羊也可能出现混合型临床表现,羊口疮病的潜伏期一般为2~7d。口唇型羊口疮病最为常见,嘴唇和口腔外侧黏膜为主要病灶部位,鼻镜部、口角处最为明显,一般表现为散在的红色斑块,随着时间推移会逐渐形成结节样丘疹,绿豆大小,并随之发展为水疱。因外力刺破或磨破后,水疱会结痂,引发局部疼痛,病羊的肌肉活动、采食均会受到影响。如羊口疮病进一步恶化并引发继发感染,将出现长时间不愈合的伤口,严重时会出现化脓、全身感染。乳房型羊口疮病会导致病羊乳房出现红斑、脓疱或水疱,一般为米粒或黄豆大小,主要集中在乳房的后沟皮肤上或靠近乳头位置。由于含有大量病毒,羔羊吮吸病灶部位时将导致自身口唇受感染。由于脓疱在病灶处可相互融合,病羊的病灶区将因此不断扩大,结痂后病羊会在初期形成淡黄色的较薄痂皮,逐步发展为呈棕黄色的较厚痂皮,但在物理刺激如挤奶动作的作用下,病羊的痂皮破裂,导致肉芽组织增生,形成菜花样突起,外阴型羊口疮病的病灶集中于病羊外阴处,公羊阴茎头部会因此出现水疱和溃疡,并导致阴鞘肿胀,肛门处也出现。母羊的阴唇、阴道黏膜处会出现脓疱或水疱,大小不一,局部肿胀,溃疡灶会在破裂后形成,疼痛会直接影响病羊的分娩与配种,阴道口此时会不断流出脓性分泌物或黏性分泌物。蹄型羊口疮病主要会对绵羊造成侵害,脓疱、水疱一般会出现于病羊四肢或一侧蹄的蹄叉、蹄冠,局部性溃疡会在破裂后形成,导致其步态不稳、跛行、卧地不起,严重的会导致机体衰竭,并造成病羊死亡。

五、诊断

(一)前期诊断

1.唇型

在感染这类疾病之后,病羊的口角和唇部会出现红色斑点,慢慢形成丘疹和结节,进一步发展之后,会变成水疱和脓疱,在破损之后会结痂。

2.蹄型

这类症状一般在绵羊身上比较常见,水疱和脓疱会出现在绵羊蹄叉周围,在破损之后很容易出现溃烂,影响绵羊的正常走路。较为严重时,绵羊无法走路,会处于长期跪地的状态。

3.外阴型

这种症状发生的概率比较小,母羊在感染这类疾病时,阴道分泌黏稠性分泌物,会阴部位发生溃烂,乳头附近的皮肤也会出现疱疹。公羊在感染这种疾病时,阴鞘肿胀,阴茎表面会出现水疱和脓疱,严重时会出现溃疡症状。

(二)血清学诊断

对病羊的血液进行检测,一般会使用间接ELISA实验,以此确定病羊血清中是否存在这类病毒。

(三)病原学诊断

应用这种诊断方法时,是对羊身上的水疱和脓疱部位细胞进行培养,也可以采用病毒分离的方法来确定羊只是否感染这类疾病。

六、防制

坚持以预防为主,对症治疗为辅,特别应注意控制继发感染。

(一)预防措施

养殖人员做好清洗与消毒圈舍环境的工作,为防止产生耐药性,应采用两种以上的消毒药物,打扫和消毒一般采用每周一次的频率,如确定羊口疮病已经出现,则需要针对性提高频次;加强饲养管理水平即围绕优质牧草提供展开,并尽量避免喂食坚硬或带刺的牧草。还应加强对羊群的观察,尽可能早地发现疑似病羊并进行隔离处理,配合对圈舍进行彻底消毒,可有效实现对羊口疮病的控制;预防接种和无害化处理需基于当地羊口疮病流行情况,并结合自身养殖实际针对性地制订免疫程序,如采用羊口疮弱毒细胞冻干苗进行免疫,对象为15日龄以上羊只,疫苗免疫期为5个月。

对患有羊口疮病的病羊,应进行无害化处理,避免羊口疮病因处理不当而扩散。在羊口疮病出现后,饲养者需完全粉碎处理秸秆性饲料,并无害化处理病羊圈舍的饲料、垫料及其脱落的痂皮。也可采用1%醋酸溶液、10%石灰乳、2%氢氧化钠溶液进行圈舍墙壁、饮水槽、饲槽、地面、饲养用具的全面消毒,应连续消毒1周,每天消毒2次,彻底控制住羊口疮病后,频次可降至每周2次。

(二)治疗措施

首先隔离病羊,对圈舍、运动场进行消毒。将病羊口唇部的痂垢削除干净后,用淡盐水或0.1%高锰酸钾充分清洗创面,然后涂上混有病毒灵和VB_2的红霉素软膏或碘甘油,2次/d;病毒灵0.1g/kg,1次/d,连用3d;青霉素钾或钠盐4~5mg/kg,1次/d,连用3d;间隔2~3d进行第2个疗程。对于不能吮乳的病羔,应加强护理,进行人工哺乳。

第八节　羊　　痘

羊痘又称"羊天花",为羊痘病毒感染而诱发的急性、热性、传染性疾病。此病发病率高,造成的危害大,可导致母羊流产、羔羊高致死率。同时,有继发感染其他病害的可能,严重影响养羊经济效益。属人畜共患病,世界动物卫生组织将羊痘病定义为A类传染疾病。

一、病原学

羊痘病毒为痘病毒科、脊索动物痘病毒亚科、羊痘病毒属,主要包括绵羊痘病毒、山羊痘病毒。羊痘病毒呈线性双股DNA,是有囊膜的双股DNA病毒中唯一能够在细胞浆内复制的病毒,是一种对乙醚敏感的亲上皮性病毒,大小约为150~250μm,大量存在于皮肤和黏膜的脓疱、丘疹及痂皮内,痘病毒还存在于鼻黏膜及分泌物中。在发病初期及体温上升时,血液中也存在大量的痘病毒。

二、流行病学

根据病原不同分为山羊痘病毒与绵羊痘病毒,二者具有明显的宿主嗜性,不发生交叉感染,自然感染情况下,绵羊痘只发生绵羊而不传染山羊。山羊痘只感染山羊,而不感染绵羊。此病传染源为病羊或带毒羊,传播经呼吸道、破损黏膜、皮肤等途径。或者被病毒污染的用具、饲料、垫料等都将成为此病传播的主要传染媒介。比较而言,绵羊痘的危害最大,可造成羔羊高发病率和致死率,妊娠母羊感染多数流产。可以感染各种年龄、性别、品种的羊,但羔羊、泌乳羊及老年羊更易感且症状严重。另外,印度、瑞典和中国都有人类感染羊痘的报道。感染率达75%~100%,死亡约10%~58%。我国是羊痘高发区,全国范围内均有本病发生。

三、临床症状

潜伏期一般为6~8d,体温骤升至41℃~42℃。按照发病过程大体可分为前驱期、发痘期、化脓期和结痂期等四个阶段。

(一)绵羊痘

诊断要点:病羊体温突然升高,可达41℃~42℃,呈高热状,精神萎靡不振,食欲明显降低,眼结膜呈潮红色,鼻腔流出浆液性、黏液性或脓性分泌物,呼吸急促、脉搏频率提高,症状持续1~2d后长出痘疹。通常羊头部、眼睛四周、唇、鼻、颊、腿部、尾腹侧、乳房以及阴囊、包皮等皮肤无毛或少毛处易出现痘疹。最初表现为红斑,之后形成丘疹,突出皮肤表面,随时间逐渐变大,呈现灰白色或淡红色、半球状的隆起结节;几日之内结节会变成水疱,其内容物由类似淋巴液状逐步变成脓性;脓疱破裂后,如果不出现继发感染,会在数日内干燥成棕色的痂块;当痂块脱落时会留下红色的斑块,之后颜色逐渐变淡并痊愈。除上述常见症状,部分病羊还可能发生融合痘(臭痘)、出血痘(黑痘)、石痘(结节增大硬固,不变成水疱)、坏疽痘等其他非典型的恶性经过,病死率可达20%~50%。羊剖检之后,常在气管黏膜、肺部、肾脏、瘤胃壁等处发现痘疹。

(二)山羊痘

患病羊只体温明显升高,可达40℃~42℃,几乎无食欲,精神萎靡不振,常见屈身拱背、身体发抖或呆立,有的伴随伏卧,鼻孔闭塞,呼吸快而急迫。痘疹多发生于面部、口唇、尾根、阴唇、乳房、肛门周围、阴囊及四肢内侧等部位,有时也会发生于头部、腹部及背部的毛丛中,痘疹的大小不一,多呈圆形的红色结节或丘疹,短时间内形成水疱、脓疱及痂皮,一般经3~4周,痂皮会自动脱落。临床案例表明,山羊痘可并发消化道、呼吸道以及关节炎症,严重时还会引起脓毒败血症而死亡。临床上幼羊发病较多,为典型痘疹。剖检之后,气管、肺、胃、肾等有特征性痘疹。

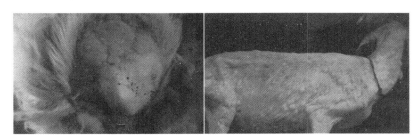

图4-2　患畜皮肤痘斑

四、剖检变化

咽喉、气管、支气管和肺脏表面出现大小不一的痘斑,有时在

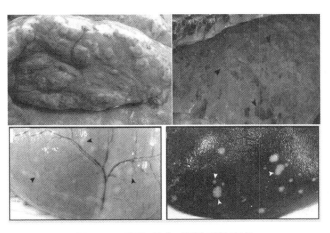

图4-3　呼吸、消化、肾脏系统痘斑

咽喉、气管可见痘斑破溃形成溃疡,而在肺脏可见有大片的肝变区,还可观察到紫红色或黄色圆形痘斑,直径0.3~0.5cm,心外膜有大头针大小的出血点和较大的出血斑。瘤胃和皱胃黏膜上有大量白色的痘斑。肾脏上有多发性灰白色结节出现。

五、诊断

上述流行病学特点、临床症状、剖检变化等可作为此病初诊的重要判断依据。确诊需要结合实验室检查,取丘疹组织,经切片置于载玻片,经过染色固定后,通过显微镜观察,明显可见病毒包涵体,进而确诊此病。

六、防制

尚无特效治疗方法。主要以预防为主、对症治疗为辅,特别应注意控制继发感染。山羊痘鸡胚化弱毒疫苗用于预防山羊痘和绵羊痘,免疫期可持续1年。

(一)严格加强羊的引进管理

养殖场在引进种羊时要选择有资质的未有过该病疫情的地区进行引种,同时还要对种羊进行流行病学调查。种羊引进途中确保通风换气,降低它们的应激反应,夏季应避暑,冬季要保暖。养殖场在种羊引进后也要及时申报检疫,同时隔离养殖一个月进行观察,逐步改变它们的饮食结构,如果一直没有任何异常,养殖场才可以将它们混群饲养。

(二)封锁消毒

怀疑病羊感染后,要立即上报当地动物疫病防疫部门。根据实际疫情,进行严格的封锁隔离,采取有效的应急措施,以尽快抑制疫情蔓延。对于没有治疗价值的病羊,要及时进行扑杀处理,且尸体要先进行彻底消毒,然后才可进行深埋。另外,病羊污染的圈舍、器具等也要进行全面消毒,还要及时清除羊圈内残留的垫料、粪便等。

(三)严格检疫

周边羊群要加强普查,对于假定健康羊群要采取圈养,短时间内不允许放牧。及时注射羊痘弱毒苗,增强机体抗病力。另外,周边限制羊以及产品的调运,加强产地检疫和市场检疫,直至最后一只病羊痊愈或者采取无公害化处理后,才可将封锁解除。

(四)实行全覆盖预防接种

一方面,疫区要采取强制免疫计划,即每年春秋季节都要有计划、有组织地免疫注射羊痘疫苗;另一方面,要采取科学免疫,保证免疫效果良好。要求按照羊痘疫苗免疫注射规程严格操作,加强疫苗保管,注意正确使用,保证剂量准、方法准、部位准,使免疫效果提高。

第九节　马　鼻　疽

马鼻疽是由鼻疽伯氏菌引起马、驴、骡等马属动物的一种接触性人畜共患病。世界动物卫生组织(OIE)将该病列为 B 类疾病,我国规定为二类动物疫病。鼻疽伯氏菌以前称为鼻疽假单胞菌,我国习惯称为鼻疽杆菌,曾被分类归属于斐弗菌属、吕弗勒菌属、鼻疽杆菌属或放线杆菌属等。

一、流行病学

马鼻疽主要感染马属动物,无品种、年龄、性别差异,一年四季均可发生,天气寒冷时发病率较高,一定条件下人也可感染。主要经消化道、呼吸道和生殖系统传播,吸血昆虫、外伤、乳汁也可传播本病。病畜及其鼻分泌液、咳出液、溃疡脓液、污染的饲料和饮水是主要传染源。本病多呈慢性或隐性经过,一旦在某一区域或马群中发生,若不及时采取防控措施,疫病就会长期存在。在马匹密集饲养、交易市场、赛马场、旅游景区等地方,当饲养管理不善、过劳、疾病或长途运输等应激因素刺激时,可呈暴发性流行,引起大批马匹发病死亡。该病的潜伏期平均为30~45d,最短14d,最长270d。

二、临床症状

(一)初期症状

马鼻疽的潜伏期较长,可达半年之久。初期症状表现为体温无规则升高、伴下淋巴结肿大、鼻腔鼻疽可见流出脓液、部分鼻腔黏膜上有红色溃疡。部分溃疡在未坏死时,呈灰白色结节,溃疡会随着时间越来越大,因而病毒会加快扩散速度。鼻疽也常见于四肢、胸侧和腹下,结节沿淋巴管径路向附近组织扩散。病毒扩散到后肢时,受马鼻疽杆菌感染,后肢会明显变肿。病菌会导致多处结节形成油脂样溃疡,伤口愈合很困难。

(二)急性马鼻疽临床症状

急性马鼻疽在发病几天后,马的鼻孔里有脓液,同时伴随突发性高热。另外,马精神不振,食欲迅速减退,逐渐消瘦。随着患病时间的增加,结节迅速坏死,有不同程度溃疡,鼻黏膜肿胀,声门水肿,后期马的呼吸非常困难,经常咳嗽,时发干性短咳,鼻孔里有带血的黏液,身体其他器官也会出现明显的肿胀。绝大部分病例排出带血的脓性鼻汁,并沿着脸部、四肢、肩、胸、下腹部的淋巴管,形成索状肿胀和串珠状结节,索状肿胀常破溃。患畜食欲废绝,迅速消瘦,经7~21d死亡。

(三)慢性马鼻疽临床症状

感染马多为慢性马鼻疽,表现症状为鼻孔有脓液流出、鼻黏膜糜烂、前驱及四肢可见结节等,随着患病时间增加,脓液越流越多,结节逐渐形成溃疡,溃疡反复最后慢慢自愈,且可形成放射性瘢痕。马在发病一段时间以后,食欲下降,显著消瘦,最后死于病情恶化。有的病例症状不是很明显,病畜常常表现为不规则地发热,呼吸困难,短咳不止。另外,潜伏性马鼻疽也可能存在多年而不发生可见的病状。据数据显示,潜伏性病例也可能自行痊愈。

三、诊断

(一)临床诊断

患畜体温39.5℃~41℃,颌下淋巴结肿胀,有硬结,无热、无痛、不可移动。鼻腔鼻疽黏膜有结节、溃疡、星状瘢痕。有浆性、脓性带血腐臭鼻液,呼吸困难。肺鼻疽呼吸增数,听诊有干、湿啰音,叩诊有浊音、半浊音、破壶音。皮肤鼻疽在四肢胸腹下(以后肢为多)发生沿淋巴管形成串珠状肿胀并成为橡皮腿。急性鼻疽还有红细胞及血红蛋白减少、血沉快,可视黏膜轻度充血和黄染。

(二)鼻疽菌素点眼实验

鼻疽菌素点眼实验是我国规定检疫马鼻疽的方法,该方法属于变态反应。主要步骤为提纯马鼻疽菌素,用生理盐水稀释,点入眼结膜正常的一只眼内(多为左眼),另外一只作对照,3、6、9、24h

到场进行检查,眼结膜发炎、浮肿明显,眼内有脓液,或有灰白黏液眼中混有脓性,判为阳性;眼结膜潮红,有弥漫性浮肿和灰白色粘液性(非脓性)眼,判为可疑。6d后还需再次进行实验,如还为可疑则判为阳性;眼结膜没有反应或轻微充血和流泪判为阴性。该方法操作简单易行,特异性高,对急性、慢性马属动物都有较高的诊断价值,适用于大批马属动物的常规检疫。

(三)血清学检测

血清学检测主要包括鼻疽补体结合反应、间接ELISA方法,通过颈静脉采集、分离血清,检测待检血清中马鼻疽抗体效价或OD值,判断是否为马鼻疽感染。间接ELISA方法在目前已属于常规实验室检测技术,各级兽医实验技术人员均能熟练掌握与运用该项技术,该方法使用的仪器设备均在各级兽医实验室配套完善,马鼻疽抗体ELISA试剂盒在市场中均有销售。通过间接ELISA方法检测马属动物血清中马鼻疽抗体是否存在,具有操作简单、时间短、结果受人为因素干扰少、在普通兽医实验室内即可完成等优点性。

(四)聚合酶链式反应(PCR)

聚合酶链式反应可以直接从血液的白细胞层、病变组织或者结节中检测出细菌。PCR可以通过特异性的引物对细菌基因进行扩增,从而实现对马鼻疽的鉴别诊断。16SrRNA基因序列可以实现马鼻疽及类鼻疽等病原的快速鉴别。

四、防制

目前尚无有效的马鼻疽疫苗,因而对其防治主要采取控制及消灭传染源的方式。根据国家《马鼻疽防治技术规范》及相关文件规定,定期对所有马匹进行鼻疽菌素点眼实验,严格采取监测、扑杀、消毒、净化等综合防控措施,一旦发现阳性马立即进行扑杀和无害化处理,环境进行严格消毒;加强宣传培训,加大马鼻疽防控知识培训力度,提高群防群控水平。特别是病马治疗后仍会持续带菌和排菌,成为传播马鼻疽的重要传染源,因此禁止对患马鼻疽的动物进行治疗或出售,对净化马鼻疽疾病具有重要作用。异地调动马匹时,应对马匹进行出售前的检疫。调入的马匹应隔离饲养30d确保健康后才可进行混群饲养。人类在接触病畜、病料及其他污染物时应严格按照相关规程进行操作,从而防止遭到感染。

第五章　人畜共患寄生虫病

第一节　包　虫　病

包虫病也叫棘球蚴病,是由带科棘球属和泡球属绦虫的中绦期(绦虫的幼虫)寄生于牛羊等动物及人体的肝肺及其他器官中引起的一种人畜共患的慢性寄生虫病。棘球蚴入侵家畜身体后会导致幼畜生长缓慢,动物生产性能下降,甚至死亡。其终末宿主是狗、狼、狐狸等肉食动物的小肠。中间宿主为羊、牛、猪、马、鹿等家畜,多种野生动物,人是受害者,也属于中间宿主,但是人一般不构成传播链。人和动物的包虫病有棘球蚴病(也叫囊性包虫病)和泡球蚴病(泡性包虫病)两种。人感染包虫病后,早期无明显症状和体征,随着包虫囊肿逐渐增大,会挤压相邻组织器官,从而造成相应病理变化和临床症状。泡型包虫病又被称为"虫癌",具有高度致死性。包虫病是导致我国西部广大农牧区群众"因病致贫、因病返贫"的主要原因之一。

一、病原学

棘球绦虫种类较多,曾先后报道16个种和13个亚种,目前已得到公认的种至少有9个,感染人和家畜的主要有5种,即细粒棘球绦虫、多房棘球绦虫、加拿大棘球绦虫、福氏棘球绦虫、少节棘球绦虫。棘球蚴的形状常常因寄生部位的不同而有变化，一般近似球形，直径5~10mm，由头节和3~4个节片组成，头节上有4个吸盘，顶突上有36~40个小钩，孕节内充满虫卵。不同种棘球绦虫的成虫和幼虫的致病能力、形态、生物学性状都不同，其中细粒棘球绦虫的成虫和幼虫对牧区人畜的危害最严重，在我国主要流行细粒棘球绦虫G1基因型。

（一）细粒棘球绦虫

成虫：细粒棘球绦虫又称单房棘球绦虫。幼虫：棘球蚴又称细粒棘球蚴。所致疾病：棘球蚴病，又称囊性包虫病、囊性棘球蚴病。

（二）多房棘球绦虫

成虫：多房棘球绦虫。幼虫：多房棘球蚴，又称泡球蚴。所致疾病：泡球蚴病，又称多房棘球蚴，亦称泡型包虫病（alveolarechino-coccosis，AE）。

二、生活史

棘球绦虫的终末宿主是犬、狼、狐等，中间宿主是羊、牛、猪和啮齿类兔形目动物等。棘球蚴为棘球绦虫的幼虫，棘球蚴被终末宿主吞食后，其所含的每个原头蚴在终末宿主的肠内发育成熟并随粪便排出虫卵和孕节，可污染动物皮毛和周围的环境。当中间宿主误食虫卵和孕节或者食用了被虫卵和孕节污染的饲料、饮水、蔬菜后，六钩蚴在其肠内孵出，并经肠壁随血液循环进入肝、肺等器官，经过3~5个月发育成棘球蚴。犬等终末宿主食用了感染棘球蚴的中间宿主病变脏器后，棘球蚴在终末宿主体内发育为成虫，从而完成整个生活史。人由于误食虫卵而感染，如人与犬密切接触，其皮毛上的虫卵污染手后经口感染；蔬菜、水果、水源等被犬粪中的虫卵污染,被人误食后可造成间接感染。

细粒棘球绦虫的中间宿主含有原头蚴的脏器被终末宿主(例如犬)采食后,经过消化液作用,原头蚴最后在终末宿主的肠道,经过45d左右发育成熟,随粪便排出虫卵或孕节。虫卵进入中间宿主后,再进入下一个生活史循环。人只是位于中间宿主的生活史环节,偶然被感染致病。终末宿主以犬为主,其次是狐和狼。该类包虫主要以犬作为终末宿主和牛、羊等偶蹄类家畜作为中间宿主。

多房棘球绦虫的生活史与细粒棘球绦虫相似,但以狐狸为主要终末宿主,以鼠等啮齿类动物为主要中间宿主,人位于中间宿主的生活史环节。

三、流行病学

1979年,国际有关组织按人畜棘球蚴感染程度,将世界各国疫情划分为三类流行区:

(一)特高流行区

犬棘球绦虫感染率为15%以上,或家畜棘球蚴感染率高于20%,或人群棘球蚴患病率高于0.3%。

(二)高流行区

犬刺球绦虫感染率为3%~14%,家畜刺球虫幼感染率为3%~20%,人群棘球蚴患病率为0.001%~0.3%。

(三)低流行区

犬棘球绦虫感染率低于3%,家畜棘球蚴感染率3%以下,人群偶有原发性棘球蚴感染。

我国的流行特征:我国是世界上包虫病流行范围最广的国家之一,报告病例涉及的县数已有377个县(市、区)、1913个乡,报告病例的范围呈扩大趋势。报告数据分析显示,包虫病主要分布于青海、西藏、新疆、四川、甘肃、宁夏和内蒙古,包虫病重流行区的面积占我国陆地面积的44.6%,受威胁人口约7000万,推算全国包虫病患者约38万人。是世界上包虫病流行最严重的国家之一。高发流行区集中于高海拔草原地带,是少数民族世居的畜牧业基地。如号称"世界屋脊"的青藏高原的青海和西藏,还有青藏高原边缘地带的四川和甘肃,帕米尔高原上的新疆,云贵高原的云南迪庆,蒙古高原的内蒙古和宁夏边缘等。纵观全国包虫病区域分布呈"北高南低,西高东底"特点,有从东向西递增的趋势。

四、诊断与检测

(一)临床普通诊断

根据临床症状和流行病学提出怀疑。物理学诊断是诊断包虫病的重要手段,如X线、B超、同位素扫描、CT和核磁共振等技术,可提高包虫囊肿的发现率,并有助于鉴别诊断,能提高诊断效果,也适于现场调查,但一般多用于人包虫病的诊断。

(二)实验室诊断

1.中间宿主的诊断与检测

常用的诊断和检测方法有皮内变态反应、微量间接血凝实验、酶联免疫吸附实验、分子生物学方法和剖检法。剖检法是金标准,通过观察和鉴定棘球包囊及原头蚴的形态结构可确诊,尤其对家畜包虫病的检查是不可缺少的诊断手段。

2.终末宿主的诊断与检测

有犬粪虫卵检查法、氢溴酸槟榔碱下泻法、粪抗原ELISA检测法、分子生物学方法和剖检法。剖检法是金标准,通过观察和鉴定棘球绦虫的形态结构可确诊。犬氢溴酸槟榔碱下泻法、粪便虫卵检测法、粪抗原ELISA法、粪便DNA检测4种方法的检出率远远低于剖检法。

五、对畜牧业生产的危害

据农业部门流行病学调查数据推算,全国每年患包虫病的家畜 5000 万头以上,每年因家畜死亡和脏器废弃造成的直接经济损失逾 30 亿~50 亿元。

六、包虫病综合防控技术

包虫病的防控是一项长期而艰巨工作,依据《传染病防治法》和《动物防疫法》等法律法规,坚持政府主导、加强宣传、提高认识,联防联控、群防群控。包虫病防控要采取预防为主的策略,核心是要切断包虫病的传播链。从根本上,要全面控制包虫病,就要从控制传染源入手,从源头治理。

(一)切断传染源

切断病原在犬和家畜之间的传播链,阻断虫卵播散,预防人、畜感染。做好终末宿主犬的驱虫、犬粪无害化处理和流浪犬的管理。

1.犬的驱虫

家养犬采用吡喹酮进行"月月驱虫、犬犬投药",将驱虫药物放在肉馅或其他犬喜食的食物内,服药前 12h 将犬拴住禁食可以提高药物吞服率。

2.犬粪的无害化处理

吡喹酮对虫卵没有杀灭效果,驱虫后排除的虫卵仍有活性,必须做好驱虫后犬的管理工作,在给犬驱虫时一定要把犬拴住,以便收集排出的虫体与粪便,收集驱虫后 3~5d 内的粪便进行焚烧或掩埋等无害化处理。

3.做好流浪犬的管理

政府要统一部署,依靠县、乡政府和村干部,做好野犬的管理工作。对流浪犬进行捕杀、集中收容、集中驱虫等措施。

(二)做好中间宿主羊的免疫

采用羊基因工程亚单位疫苗开展羔羊的免疫。狗的感染主要来源于羊的患病组织器官,狗棘球绦虫中的80%来源于羊包虫。包虫病基因工程亚单位疫苗的研制成功为包虫病防治开辟了新的技术措施和手段,解决了在流浪犬多且管理难、其他野生终末宿主无法控制的情况下,家畜包虫病难以防治的技术难题。

通过对羊的免疫,使主要的中间宿主的病原生物量得到大幅度的降低,阻止了流浪犬吃到患病脏器,从而阻断包虫病的循环链。

疫苗与剂量:羊棘球蚴(包虫)病基因工程亚单位疫苗,颈部皮下注射,每次1ml。

免疫程序:对新生羔羊在8周龄左右进行首免,首免后1个月进行第二次免疫,间隔12个月进行了第三次免疫。

(三)加强屠宰管理和检疫监督

对流行区内存在的各种形式的屠宰必须实行监督管理,严禁私屠乱宰,要加强无害化处理设施设备建设,对牛、羊、猪等中间宿主患病器官进行无害化处理,严禁在厂区养犬,禁止有包虫的脏器随意抛弃和喂犬,做好病死动物尸体的无害化处理。

(四)加强灭鼠工作

高原鼠兔、田鼠等啮齿类动物也是包虫病的中间宿主,尤其在泡型包虫病传播中起着重要的作用。因此,畜牧部门在进一步加强草原灭鼠的同时,要强化对城镇周边、乡村牧民居住地周围的灭鼠工作。

(五)包虫病的防控意义和可行性

加强对包虫病的防控能有效减少由于该病引起的动物死亡、脏器废弃等情况的发生,有助于减少该方面的经济损失,且有助于改善动物的生产性能,使得毛、肉、奶的产量均能得到提高,促使畜牧业持续健康发展。加强对包虫病的防治可减少人感染包虫的机率,可降低人群中该病的发病率和病死率,有助于维护人的身体健康。人患包虫病后,其工作、生活会受到严重影响,因此,需要做好包虫病的防治工作,以减轻该病的危害。

(六)加强宣传教育,强化专业技术培训

应该根据地方动物疫病控制机构的安排,对包虫病防治的相关技术人员进行定期培训,通过集中培训提升技术人员的专业水平,使其治疗能力得到有效的提升,同时还要对所在区域的群众加强健康教育宣传,使其能够认识到包虫病对于自身生产、生活的危害,并掌握相应的防治知识,使其在患有包虫病的情况下,能够具有较高的治疗依从性,从而达到有效防治包虫病的目的。

提高认识是防治包虫病的关键,畜牧兽医部门要进一步加强防治知识的宣传工作,提高养殖场(户)对包虫病的认识水平。各医疗卫生和动物防疫部门,要逐级开展包虫病防治知识的培训,提高专业技术队伍的防控知识和防控水平。

要全面控制包虫病,必须遵循"预防为主"的原则,从源头治理,铲除包虫病的"根",切断包虫病传播的链。

七、包虫病对人的危害

包虫病患者手术后容易复发,多发病灶病人一生历经6~8次手术而不愈,对棘球蚴病患者及亲属造成疾病、精神和贫困三重压力。世界卫生组织相关资料表明,未经治疗的泡型包虫病患者10

年病死率高达94%,因此,包虫病也被称为人类第二癌症(虫癌)。目前,包虫病已经成为了一个地区重大病,也有人叫"落后病"。

第二节 弓形虫病

弓形虫病是由龚地弓形虫引起的人和多种温血脊椎动物共患寄生虫病,呈世界性分布。虫体寄生于宿主的多种有核细胞中,对不同宿主造成不同形式和不同程度的危害。可引发感染动物的急性发病甚至死亡,或导致流产、弱胎、死胎等繁殖障碍,成为无症状的病原携带者;弓形虫感染人不仅会引起生殖障碍,还可引起脑炎和眼炎。

一、病原学

龚地弓形虫隶属于真球虫目、艾美耳亚目、弓形虫科、弓形虫属。龚地弓形虫只有一个种、一个血清类型,但因其在不同地域、不同宿主的分离株的致病性有所不同而分为Ⅰ、Ⅱ、Ⅲ型。弓形虫在其全部生活史中可出现数种不同的形态。

速殖子又叫滋养体。呈香蕉形或半月形,平均大小为$1.5\mu m \times 5.0\mu m$。经姬氏或瑞氏染色后胞浆呈蓝色,胞核呈紫红色。主要出现于疾病的急性期,常散在于血液、脑脊液和病理渗出液中。

包囊也叫组织囊。呈卵圆形或椭圆形,直径$5\sim100\mu m$,囊壁为富有弹性、坚韧,内含数个至数千个虫体,亦称缓殖子,形态与速殖子相似。包囊可长期存在于慢性病例的脑、骨骼肌、心肌和视网膜等处。

裂殖体见于终末宿主肠上皮细胞内,呈圆形,直径12~15μm,内有4~20个裂殖子。游离的裂殖子大小为(7~10)μm×(2.5~3.5)μm,前端尖,后端钝圆。

配子体见于终末宿主。裂殖子经过数代裂殖生殖后变为配子体,一种为大配子体,一种为小配子体。小配子体可形成许多小配子,大配子体只形成1个大配子。大小配子结合形成合子,合子形成卵囊。

卵囊呈圆形或椭圆形,大小为(11~14)μm×(7~11)μm。新鲜卵囊未孢子化,孢子化卵囊含2个孢子囊,每个孢子囊内含4个新月形子孢子。见于猫及其他猫科动物等终末宿主的粪便中。

二、生活史

弓形虫活可分为肠内阶段和肠外阶段,肠内阶段只出现于终末宿主体内,肠外阶段可出现于终末宿主和中间宿主体内。

猫或猫科动物经口感染了卵囊、包囊,其内子孢子和缓殖子在小肠内逸出后侵入肠上皮细胞,经过裂殖生殖和配子生殖后形成卵囊,卵囊随粪便排出体外,在适宜条件下经2~4d发育为具有感染性的孢子化卵囊。当中间宿主吞食了孢子化卵囊和组织内包囊时,其内的子孢子和缓殖子在小肠释放,或通过口、鼻、咽、呼吸道黏膜、眼结膜和皮肤侵入中间宿主体内的滋养体,均进入淋巴、血液循环,被带到全身各脏器和组织中侵入有核细胞,以二分裂法分裂繁殖;形成的假包囊破裂后,释放出速殖子侵入新细胞,重复分裂繁殖过程,如果虫株致病性强、宿主免疫力低下时,虫体迅速分裂、大量繁殖,引起急性弓形虫病;当虫株致病性低且宿主免疫功能正常时,部分速殖子侵入宿主细胞后,特别是脑、眼、骨骼肌的虫体增殖速度减慢,形成囊壁而成为包囊,包囊在宿主体内可存活数月、数年或更长。

三、流行病学

弓形虫的全部发育过程需要两个宿主，在终末宿主肠上皮细胞内进行球虫型发育，在各种中间宿主的有核细胞内进行肠外期发育。猫及猫科动物是弓形虫的终末宿主，其他脊椎动物（家养动物、野生动物，海洋哺乳动物以及猫科动物）和人均为中间宿主。本病主要危害中间宿主。

（一）感染来源与途径

各种动物感染弓形虫后都是弓形虫病重要的传染源，病畜和带虫动物的血液、肉、乳汁、内脏、分泌液以及流产胎儿、胎盘及羊水中均有大量弓形虫的存在，如果外界条件有利则成为其他动物和人的传播来源；猫粪便中的卵囊污染饲料、饮水或食具，是人、畜感染的另一重要来源。一般情况下经口感染，滋养体还可通过黏膜、皮肤侵入中间宿主体。怀孕动物和人体内的弓形虫可以通过胎盘将其体内虫体传给胎儿。

（二）易感宿主

已经发现200多种温血动物和人能够感染弓形虫，包括猫、猪、牛、羊、马、犬、兔、骆驼、鸡等畜禽和猩猩、狼、孤狸、野猪、熊等野生动物，是弓形虫的中间宿主；猫科动物是其终末宿主。

（三）流行现状

弓形虫病呈世界性分布，温暖潮湿地区人群感染率较寒冷干燥地区为高。弓形虫病严重影响畜牧业发展，对猪和羊的危害最大，我国猪弓形虫病流行十分广泛，全国各地均有报道，发病率可高达60%以上；羊弓形虫病感染也较为普遍，羊血清抗体阳性率在5%~30%。其他多种动物（牛、犬、猫及多种野生动物等）都有不同程度的感染。人的感染也较为普遍,世界人口中有1/4为血清阳性,我国人群平均血清抗体阳性率为6%左右。

四、临床症状与病理变化

猪弓形虫病可呈急性发病经过。病猪突然废食,高热稽留,精神沉郁,食欲减退或废绝,便秘或腹泻,呕吐,呼吸困难,咳嗽,肌肉强直,体表淋巴结肿大,耳部和腹下有瘀血斑或较大面积发绀。孕猪发生流产或死产。慢性感染的猪或耐过病猪生长发育受阻。

成年羊多呈隐性感染,临诊表现以妊娠羊流产为主。在流产组织内可见有弓形虫速殖子,其他症状不明显。流产常出现于正常分娩前4~6周。产出的死羔羊皮下水肿,体腔内有过多的液体,肠管充血,脑部(尤其是小脑前部)有泛发性非炎症性小坏死点。多数病羊出现神经系统和呼吸系统的症状。

其他动物如果发生急性感染也可能出现急性热性病的全身症状,隐性感染动物也可发生流产、死胎等繁殖障碍。急性发病动物的病变主要是肺脏、淋巴结、肝脏、肾脏等内脏器官肿胀、硬结、质脆、渗出增加、坏死以及全身多发性出血、瘀血等。

五、诊断

弓形虫病的临诊表现、病理变化和流行病学虽有一定的特点,但仍不足以作为确诊的依据,必须在实验室诊断中查出病原体或特异性抗体,方可确诊。

(一)病原学检查

生前检查可采取病畜发热期的血液、脑脊液、眼房水、尿、唾液以及淋巴结穿刺液作为检查材料;死后采取心血、心、肝、脾、肺、脑、淋巴结及胸、腹水等;慢性或隐性感染患畜应采集脑神经组织;

对猫弓形虫病还应采集粪便检查。

1.直接涂片或组织切片检查

发现弓形虫速殖子或包囊,一般可初步诊断,应用特异标记识别,如免疫荧光法或免疫组化法进行进一步确诊。

2.集虫检查法

脏器涂片未发现虫体,可采取集虫法检查。取肝、肺及肺门淋巴结等组织3~5g,研碎后加10倍生理盐水混匀,2层纱布过滤,500r/min离心3min,取上清液以2000r/min离心10min,取其沉淀物进行压滴标本或涂片染色检查。

3.实验动物接种

将被检材料(急性病例的肺脏、淋巴结等)经过研磨、过滤一系列处理后,加双抗后接种幼龄小鼠,一定时间后观察其发病情况,当出现大量腹水时抽取腹腔液检查速殖子。如果小鼠不发病,可采集该小鼠的肝、脾、淋巴结处理后重复接种其他小鼠,如此盲传3~4代,以提高检出率。

4.鸡胚或细胞接种

将病料处理无菌处理后,接种于10~20日龄鸡胚的绒毛尿囊膜养6~7d,取胚胎剖检,观察病变,同时进行涂片检查;或接种于单层培养细胞,于接种后2d,逐日观察细胞病变以及培养物中的虫体。如未发现虫体,可继续盲传3代。

5.卵囊检查

猫粪便适量,用饱和盐水漂浮法或蔗糖溶液(30%)漂浮法,蘸取最上层的漂浮物镜检是否有卵囊存在。

(二)血清学检查

弓形虫病病原学检查比较困难,血清学实验仍是目前广泛应用的重要诊断参考依据,从血清或脑脊液内检测弓形虫特异性抗体,是弓形虫感染和弓形虫病诊断的直要辅助手段,尤其是特异性IgM阳性代表早期感染,特别适用于流行病学调查和早期诊断,或检测循环抗原(CAg)亦具有病原学诊断价值。常用方法如下:

1.染色实验

采用活滋养体在有致活因子的参与下与样本的特异性抗体作用,使虫体表膜破坏而不为美蓝(亚甲蓝)所染,是最早使用的、公认的可靠方法,具有良好的特异性、敏感性和重复性。但由于需要适宜的含辅助因子的人血清,并要以活弓形虫为抗原,使其应用受到一定的限制。

2.间接红凝实验(IHA)

该方法检出结果易于判断,敏感性较高,试剂易于商品化,适于大规模流行病学调查时使用。

3.间接免疫荧光抗体实验(IFA)

以整虫为抗原,采用荧光标记的二抗检测特异抗体,但需荧光显微镜。

4.酶联免疫吸附实验(ELISA)

用于检测宿主的特异循环抗体,已有多种改良法广泛用于早期急性感染和先天性弓形虫病的诊断。目前临诊上多采用同时检测IgM、IgG现症诊断感染。

5.循环抗原(CAg)的检测方法

常用ELISA及其改进方法,具有较高的敏感性和特异性,可诊断弓形虫急性感染。

(三)分子生物学诊断

最常用的是通过PCR方法扩增特异性基因片段。通过设计引物扩增病料内的弓形虫特异性DNA达到确认病料内病原的目的。

六、防治及预防

(一)治疗

除螺旋霉素,林可霉素有一定的疗效外,其余绝大多数抗生素对弓形虫病无效。磺胺类药物对急性弓形虫病有很好的治疗效果,与抗菌增效剂联合使用的疗效更好。但应注意在发病初期及时用药,如用药晚,虽可使临诊症状消失,但不能抑制虫体进入组织形成的包囊,磺胺类药物也不能杀死包囊内的慢殖子。使用磺胺类药物首次剂量加倍,一般需要连用3~4d,可选用下列磺胺类药物:

磺胺甲氧吡嗪(SMPZ)+甲氧苄胺嘧啶(TMP):前者每千克体重30mg,后者每千克体重10mg,1次/d,连用3次。

12%复方磺胺甲氧吡嗪注射液(SMPZ):TMP=5:1,每千克体重50~60mg,肌注1次/d,连用4次。

磺胺六甲氧嘧啶(SMM):每千克体重60~100mg口服,或配合甲氧苄胺嘧啶(每千克体重14mg)口服。1次/d,连用4次。

磺胺嘧啶(SD)+甲氧苄胺嘧啶(TMP):前者每千克体重70mg,后者每千克体重14mg,每天2次口服,连用3~4d。磺胺嘧啶也可与乙胺嘧啶(剂量为6mg/kg)合用。

此外,选用长效磺胺嘧啶(SMP)和复方新诺明(SMZ)对猪等动物的弓形虫病也有良好的效果。

(二)预防

预防重于治疗。禁止猫自由出入圈舍,严防猫粪污染饲料和饮水,扑灭圈舍内外的鼠类。屠宰废弃物必须煮熟后方可作为饲料。对种猪场、重点疫区的猪群、羊群以及其他群养的易感动物进行定期流行病学监测,阳性动物应及时隔离治疗或有计划地淘汰,以消除传染来源。密切接触动物的人群以及兽医工作者应注意个人防护,并定期做血清学检测。对免疫功能低下和免疫功能缺陷者,要注意进行血清学监测与防护。强化畜禽屠宰加工中弓形虫检验,发现病畜或其胴体和副产品必须予以销毁。

第三节　肝片吸虫病

肝片吸虫病亦称肝蛭病,是由肝片吸虫寄生于牛、羊、人及其他哺乳动物的肝脏胆管内引发急性或慢性肝炎、胆管炎和腹膜炎的人畜共患寄生虫病。

一、病原学

肝片吸虫俗称柳叶虫,为大型吸虫,虫体扁平,呈叶片状,暗红色,大小为(20~35)mm×(5~13)mm,虫卵呈长卵圆形,内含未发育的卵细胞,金黄或黄褐色,大小为(130~150)μm×(63~90)μm,卵盖略大。成虫雌雄同体,生殖孔开口于腹吸盘前,子宫位于睾丸前方。

二、生活史

成虫寄生于哺乳动物胆管内,产出虫卵,随宿主胆汁进入肠道排出体外,在水中孵出毛蚴,侵入椎实螺体内,经胞蚴、母雷蚴、子雷蚴发育为尾蚴,从螺体内逸出附着在水生植物或其他物体上形成囊蚴,被牛羊或其他终宿主摄食后,在小肠破囊而出,童虫穿过肠壁进入腹腔,钻入肝实质,移入胆管,发育为成虫。成虫在人体可寄生12年,在畜体内可存活3~5年。

三、流行病学

牛、羊和人是肝片吸虫的主要终宿主和传染源。人体感染多因生食含囊蚴的水芹等水生植物所致,也有喝生水、生食或半生食含童虫的牛肝和羊肝而感染的报告。动物感染多因吞食含囊蚴的饲料所致,少数因饮用被污染的生水而引起。人群普遍易感,动物中以反刍动物最易感,尤其是牛和羊,其感染率高达50%;猪、马、兔、犬、骆驼和野生动物均可感染。本病多发于温暖潮湿的夏秋季节。

四、临床症状

(一)牛临床症状

临床上多呈慢性经过,患牛逐渐消瘦,被毛粗乱,易脱落,黏膜苍白,贫血,食欲减少,反刍不正常,继而出现周期性瘤胃胀气或前胃弛缓,便秘与下痢交替发生,到后期下颌、胸下出现水肿,触诊水肿部呈波动状或捏面团样感觉,无热痛。患畜即使在良好的饲养条件下也日渐消瘦,母牛发生流产,如不治疗常引起死亡。

(二)羊临床症状

病羊常表现精神不振,毛发杂乱,双眼外显突出,并不断流泪。随着病情的不断发展,羊只极度消瘦并且出现严重的贫血现象。在发病后期,羊只可视黏膜苍白并出现黄染的现象。病羊下痢严重,其粪便呈黄绿色稀薄状。对其尾部进行检查,常出现由于严重腹泻导致污便附着于尾根的现象。对其肝区进行叩诊发现明显的半浊音扩大,按压肝区,羊只出现明显的疼痛感。根据羊肝片吸虫病病程的时间长短可以将其分为急性肝片吸虫病以及慢性肝片吸虫病2种,同时其临床症状也存在一定差距。

1.急性肝片吸虫病

羊只在患有急性肝片吸虫病后,在发病初期体温突然升高,精神不振,食欲不佳甚至出现拒食的现象,病羊容易疲劳,随着病情的发展,病羊很快出现贫血现象,同时其肝脏肿大。如果病情较为严重,病羊在数天内死亡。急性肝片吸虫病多发生于秋季。由于肝实质内进入大量幼虫,急性肝片吸虫病常会诱发创伤性以及出血性肝炎。

2.慢性肝片吸虫病

慢性肝片吸虫病多由急性肝片吸虫病转化而来,或者由于没有及时诊治轻度感染的肝片吸虫病而引起。病羊毛发易断并且杂乱,食欲不振甚至拒食。羊慢性肝片吸虫病较为常见,在一年四季均可发生。与急性肝片吸虫病相比,慢性肝片吸虫病的发病时间较长。随着病情的不断发展,病羊腹下以及胸下部位会出现严重水肿。

五、病理变化

(一)牛病理变化

剖解可见肝脏肿大,切面外翻,出血,肝表面有暗红色、凸出肝表面的索状物(系虫体)或牛肝脏萎缩、褪色,表面不整齐,边缘钝圆,质地变硬,肝表面有灰白色突出钙化灶、刀切钙化灶。胆管扩张,管壁增厚,胆囊充盈,胆汁滞留,可发出沙沙声;或胆管变粗凸出肝表面,胆管内有污浊稠厚的棕褐色液体、虫体、磷酸盐钙化罩。腹腔内有大量血红色积液,可见腹膜炎;慢性病牛可见胸腔和心包内有积液。

（二）羊病理变化

病死羊解剖后可以发现,其胸腔中蓄积大量积液,心脏表面附着少量纤维素性渗出物,心肌出血严重。肺脏肿大,明显出血,肺间质显著增宽。瘤胃轻度臌气。肝脏表面附着一层纤维素性渗出物,肝脏肿大明显,质地变硬,瘀血明显,表面凹凸不平,存在很多米粒大小或黄豆大小的白色结节,在肝脏组织表面还能看到呈现淡白色的索状斑痕。胆囊显著扩大,胆汁浓稠,胆管呈索状,胆管中充满了浓稠棕褐色的黏性液体和虫体,虫体外观呈棕红色扁平柳叶状,半透明,数量较多。脾脏不肿大,但在脾脏表面出现少量的梗死病灶。肾脏没有出现肉眼可以观察到的病变,腹腔脂肪黄染呈现淡黄色。

六、诊断

根据流行特点、临诊特征、病原检查和免疫学方法等进行综合判断可做出正确诊断。取患者或病畜的粪便沉淀后检查虫卵。急性感染期可用皮内实验、间接血凝、免疫荧光实验和ELISA等方法进行诊断。

直接涂片法:取病畜少量的新鲜粪便并将其置于洁净的载玻片中央,向其中滴入2~3滴浓度为5%甘油生理盐水,待其与粪便混合均匀后,盖上盖玻片并在显微镜下进行观察,看到视野中存在黄褐色的虫卵。

反复水洗法:取5g病畜粪便并将其置于烧杯中,接着加入100ml饱和生理盐水,采用玻璃棒将其搅拌均匀后放置30min,将上清液去除后采用玻璃棒将少量沉淀物转移放到载玻片上并盖上盖玻片,接着在显微镜下进行观察,看到呈卵圆形的黄褐色虫卵。

七、防治及预防

(一)治疗

肝片形吸虫病的治疗原则是驱虫、保肝、促进肝脏机能恢复、消除肝脏炎症。其中驱除肝片形吸虫常用的药物有丙硫苯咪唑、吡喹酮、氯硝碘柳胺和硝氯酚等。临床上应用比较普遍的是丙硫苯咪唑和氯硝碘柳胺,应用效果最好的是硝氯酚。用丙硫苯咪唑和氯硝碘柳胺驱虫无效的情况下,使用硝氯酚仍有极好的效果。为保证驱虫彻底,一般第1次用药后,间隔1周再驱虫1次效果更好。除了对因治疗外,为减轻肝片形吸虫病对肝脏引起的炎症和损害,可配合使用"板蓝根注射液",以消除肝脏的炎症;也可以配合使用复合维生素B注射液促进肝脏复原;还可以使用恩诺沙星和利尿药来减轻水肿程度。

(二)预防

牛羊肝片形吸虫病的预防包括定期驱虫、消灭中间宿主和加强饲养管理。

1.定期驱虫

每年应驱虫3次,其中春初驱虫1次,这次驱虫可防止放牧时牛羊将虫卵散播到外界,减少中间宿主感染毛蚴的机会;每年7~9月驱虫1次,这次驱虫可有效杀灭牛羊体内正在发育的肝片形吸虫的成虫和幼虫;每年秋末冬初驱虫1次,这次驱虫可减少牛羊在冬季的发病,对于确保牛羊安全过冬有重要意义。

2.消灭中间宿主

将椎实螺这一中间宿主消灭可以对肝片吸虫病进行有效预防。因而在放牧地区,可将低洼沼泽地填平改造,使椎实螺的生活环境改变,进而实现灭螺的目的。此外,也可在放牧地区大量饲养水禽如鸭子,在消灭椎实螺的同时,使养鸭产业得到更好的发展。

3.加强饲养管理

肝片形吸虫病主要流行于低洼而潮湿的地区,牲畜在吃草或饮水时容易吞食附着在草叶上或水面上的囊蚴。因此,肝片形吸虫病危害严重的地区要尽量到地势高燥的地方放牧;动物的饮水最好避开低洼地的死水,而采用自来水、井水或流动的河水,以防感染肝片形吸虫囊蚴。在日常饲养管理中必须做好粪便的清理工作,其具体的处理方式为在每日完成清洁工作后进行堆肥。通过粪便的发酵产热将其中存在的虫卵彻底杀灭。养殖人员在驱虫后必须做好粪便处理工作,不得随意乱丢粪便,而是应对其进行集中发酵处理,以防因圈内残留肝片吸虫而导致该病的传播。

第四节　猪囊尾蚴病

猪囊尾蚴病,又称囊虫病,是寄生于猪的肌肉和其他器官中引起的一种人畜共患寄生虫病,我国将其列为二类动物疾病。患有该病的猪肉中常有米粒状的结节,故老百姓又称此类猪肉为"米猪肉"。

一、病原学

幼虫:猪囊尾蚴,俗称猪囊虫。成熟的猪囊虫,外形椭圆,约黄豆大,为半透明的包囊,大小为(6~10)mm×5mm,囊内充满液体,囊壁是一层薄膜,膜内可见一粟粒大的乳白色结节。

成虫:猪带虫,长2.5~8m,有700~1000个节片。头节为圆球形,直径为1mm,顶突上有25~50个角质小钩,由内、外两环排列,故又称"有钩绦虫"。颈节细小,长5~10mm。根据生殖器官的发育程度,将体节分为三个部分:即未成熟节片(幼节);成熟节片,每个节片含有一套生殖器官;孕卵节片(孕节),充满虫卵的子宫呈树枝状。

虫卵:圆形或椭圆形,直径为35~42mm,卵壳有两层,内层较厚,浅褐色,内含六钩蚴。

二、生活史

猪带绦虫寄生于人的小肠中,其孕节不断脱落并随人的粪便排出体外,污染食物和饮水。猪或人吃了孕卵节片或节片破裂后逸出的虫卵,在消化道中消化液的作用下,六钩蚴逸出,钻入肠壁,经血液或淋巴液流动到全身,主要在横纹肌和心肌中经约10周时间发育为成熟的囊尾蚴。

人吃了未煮熟的带有活囊尾蚴的猪肉或被污染的食物而感染,包囊在胃内被消化,囊尾蚴进入人的小肠后,在肠液作用下,伸出头节吸附在肠壁上,经2个半月发育为成熟的有钩绦虫。有钩绦虫寄生在人体的小肠内,呈白带状。头节很小,仅有粟粒大。节片由前向后逐渐变大,后端节片里含有很多虫卵(3万~5万个),成熟的孕卵节片不断脱落,随粪便排出人体。虫卵若被猪吞食,伺机在猪肠道内孵化为幼虫,幼虫穿透肠壁,随血液到全身各部的肌肉内发育成囊虫而寄生。

三、流行病学

猪囊尾蚴病是猪体内寄生猪带绦虫而引起的,也称为有钩绦虫。猪囊尾蚴病分布于全球,其中亚洲、拉丁美洲、非洲的部分国家和地区为主要流行区。在我国的流行特点主要是呈散发,但分布比较广泛,少数地区呈地方性流行。在我国北方一些卫生条件很差的猪场流行较多。当人吃了含虫的猪肉后,即可感染发病,表现为贫血、消瘦、腹痛、消化不良等症状。自然感染情况下,易感染囊尾蚴的动物为猪,且可在其体内生存长达3~5年,且任何年龄都能够感染,其中仔猪的发病率相对较高,主要是影响生长发育,体重降低,容易变成僵猪。

四、临床症状

轻微感染的生猪一般无明显症状,或有寄生部位的不适也不易被察觉。少数可见四肢、颈部和背部皮肤下出现半球状结节,检验可用开口器开口检查舌根或观察眼结膜、口腔黏膜,看有无囊虫结节,但检出率并不高。重症的表现随寄生部位不同而略有不同,屠宰后查验情况比较显著。囊尾蚴主要寄于生猪的臀肌、股部内侧肌、腰肌、肩胛外侧肌、咬肌、舌肌以及膈肌和心肌。若虫体寄生于脑内,常可引起癫痫症状,痉挛或因急性脑炎而死;寄生于喉头肌肉内,则叫声变哑,呼吸加快,并常有短咳嗽;寄生于四肢肌肉,甚至蹄部筋腱处,则常见跛行;寄生于舌肌或咬肌,常引起舌麻痹或咀嚼困难;寄生于心肌,可导致心肌炎或心包炎。严重寄生时,食道、肺、肝、胃大弯、淋巴结和皮下脂肪中均可见到囊尾蚴,这类患猪通常表现为下痢、营养不良、生长迟缓、贫血和水肿等。此外,有时还可见到各种形式的变性虫体,如虫体发生粥样崩解,囊内液体变为混浊或淡绿色脓样物;虫体钙化;虫体死亡消散或被结缔组织所代替。

五、诊断

生猪可用血清免疫学诊断法进行诊断。宰后检疫:生猪屠宰后要按照规定将咬肌、深腰肌、心肌切开进行检查,看其中是否存在猪囊尾蚴,如有需要还可对其他部位进行切检。成熟的猪囊尾蚴大小接近黄豆,大小为(6~10)mm×5mm,虫体呈半透明的乳白色的椭圆形,里面存在半透明的包囊,囊内含有大量无色液体,囊壁是一层薄膜,上面存在一个乳白色的圆形小结,呈黍粒大小,小结里面含有一个内翻的头节,头节上面生有 4 个吸盘,呈圆形,同时还有一圈小钩。钙化后呈淡黄色或者灰白色,变得干涸坚硬,用刀切呈现砂粒感,且与肌纤维连接,但可将其剥离。摘下后放在 10% 盐酸溶液中浸泡,经过脱钙处理后镜检,能够发现白色的头节残骸。处于发育镜检可见囊虫头节上有四个吸盘及两圈小钩,即可确诊。

六、防制

(一)治疗

吡喹酮,病猪按体重使用 30~60mg/kg, 1 次/d 或者隔天 1 次,连续使用 3 次。阿苯达唑(丙硫咪唑),病猪按体重使用 30mg/kg, 1 次/d 或者隔天 1 次,连续使用 3 次。以上药物要在早晨病猪呈空腹状态时投服。

(二)预防

1.科学饲养

生猪圈养,实行规模化、集约化养殖。生活区和家畜饲养区彻底分开,饲养区远离水源地,猪场应配备粪污处理设备、无害化处理设施及排污设施,粪便干湿分离,粪污发酵后作肥料用。

2.做好防疫工作

高发病地区可采用由囊虫虫苗制作的疫苗对仔猪进行免疫。定期对发病区、散养区开展监测,此外,应以逐步净化猪场。

3.加强监督检查

加大流通环节的监督检查力度,严禁私屠乱宰及未检疫的动物产品进入流通环节。若检出病猪,应对运输工具和中转场进行消毒,对排泄物进行无害化处理,对饲养场所在地开展流行病学调查,并做好跟踪监测记录,形成溯源系统。

第五节　旋毛虫病

旋毛虫病是一种人畜共患寄生虫病,其主要是由毛形科的旋毛形线虫的成虫寄生于小肠中,幼虫寄生于横纹肌所引起的。很多哺乳动物在生长发育过程中容易受到旋毛虫病病菌的影响,出现感染情况。旋毛虫病是肉品卫生检验的重要项目之一,需要积极采用切实有效、科学合理的方式和手段加以应对和控制。

一、病原学

雌虫体长为3~4mm,雄虫体长为1.4~1.6mm,繁殖通过胎生,新生幼虫体长为0.08~0.12mm。幼虫具有较强的抵抗环境能力,在-10℃低温条件下生存状况良好,在-13℃低温条件下能够生存12d,在-72℃条件下能够生存6 h,在腐烂的肌纤维中能够生存长达120d,而在70℃条件下会快速死亡。

二、生活史

旋毛虫的成虫和幼虫寄生于同一宿主,雌、雄虫体在小肠绒毛交配后,雄虫死亡,雌虫产出幼虫,幼虫通过肠淋巴和血液转移至全身横纹肌内。3~9周后幼虫就会导致肌纤维与肌束间形成梭形包囊,大小为0.5mm×0.2mm,里面即为卷曲的幼虫。包囊在6个月之后逐渐钙化,经过15~16个月完全钙化。幼虫钙化后可在猪肉中存活长达11年,在人体内可存活长达31年。另外,雄虫交配后会立即死亡,雌虫能够生存25~45d,并持续产出幼虫,通常每条雌虫一生能够产出大约1500~10000条幼虫。

三、流行特点

传染源为发病猪,已经感染旋毛虫的鼠类、猫科以及犬科的动物都可以作为传染源,但能引起人发病的传染源为发病猪。本病的传播途径为消化道。猪采食到被旋毛虫感染的食物和饮水,就可以被感染。被旋毛虫污染的器具等也可以形成感染。人的感染主要是由于吃到未煮熟的肉类,甚至是接触过生肉的案板和刀具等都可以间接感染。本病的易感动物为猪、犬、猫以及人类。

四、临床症状

猪旋毛虫病通常可分成2种类型,即由幼虫导致的肌型和成虫导致的肠型。当猪感染旋毛虫的成虫时,不会表现出典型的临床症状,常出现携带虫体的轻微症状,为轻微的胃肠炎。但严重感染时,病猪开始出现体温上升、食欲下降、不断呕吐和腹泻等症状,在粪便中还含有一些血液。体质会迅速下降,通常在2周时间后病猪死亡,未死亡的病猪会转变为慢性发病。肌型的症状表现较为严重,当幼虫在猪的肌肉中侵袭时,肌肉会发炎,此时的病猪体温升高明显,有麻痹和瘫痪等表现,甚至面部和咽喉部的神经也表现出麻痹,病猪的呼吸和咀嚼、吞咽等均受到影响,产生障碍。病程较长的病猪还出现体质消瘦,眼睑和四肢部位出现不同程度的水肿。在发病1月后,病猪的临床症状会逐渐消失,也不再出现死亡情况,但耐过猪体内依然携带虫体。

五、病理变化

根据不同的类型,病猪分别具有不同的病理变化。

(一)肌型

肌型主要病变表现为肌浆溶解,周围的肌细胞出现崩解和坏死,细胞膜上的横纹也会萎缩,逐渐消失。肌纤维群表现出增厚的情况。在不同肌肉中可以发现大量的虫体存在,常见的肌肉部位是舌肌、咬肌、喉肌、胸肌以及膈肌等。膈肌是旋毛虫寄生数量最多的肌肉部位。这些寄生的虫体形成包囊后,与周围的肌纤维形成明显的界限。

(二)肠型

肠型病猪剖检后的病变表现为肠黏膜的水肿和增厚,肠道中黏液增多,还表现为急性肠炎,当幼虫在肠壁中移行时,就会对肠壁产生机械性刺激,并且其分泌的毒素会破坏血管壁,发生出血情况。病猪还可见实质器官的脓肿。有的部位还出现脂肪变性,肺部和心包有大量的纤维蛋白沉积等病变。

六、诊断

通过对临床症状和病理变化进行观察可以做出初步诊断,确诊需要通过实验室方法。常用的实验室方法有粪便检查、压片法和消化法。

(一)粪便检查

取适量病猪排出的新鲜粪便,添加10倍比例的生理盐水,混合均匀后过滤,直至溶液彻底清澈,接着取沉淀物放于低倍显微镜下观察,均不存在虫卵或者成虫。

(二)压片法

从病死猪两侧的膈肌部位取30~50g作为病料。先将肌膜撕掉,观察其肌纤维之间是否含有一些白色小点,外观呈半透明的露滴状。颜色比肌肉浅,有包囊的通常为黄白、灰白等。在病料的不同部位取肉粒24块,大小约为绿豆样,在玻片上放平整,而后用盖玻片进行覆盖,置于低倍镜下观察,可发现肌纤维之间带有包囊的旋毛虫幼虫。

(三)消化法

将肉样搅碎,在其中添加人工胃液,这样便可将肌纤维间的幼虫分离,而后进行镜检,发现其中的幼虫或包囊。具体是每1g肉样中加入水60ml、浓盐酸0.7ml以及胃蛋白酶0.5ml。混合后在37℃的温度下进行消化处理,经过0.5~1h的处理,便可以将沉淀中的幼虫从中分离,低倍镜检便可发现。

七、防制

(一)疫情处理

该寄生虫病在我国被列为二类动物疫病,通常来说病猪无需进行治疗,直接进行扑杀,且尸体必须采取无害化处理。当确诊猪场出现发病,要尽快向当地动物防疫机构报告,并在其现场指导下,对养猪场采取完全封锁。全部病猪扑杀后,要运送至指定地点进行焚烧或者深埋等无害化处理。另外,禁止养猪户售卖病死猪。

同时,完全清除被病猪污染的垫料、饲料,与病死猪一起采取无害化处理。此外,及时清出舍内粪便,并采取堆积发酵,然后使用常规消毒剂进行消毒,连续进行1周。待疫点或者疫区最后1头病猪死亡或者扑杀后无害化处理结束,经过15d观察没有继续出现发病猪,再进行一次全面检疫和消毒后即可解除封锁。

(二)加强饲养管理

饲养过程中,禁止猪接触感染源,避免感染和抑制传播。采取标准化、规模化养殖方式,适当调整饲养方式。猪最好采取圈养,禁止放养,禁止混养其他动物。圈舍保持干净卫生,经常进行灭鼠。防止猪接触寄生有旋毛虫的动物粪便、尸体等,更不允许其食入动物尸体,如死亡的老鼠等。另外,禁止给猪饮用洗肉后的剩水,避免食入存在旋毛虫的肉屑。

(三)定期驱虫

生猪饲养过程中,每年春秋季都要进行1次驱虫。驱虫药物适宜选择使用丙硫咪唑、甲苯吡唑、苯硫咪唑等,按体重使用40ml/kg,经过1周再驱虫1次,可有效预防发生猪旋毛虫病。

(四)加强生猪屠宰检疫工作

在屠宰生猪的全过程中,都需要积极开展检疫工作,当猪群出现一些少量的感染情况,一般没有明显的症状,只有出现严重的感染问题,才会出现一些临床症状,因此,需要加强屠宰检疫工作。

第六章　家畜地方流行病

动物流行病学调查包括疾病流行情况、疫情来源的调查、传播途径和方式的调查以及当地流行状况。

发病率：是指发病动物群体中，在一定时间内，具有临床症状的动物数占发病动物群体总动物数的百分比。

死亡率：是指发病动物群体中，在一定时间内，发病死亡的动物数占该群体总动物数的百分比。

病死率：是指发病动物群体中，在一定时间内，发病死亡的动物数占该群体中发病动物总数的百分比。

第一节　血液原虫病

血液原虫病是由巴贝斯虫、泰勒虫、锥虫等原生动物寄生于哺乳动物血液循环系统而引起的一类寄生虫病的总称。血液原虫病作为一种流行性疾病，各种年龄的牛羊都有发病的可能性，犊牛和羔羊发病率更高。蜱在疾病传播过程中起到了特殊的媒介作用，蜱在吸血过程中将血液原虫病带给牲畜，因此，发病时间集中在每年的6~8月，以7月发病率最高。主要临床特征为患畜表现为高热、溶血性贫血、黄疸等。

一、巴贝斯虫病

巴贝斯虫病又称焦虫病、梨形虫病、蜱热或德克萨斯热,是由媒介蜱传播的巴贝斯虫属(Babesia)的原虫专一性的寄生于人和动物红细胞内而引起的一种蜱传性的血液原虫病的总称。该病多见于牛、羊、马、驴、骡、犬等家畜和鹿、盘羊、野生鼠、浣熊、尖鼬等野生动物,偶尔也见人由于被蜱叮咬或输血导致被感染的病例,所致疾病以高热、溶血性贫血、黄疸、血红蛋白尿及急性死亡为典型特征。

(一)病原学

在我国分布的巴贝斯虫(6种):牛巴贝斯虫、双芽巴贝斯虫、东方巴贝斯虫、大巴贝斯虫、卵形巴贝斯虫和牛的巴贝斯虫未定种。红细胞内的巴贝斯虫为多形性,虫体形态有环形、椭圆形、不规则形、单梨子形和双梨子形虫体等,双梨子形虫体为其典型形态。姬姆萨染色的血液涂片上,虫体中部淡染或不着色,呈空泡状的无色区,染色质位于虫体边缘部,呈紫红色。每个红细胞内虫体数目多为1~2个,3个以上很少。

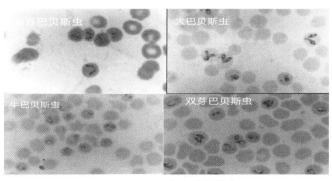

图6-1 红细胞内的泰勒虫

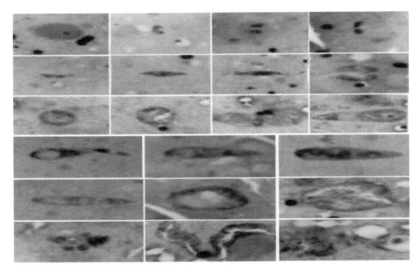

图6-2 饱血雌蜱肠管中的发育形态

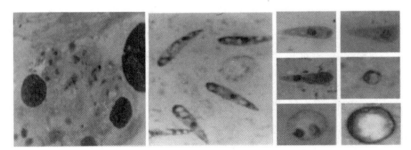

图6-3 饱血雌蜱淋巴结中的发育形态

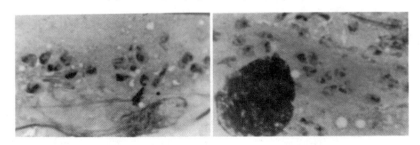

图6-4 饱血雌蜱唾液腺中的发育形态

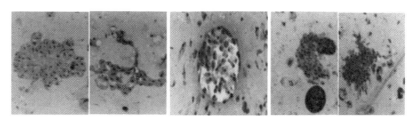

图6-5　饱血雌蜱卵巢中的发育形态

（二）生活史

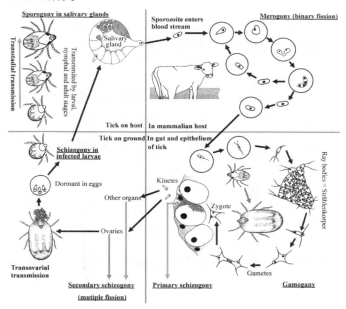

图6-6　血液原虫病生活史

（三）诊断

可根据临床症状（连续高热，体温40℃以上，贫血、黄疸、血红蛋白尿，呼吸急促等）、病理剖检（主要指血液稀薄、皮下及肌肉组织黄染等病理变化）、流行病学分析（当地是否发生过本病、发病季节、有无巴贝斯虫病传播媒介及病牛体表有无蜱寄生等）和病原学检查（血涂片）进行综合判断，如果检测到病原就可以确诊。现有的诊断方法主要包括病原学检测、血清学诊断和分子生物学诊断方法。

1.病原学检测

病原学检测方法是巴贝斯虫病诊断的经典方法,本方法直接可以检测到病原,所以常用于验证其他方法的检测结果。最常用的主要有血涂片检查、体外培养和动物接种。

(1)血涂片检查

耳尖血制备薄或厚血涂片,甲醇固定后用姬姆萨染色进行镜检,在红细胞内发现特征性的虫体即可确诊。

(2)体外培养

采集静脉血,选用合适的培养液,在体外增值巴贝斯虫,然后制备血涂片进行镜检,该方法优于常规的显微镜下进行的病原学检查和间接荧光抗体检查,而与PCR检测技术的检查结果相当。

(3)动物接种

选用易感除脾动物接种病料,做血涂片进行镜检。

2.血清学诊断

(1)补体结合实验(CFT)

是美国规定的马巴贝斯虫检测的标准方法,操作复杂,敏感性较低。

(2)间接荧光抗体实验(IFA)

比CFT更特异、更敏感,成本较低,需要荧光显微镜,结果判定带有主观性,难以标准化。

(3)间接血液凝集实验(IHA)

非特异性反应,稳定性较差。

(4)酶联免疫吸附实验(ELISA)

敏感、特异,易于自动化和标准化,适合于大量样品的检测。

3.分子生物学诊断方法

（1）核酸探针技术

特异性高,成本较高,速度慢,需特殊设备,多用于虫种分类鉴定。

（2）聚合酶链式反应（PCR）

敏感性和特异性均较高,用于确认其他诊断方法所获得的结果。

（3）反向线性印迹杂交技术（RLB）

敏感性要高于PCR,且能同时区分病原的属和种。需要各种高级仪器,且操作复杂,不适用于大量样品的检测。

（4）环介导的恒温扩增技术（LAMP）

高敏感性,操作简单省时,不需要昂贵的仪器。重复性较差。

（四）预防和治疗

1.疫苗预防

弱毒苗:牛巴贝斯虫和双芽巴贝斯虫。

灭活苗:犬巴贝斯虫。

2.化学药物治疗

已报道用于巴贝斯虫病治疗的药物主要有锥黄素、三氮脒、二脒那秦、咪唑苯脲、双咪苯脲、喹啉脲、青蒿素和骆驼蓬总生物碱。我国常用的有三氮脒、咪唑苯脲和青蒿素。

三氮脒:又称贝尼尔或血虫净,是我国应用最广泛的治疗血孢子虫病的特效药。一般用药一次较为安全,若连续使用,易出现毒性反应,甚至发生死亡。

硫酸喹啉脲:又名阿卡普林或抗焦素。本品对牛羊巴贝斯虫有特效,主要作用机理是干扰虫体代谢,破坏酸碱平衡,造成虫体发生酸中毒。

咪唑苯脲:又名咪唑卡普,是治疗巴贝斯虫病的一种较好的药物,其毒性、剂量、安全范围、疗效均比硫酸喹啉和三氮脒好,且有预防作用。此药对自然免疫无影响。

青蒿素:本品为自菊科黄花蒿中提取出来的有效单体成分,是一种具有过氧基团的新型倍半萜内酯。临床上应用的多为青蒿素及其衍生物青蒿琥酯、蒿甲醚。对双芽巴贝斯虫病有较好疗效。

骆驼蓬总生物碱:本品为采用溶媒法从蒺藜科骆驼蓬属多年生草本植物中提取的、多种生物碱的混合物,疗效优于贝尼尔,且副作用小,对妊娠母畜较安全。

3.灭/避蜱

圈舍灭蜱,有计划地进行野外灭蜱,在蜱活动高峰期在无蜱的环境中舍饲,牛只调动选择无蜱活动的季节。

二、泰勒虫病

泰勒虫病是由媒介蜱传播的由泰勒科泰勒属的原虫寄生于牛、羊、马等家畜和其他野生动物巨噬细胞、淋巴细胞和红细胞内所引起的疾病的总称。感染动物表现为稽留热,肩前和股前淋巴结高度肿大和贫血。

(一)病原学

1.环形泰勒虫

寄生于红细胞内的虫体为血液型虫体(配子体)。虫体小,形态多样,在各种虫体中以环形和卵圆形为主;典型虫体为环形,呈戒指状;寄生于单核巨噬系统细胞内进行裂体增殖时所形成的多核虫体为裂殖体(或称石榴体、柯赫氏蓝体)。裂殖体呈圆形或肾形,位于淋巴细胞或巨噬细胞胞浆内或散在于细胞外。

2.瑟氏泰勒虫

除有特别长的杆状形外,其他的形态和大小与环形泰勒虫相似。它与环形泰勒虫的主要区别是在各种虫体形态中以杆形和梨形为主,占67%~90%;且随着病程不同,两种形态的虫体比例会发生变化。上升期,杆形虫体为60%~70%,梨形虫体为15%~20%;高峰期、杆形虫体和梨形虫体均为35%~45%;下降期和带虫期,杆形虫体为35%~45%,梨形虫体为25%~45%。

(二)生活史

泰勒虫经过裂殖生殖、配子生殖和孢子生殖三个阶段。主要在脾、淋巴结等组织的单核巨噬系统细胞内进行反复裂体增殖。之后一部分小裂殖子进入宿主红细胞内,变为配子体(血液型虫体),幼蜱或若蜱在病畜体吸血时,将带有配子体的红细胞吸入蜱的胃内后,配子体由红细胞逸出并变为大配子、小配子,二者结合形成合子(配子生殖),进入蜱的肠管及体腔各部。当完成蜕化时,再进入蜱的唾液腺细胞内开始孢子增殖,分裂产生许多子孢子,当若蜱或成蜱在家畜体吸血时即造成感染。

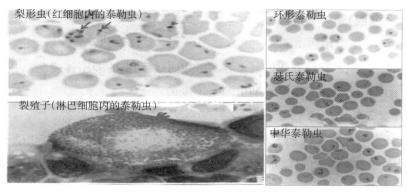

图6-7　泰勒虫红细胞型虫体

（三）诊断

与巴贝斯虫的诊断基本一致,可根据临床症状(如高热、贫血、体表淋巴结肿大和异嗜等)、流行病学资料(如发病季节,本地区蜱的活动情况,动物在近期是否被蜱叮咬,发病地点,家畜是本地动物还是外地引入动物等)做出初步诊断。确诊需实验室诊断。

1.病原血检查

血涂片检查:检出率在 $10^{-6} \sim 10^{-4}$;淋巴结穿刺检查法:瑟氏泰勒虫和中华泰勒虫在淋巴结比较难发现裂殖体;体外培养:裂殖体的体外培养,不适用于诊断;动物接种:成本高,不适用于临床诊断。

2.血清学诊断

补体结合实验:敏感性不高;间接荧光抗体实验:操作简单,但主观性强;ELISA:敏感性和特异性良好,可以标准化,成为现阶段常用的方法。

3.分子检测方法

常见的方法有 DNA 探针、PCR、套式 PCR、反向线状印迹(RLB)和 LAMP。

（四）预防和治疗

1.疫苗预防

国际上有商业化的环形泰勒虫和小泰勒虫的裂殖体疫苗。我国也有商业化的环形泰勒虫裂殖体疫苗。

2.化学药物治疗

磷酸伯氨喹啉:为泰勒虫病的特效药。使用剂量为 0.75~1.5mg/kg 体重,每日口服一次,连续 3d。

三氮咪(贝尼尔,血虫净):使用剂量为 3.5~7mg/kg,配成 7% 溶液,臀部深层肌内注射,1 次/d,连用 3 次,或可静脉注射,剂量为 5mg/kg 体重,配成 1% 等渗溶液,缓慢注入,1 次/d,连注 2 次。

三、牛羊血液原虫病

(一)流行特点

羔羊和牛犊患有血液原虫病的概率较大,发病率高于成年牛羊,发病对象主要集中在2岁以下的羔羊和牛犊,2岁以上发病概率较低。当牛羊患有血液原虫病后,在发病初期,体温会上升到40℃~42.5℃,体表处的淋巴结出现肿大,呈稽留热现象,牛羊的呼吸、肿大及脉搏出现加快现象,导致牛羊精神恍惚、心律不齐、食欲减退及呼吸困难等情况,患病严重的牛羊还会出现血液稀薄、机体消瘦等现象,四肢僵硬,给行走带来较大的困难。增加了牛羊的病死率,进而降低了产毛量及产肉量,对我国畜牧业的发展造成了极大影响。另外,当牛羊感染了血液原虫病后,会出现突发性倒地现象,四肢无力,口流涎,无法站立,并且还会伴有抽搐现象,在发病后的1~2d之内会出现死亡,如不能及时得到治疗,会加速牛羊的病死速度。通过对患病时间进行统计,最长的患病时间能够达到7d左右,在患病期间牛羊的体温会在40℃~42.5℃浮动,在患病初期眼结膜会出现充血现象,在患病后期会出现贫血症状,患者淋巴结出现肿大,牛羊行走受到限制,进而加速了死亡。在牛羊患血液原虫病的种类上可知,不同品种的牛羊发病率存在着较大的差异,山羊发病率总体高于绵羊发病率。

(二)急性发病期病理变化

对于急性发病而死的牛羊,膘情较好,从表面上看,无明显的病理变化特征。而发病时间较长的牛羊,尸体较为消瘦,血液呈淡红色并凝固不良,脾、肝、脏出现明显的肿大现象,表面会出现弥漫性出血及血点情况。通过对病畜的病理特征进行判断可知,肝脏质地表现出十分脆弱,在肝小叶上可见淋巴样细胞的浸润灶,胆汁黏稠,胆囊肿大,胆汁内可见少量的黄色微细颗粒。全身的淋巴结存在不同程度的出血及肿大现象。病畜体表淋巴结肿大,尤其是前端的淋巴结最为明显,还有个别的病例可见全身都存在黄染情况。肝脏肿大出血、胃黏膜溃疡斑及出血现象严重,肺脏病变现象较为明显,并且还伴有水肿及瘀血情况,心包液的颜色呈橙黄色。

(三)慢性发病期病理变化

当牛羊患有血液原虫病后,身体特征会出现明显的变化,主要表现为体温升高,在短期内会出现短暂的弛张热现象,并且还会呈现出稽留热情况,导致牛羊身体内各项机能都发生明显的变化。牛羊血液原虫病的出现受蜱传播影响较大,蜱主要是通过吸血将病毒传染给其他的牛羊,增加了牛羊患有血液原虫病的概率。通过对患有血液原虫病的牛羊身体情况进行了解可知,在肩前部位置,可见有明显的淋巴结肿胀现象,肿胀的时间要早于股前淋巴结。通过对患病的牛羊病理进行分析可知,患有血液原虫病的牛羊会出现全身性出血现象,胃黏膜出现溃疡斑,全身出现淋巴结肿大特征,并且受患病程度影响,患病严重程度不同,所表现出来的特征存在着一定的差异。

(四)治疗及预防

现阶段,还没有根治牛羊血液原虫病的疫苗,预防方法以提高抵抗力、消灭媒介蜱及抵抗羊原虫感染三方面开展,提升防治工作效率,降低灭蜱的经济成本。为了能够在根源上消除血液原虫病的发生,需要对养殖场内部进行全面的消毒,将病羊与新羊进行隔离,防止病毒的交叉感染。所使用的消毒药物主要包括瞒净和倍特两种,在喷雾时一定要浸透羊毛。在有条件的情况下,可以采用药浴形式,每年的药浴量控制在2次,分别为春秋两个季节,通过药浴能够快速消灭牛羊身体表面的寄生虫,该种方法具有简单、高效

的特点。治疗牛羊血液原虫病,所选择的药物为口服虫克星片剂
或粉剂,服药的间隔时间需控制在7~10d。在患病的牛羊颈部或臀
部位置肌肉注射7mg/kg的贝尼尔,1次/d,连续注射3d,或使用焦虫
净,在患病的牛羊颈部位置注射,注射量为2mg/kg,1次/d,连续注
射3d。

四、猪血液原虫病

在生猪养殖中,夏季是猪血液原虫病感染的高发期,在这类感
染中,病症严重的包括附红细胞体、弓形体以及血液原虫混合感
染,并且具有明显的季节性特点,还会出现地方性流行现象,会对
生猪养殖造成严重的危害。

(一)流行特点

生猪血液原虫病混合感染主要分为附红细胞体、弓形体以及
血液原虫混合感染,其中猪附红细胞体病是由寄生在猪红细胞上
的猪附红细胞体引起的,在不同种类与年龄段的生猪中均有可能
发生,其在月龄为3~5个月的生猪中发病率较高,主要的传播媒介
为蚊、蝇、螨虫、虱等吸血昆虫,该病多发生在天气潮湿闷热的季
节。而猪弓形体病是由弓浆虫的滋养体通过黏膜侵入肌体而引起
的,属于高度发热性疾病,病猪会出现呼吸困难、咳嗽、体表淋巴结
肿大等症状,耳部与身体下部会出现瘀血斑,可以通过多种昆虫和
蚯蚓进行机械性的传播,如果圈舍、草料以及饮水被鼠类、猫科动
物及其排泄物污染,同样会造成该病的传播。由于夏季高温闷热,
空气湿度大,各种吸血昆虫活动频繁,因此是猪附红细胞体病、弓
形体病的高发期。如果在生猪养殖过程中管理不当,没有采取严
格的执行消毒与通风措施,导致环境湿润、闷热,引发生猪血液原
虫病混合感染。

（二）病理变化

夏季生猪血液原虫病混合感染主要发生在小猪中,在患病初期,病猪的体温会上升到40.5℃~41.5℃,最高可达42℃,出现高度稽留热,并出现食欲不振、流浆液性鼻液的现象,与此同时,呼吸浅且加快,皮肤局部会发红,出现卧地不起的现象,粪便呈黄色稀便,并且有咳嗽症状,与流感症状相似。对病猪使用抗生素、氨基比林等药物,能够使病猪症状减轻,然而,一旦停药,病情会立即复发,并且会更加严重,可能会波及整个猪群。随着病情的加重,病猪的皮肤会明显变红,血液变得稀薄,凝血状态不佳,一些病猪的耳尖、四肢下端以及腹下会出现紫红色出血性斑点,对其进行触摸,触摸可以发现腹股沟淋巴结肿大。个别病猪的皮肤会发黄,口腔黏膜与眼结膜会发黄,眼睛与肛门周围会有蓝紫色带状。大部分的病猪的粪便干燥,个别病猪的尿液会发红,严重的会呈酱油色。如果初生的仔猪患病,会引发黄痢与脑炎,呼吸困难,张口喘气,死亡率较高。随着病情的延续,大部分仔猪与保育猪会因贫血而变得消瘦,皮肤呈现苍白色,背部的毛发会逆立。一些母猪与育肥猪会出现关节肿胀与疼痛,导致跛行。

（三）治疗及预防

为了对夏季生猪血液原虫病混合感染进行有效的预防,需要对病猪采取适当的隔离治疗措施,对圈舍与环境进行彻底的消毒,并投放预防类药物,避免病情进一步传播。

1.做好圈舍与养殖环境的消毒工作

如果在养殖过程中有生猪发病,需要根据实际病情对病猪进行隔离治疗。与此同时,还要做好圈舍与养殖环境的消毒工作,每天对圈舍、养殖用品以及环境进行彻底的消毒,在消毒剂的选择中,可以采用百毒杀、聚维酮碘以及金福等广谱消毒药交替使用的方法。还要防止圈舍被鼠类、猫科动物的排泄物污染,保证圈舍、养殖用具以及饮水的清洁,防止疾病通过这些途径传播。此外,对于病死猪的尸体与排泄物,必须做好无害化处理。

2.做好预防类药物的投放工作

在夏季生猪血液原虫病混合感染的预防工作中,需要定期为猪群投放泰必健(泰乐菌素)与乎泞粉(氟苯尼考)等药物,并对用量进行严格的控制,每吨饲料中混合1kg泰必健,而乎泞粉的用量为每顿饲料混合500g,连续使用7~10d,能够发挥良好的预防效果。

(四)治疗

在对夏季生猪血液原虫病混合感染进行治疗的过程中需要采取抗菌消炎、清热、杀虫、补血强体的治疗措施,根据实际症状采取针对性的治疗方案。如果仔猪或保育猪的病症为高热不退、皮肤发红,后期出现皮肤苍白、黄疸、下痢等,造成病猪贫血消瘦,可以使用康特康+赛福来对其进行肌肉注射,1次/d,连续注射3d。其主要成分为长效土霉素,治疗时用量为每10kg体重1ml。对于出现厌食、贫血消瘦症状的仔猪需要使用血多邦以及复合维生素B对其进行辅助治疗。如果病猪的主要症状为高热、咳嗽气喘、呼吸困难、血尿以及便秘等,造成病猪全身有瘀血斑。可以使用20%氟苯尼考注射液对其进行肌肉注射,注射0.2ml/kg,1次/d,连续注射5d。也可以肌肉注射热毒排疫肽+黄芪多糖,1次/d,连续注射3~5d,其中:热毒排疫肽的用量为0.1~0.2ml/kg;黄芪多糖用量为0.2ml/kg。

第二节　支原体肺炎

支原体是最小的一种微生物,没有细胞壁,呈明显的多形性,主要是以二分裂方式进行繁殖。通常说来,肺炎支原体能否致病是由一种特殊的末端结构决定。该病原适宜生长的pH为7.6~8.0,需要接种于含有10%~20%马血清的培养基中才可保持细胞膜稳定。支原体接种于液体培养基中,生长繁殖可分成四个时期,与细菌相比,生长数量较少、繁殖速度也相对较慢,且液体培养基没有变得浑浊。大部分支原体具有兼性厌氧的特点,接种于含较少琼脂的固体培养基上,经过48~72h孵育,会长出典型的"荷包蛋样菌落"。在避免阳光直射条件下,支原体能够生存数周,在乳、粪便、水、棉、木、秸秆、海绵以及不锈钢等中都能够存活。

一、牛支原体肺炎

(一)流行特点

牛支原体肺炎是由牛支原体引起的以牛坏死性肺炎为主要特征的呼吸道传染病,临床上以发热、气喘、间歇性咳嗽、坏死性肺炎、关节炎为主要特征。病原广泛存在于患病牛的呼吸道分泌物、飞沫、尿液和乳汁中。该种疾病的传播、流行与饲养环境、管理措施、动物自身抗体水平有密切联系。舍饲养殖模式下该种疾病传播流行的概率很高。发病牛和隐性带菌牛是该种疾病的主要传染源,在养殖场内,不同日龄的牛感染该种疾病后的临床症状存在很大差异性。健康牛康复2~3年后仍然能排出传染性的致病菌。新疫区常是因为引种不当所致,老疫区是因为牛群中存在隐性带菌牛,使健康牛反复感染,该种疾病呈现地方流行或散发流行。

(二)病理变化

牛支原体肺炎属于牛肺部疾病的一种,俗称烂肺病,该病传染性非常强,传播途径以呼吸道为主。该病多出现在3月龄至1岁犊牛,常见发病区域有隐性或慢性传染,在新发病区则有明显的暴发性趋势,大范围流行,牛支原体肺炎的发病与支原体、牛生活环境、自身抗性、饲养管理等密切相关,在防治方面需要综合分析考虑,制订针对性的防治措施。

1.慢性型牛支原体肺炎

在临床上没有明显症状表现,观察犊牛外观,不存在异常表现,能够正常采食,在眼角、鼻等位置存在黏液性以及脓性分泌物。检测犊牛体温未发生异常变化,偶尔病牛体温会出现一定升高,呼吸频率加大。随着病情的发展,病牛会表现出剧烈干咳,以单发性为主,胸部听诊,可见哮喘样啰音,病牛在呼气和吸气时都会有哮喘样啰音出现。

2.急性型牛支原体肺炎

初始期仅个别牛出现疾病表现,短时间内会大规模发病,最终整个牛群染病,出现发病症状。病牛采食量明显下降,同时还有咳嗽等表现,病牛体温升高,达到40℃~42℃,呼吸频率加快,在眼鼻等位置会出现脓性分泌物。该病发展至一定阶段后,病牛咳嗽持续加重,有剧烈干咳等表现,听诊可见高调啰音。

(三)诊断

剖检可见肺部病变严重,化脓性或干酪样坏死性肺炎症状,肺和胸膜轻度黏连,有纤维性渗出积液和心包积水,肺部变化和病程有关,严重病例出现烂肺和许多脓性结节。

根据发病情况、临床症状、剖检变化、初步诊断为牛支原体肺炎。

病原分离：取气管拭子涂抹 TSA 平板，划线接种，37℃培养，72h 后出现边缘光滑、湿润透明的"煎蛋样"菌落。

双抗体夹心 ELISA 检测：采用双抗体夹心 ELISA 方法检测，以酶联免疫检测仪检测波长 630nm 下的 OD 值，结果 P/N 值为 0.63，证明被检血样支原体感染阳性。

通过以上流行病学调查、现场诊断及实验室诊断，确诊为牛支原体感染。

（四）治疗及预防

1.治疗

牛传染性支原体肺炎应该结合患病牛的实际临床症状，选择高敏抗生素进行对症治疗。所有患病牛使用 10% 的恩诺沙星注射液进行肌肉注射治疗，使用剂量为 0.1ml/kg 体重，2 次/d，连续使用 3d 为 1 个疗程。同时在患病牛饲料中添加 5% 的多西环素和 20% 替米考星粉剂，每 100kg 饲料中添加 100g。结合患病牛的典型临床症状，还要进行对症治疗，选择使用 5% 的葡萄糖生理盐水注射液、维生素 C 注射液、维生素 K3 注射液、能量合剂、5% 的碳酸氢钠注射液，使用剂量分别为 500ml、1mg/kg 体重、1mg/kg 体重、2 支、1ml/kg 体重，1 次/d，连续使用 3d 为 1 个疗程。采用上述手段治疗 7d，患病牛病情可得到显著有效的控制。患病牛病情控制后选择使用，采集整个牛群的新鲜血液，进行凝集实验，检测出隐性带菌牛，立即淘汰处理，逐步净化牛群。

2.预防

日常养殖中应做到全进全出、自繁自育。如果需要引进品种，需要做好对新品种的检疫，引种前做好各项调查工作，严禁从病区引种,落实检疫措施,注意疫病接种,尤其是牛支原体、泰勒虫等疾病的检疫接种,避免引入带菌牛等。牛引进后不能直接与健康牛混养,对其隔离观察,确保无疫情后混群养殖。同时还应制定严格的卫生消毒制度,定期对养殖舍内外环境进行消毒,消毒剂可以使用25%的草木灰或20%的石灰乳,喷洒圈舍,也可使用草木灰或干石灰粉进行圈舍消毒。要保持圈舍清洁干燥,通风良好,及时清理牛舍粪便,避免粪便堆积发酵,产生更多有毒有害气体,刺激牛群的呼吸道黏膜。不同年龄的牛应该实行分栏养殖。同时还应该确保饲料营养价值全面,适当补充精饲料,确保饲料中各种营养物质投入充足,保证日粮营养均衡,提高牛群身体抵抗能力。日常要密切观察牛群的采食、呼吸、排便、精神状态等情况,发现疑似患病牛应及时隔离,并将病情及时上报,切断传播途径,及时做出确诊,采取针对性措施进行防范,降低经济损失。

二、羊支原体肺炎

羊支原体肺炎是羊易感的细菌性接触性传染病,病原有两种:丝状支原体山羊亚种和绵羊支原体。丝状支原体山羊亚种主要感染山羊,而绵羊支原体可以感染绵羊和山羊。羊支原体肺炎又名传染性胸膜肺炎,俗称"烂肺病"。主要症状是咳嗽、高热,胸和胸膜发生浆液性和纤维素性炎症,感染率和死亡率较高。本病常呈现地方流行,接触传染性强。

(一)流行特点

病羊为主要的传染源。病原体存在于病羊的肺组织和胸腔液。可经支气管分泌物排出,污染周围环境,主要通过空气或飞沫经呼吸道传播。本病一年四季均可发生,冬春缺草或饲料不足,羊群体弱时其发病率和死亡率均较高,怀孕母羊的死亡率较一般羊只高。该病号称养羊业的"第一杀手",常呈地方性流行。

(二)临床症状

本病潜伏期为3~6d,长者可达20~30d,平均18~20d。初期体温较高、精神沉郁、食欲减退、呻吟哀鸣。呼吸急促、咳嗽、按压胸部表现敏感、疼痛。听诊出现支气管呼吸音及摩擦音或捻发音。病羊初期流浆液性鼻液,后期转为铁锈色脓性带血的鼻液,咳嗽变干而痛苦。眼睑肿胀、流泪眼有黏液或脓性分泌物。有些病例出现腹泻症状,口腔出现溃疡,唇、乳房等部分皮肤出现丘疹,孕羊可能出现流产。

(三)病理变化

剖检变化多限于胸腔,呈典型的纤维素性肺炎变化,有的斑块呈肝脏质地。胸腔内出现淡黄色液体,有纤维性渗出物。严重病例多为一侧纤维素性肺炎,有时波及两侧。肺炎灶切面呈多色性大理石样,小叶界限明显,血管内有血栓形成。胸膜变厚,上有黄白色纤维素层附着,病程较长时,胸膜表面粗糙并附着一层黄白色的纤维素,胸膜与肋膜、心包粘连。

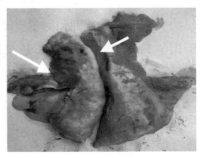

图6-8　胸腔积液、粘连,严重纤维素性渗出,肺脏实变,出现"橡皮肺"

(四)预防及治疗

1.预防

坚持"自繁自养"原则,加强检疫工作,防止引入或迁入病羊和带菌者。加强饲养管理,定期进行羊舍内外消毒,对被污染的羊舍、场地、饲管用具和病羊的尸体、粪便等,应进行彻底消毒或无害化处理。做好疫苗预防接种。山羊传染性胸膜肺炎灭活疫苗,绵羊肺炎支原体灭活疫苗,山羊支原体肺炎双价灭活疫苗(MoGH3-3株+M87-1株)。

2.治疗

泰乐菌素:成年羊10ml/次,肌肉注射。替米考星:10mg/kg体重,皮下注射。氟苯尼考:成年羊10ml/次,肌肉注射;泰乐菌素与本药联用,效果更佳。恩诺沙星:10~12mg/kg体重,混于日粮中饲喂。支原净(泰妙菌素):预防可连续服用50mg/kg,治疗则100mg/kg,服用7~10d。

三、猪支原体肺炎

猪支原体肺炎是由猪肺炎支原体引起的一种慢性呼吸道接触性传染病。又称地方流行性肺炎、猪气喘病,自然条件下主要感染猪,本病分为急性型、慢性型和隐性型,不同年龄、品种和性别的猪均易感,仔猪更易感,成年猪一般呈隐性和慢性感染,病猪和带毒猪是主要传染源,健康猪与病猪接触会通过飞沫进行空气传播,通过呼吸道感染病菌。

(一)病原学

猪肺炎支原体属于软膜体纲、支原体目、支原体科、支原体属,由DNA、核糖体和细胞器构成,因缺少细胞壁,致其形态多样性,高倍显微镜下可见菌体呈环状、杆状、点状、球状,革兰染色阴性,着色不佳,瑞特或吉姆萨染色较好。猪肺炎支原体属兼性厌氧菌,其生长条件苛刻,一般培养基很难培育,并且生长较慢,常因猪鼻支原体的过度生长而被掩盖。猪肺炎支原体对外界环境的抵抗力较弱,存活不超过26h,对恩诺沙星、环丙沙星等药物敏感。

(二)流行特点

自然病例仅见于猪,不分年龄、性别、品种,乳猪、仔猪易感性高、发病率高、病死率高,怀孕哺乳母猪次之,育肥猪较少。病猪和带菌猪为传染源。与健康猪接触,通过咳嗽、气喘、喷嚏将病原体分泌物喷射出来形成气沫经呼吸道感染。其一年四季均可发生,但在寒冷、多雨、潮湿或气候骤变天气较为多见。饲料质量差、阴暗潮湿、拥挤、通风不良是影响本病发病率、死亡率的重要因素。

(三)病理变化

猪支原体肺炎具备一定的潜伏期,最短1d,最长3d,如果猪的抵抗力较强,那么即使机体存在病原也不会发病,一旦其营养不足,抵抗力下降,就会导致病原的大量繁殖进而导致发病。一般来说,结合临床症状我们可以将该病分为以下三种:

1.急性型

急性支原体肺炎多发于新疫区,尤其是刚刚断奶的仔猪以及妊娠期的母猪有着更高的发病率。健康猪在发病之后,其精神食欲明显降低,不喜站立,张嘴大口喘气,严重的会发出喘鸣声,同时会出现咳嗽。测量患病猪的体温可以发现存在明显异常,高达40℃左右,饮水量明显减少,鼻液增多,上述症状往往会持续2周左右,不耐过的患病猪极易死亡。

2.慢性型

慢性支原体肺炎大多是由急性转变而来的,常见于老疫区,尤其是育肥猪以及后备母猪有着更高的发病率。猪在患病之后,尤其是在运动之后会出现明显的咳嗽以及气喘现象,并伴有头低垂以及拱背现象,其精神状态萎靡,食欲以及饮水变化不明显,在严重的咳嗽状况下其食欲才会明显下降。

3.隐性感染型

隐性感染型支原体肺炎多发于老疫区,主要是由急性、慢性患病猪转变来的。患病猪的病症并不明显,尤其是在一些大规模的生猪养殖场,患病猪极易被忽略,给猪的健康生长带来了不小的影响。对于隐性感染型支原体肺炎的患病猪,只有利用X射线检查才能够发现,或者对病死猪进行剖检和实验室检查才能够发现。

(四)诊断

1.临床诊断

对症状明显的病,依据流行病学、临床症状和病理变化特征即可做出初步诊断。x线检查对本病诊断具有重要参考意义。

猪支原体肺炎主要引起的病理变化是肺脏、肺门淋巴结和肺纵膈淋巴结肿大。剖检发现,病猪气管与支气管存在出血点,纤维性渗出和大量黏性分泌物,肺脏明显肿大,是正常的2~3倍,伴有水肿,黏膜充血,肺脏外周包裹大量黏液,呈拉丝状。肺脏病灶广泛,其中肺的心叶有大量出血点、坏死灶,病理变化最为明显,其次肺脏的顶叶和中叶肿胀,有针尖大小的出血点、大量黏性分泌物。在肺脏间隔区的下部区域存在大量病灶。整个肺脏的病理变化呈现出双侧对称的典型特点。病死猪颈部淋巴结明显肿胀,触感坚硬,颜色较暗,淋巴结表面存在黏性分泌物。剖检发现,病死猪胸腔和心包腔内黏膜肿胀、充血,出血点处有大量纤维蛋白渗出。

2.实验室诊断

主要为血清学诊断:包括ELISA、免疫荧光实验和PCR。

3.鉴别诊断

应注意本病与猪肺疫和猪肺丝虫病的鉴别诊断。

（五）预防和治疗

1.预防

为了能够有效降低猪支原体肺炎的发病几率,就必须要认真做好预防工作。由于该病的潜伏期非常久,尤其是一些隐性感染型病猪,会排放大量的病菌且不易被发现,极易导致全群感染,给养殖户带来巨大损失。

（1）疫苗免疫

疫苗预防猪支原体肺炎有着良好的效果,在这一过程当中,必须要确保合理的接种疫苗才能够起到良好的预防效果。疫苗有两种,一种为弱毒苗,一种为灭活苗,均有一定免疫效果,在免疫同时控制同圈感染至关重要。

（2）加强饲养管理

养殖户在养殖的过程当中做好饲养管理工作至关重要,必须要确保饮食营养充足,定期在饲料当中添加一些维生素,满足猪群生长营养需求。同时要做好防寒保暖工作,确保猪舍光照通风正常,为猪群的生长营造健康、舒适的环境,避免疾病的发生。

（3）加强消毒工作

做好消毒工作是预防支原体肺炎的重要措施,尤其是墙面、地面、槽具以及进出车辆,必须要进行全面彻底的消毒,同时要及时清理粪污,避免细菌的大量孳生影响猪群的健康生长。

2.治疗

对于猪支原体肺炎的治疗,主要以抗生素为主,包括泰乐菌素、泰妙菌素、氟甲砜霉素以及喹诺酮等,使用的过程当中需要交替用药,避免出现耐药性,提升治疗效果,连续治1周即可控制病情。或者也可以使用中草药来治疗该病,包括皂角、醉鱼草根、石菖蒲、臭牡丹、苦参、甘草等,将中草药加适量水煎熬成汤灌服给患病猪即可。

第三节　链球菌病

链球菌是一种革兰氏阳性菌,具有非常多的种类,共同特征是菌体呈卵圆形或者圆形,往往呈链状排列,短时由4~8个菌体构成,长时能够达到几十个乃至几百个。接种在固体培养基上培养,会长出短链状菌体;接种在液体培养基上,会长出长链状菌体。该菌无法形成芽胞,也没有鞭毛,部分具有荚膜。链球菌具有较弱的抵抗热和一般消毒药的能力,大部分菌体加热到60℃经过30min就能够被杀死,煮沸则可立即被杀死。病菌使用一般的消毒药,如1%煤酚皂液、0.1%新洁尔灭、2%石炭酸,都能够在3~5min内被杀死。病菌在阳光下直射2h也能够被杀死。在0℃~4℃下能够生存150d左右,在冷冻条件下可保持6个月不发生变性。多种动物都容易感染链球菌病,且不同动物在流行病学上存在一定的差异,但都会具有一个相同点,即都呈散发流行。

一、牛链球菌病

牛链球菌病是一种人畜共患传染病,临床表现多种多样,可引起败血症、局限性感染等。此病广泛存在于世界各地,严重威胁人畜的健康。

（一）流行特点

此病传染源为患病牛、病死牛以及各种带菌动物，致病病毒主要存在于带菌动物体内的脏器、分泌物及排泄物之中。3周龄以内的犊牛最易感染牛肺炎链球菌病；奶牛最易感链球菌乳房炎。各种动物均易感此病，牛群中奶牛、牦牛、犏牛易感性较高。致病菌主要是通过呼吸道、损伤的皮肤和黏膜、断脐、吸血昆虫进行感染。链球菌病高发季节集中于冬春两季，新疫区呈流行性发生，老疫情呈散发性或者是流行性发生。饲养管理不良、环境卫生条件差、炎热干燥、寒冷潮湿、寄生虫病、各种外伤等因素，均可诱发此病及流行。

（二）病理变化

1.牛链球菌乳房炎

本病常见多发，奶牛的感染率为10%~20%。主要表现为浆液性乳管炎和乳腺炎。

（1）急性型

乳房肿胀、发热、变硬、有痛感。体温升高，病牛不安，食欲减退，产奶量减少或停止。病牛行走困难，常卧地、呻吟、后肢伸直。病初乳汁呈微蓝色至黄色，出现细小的凝块，病情加重后乳房分泌物类似血清，呈浆液出血性，含有纤维蛋白絮片和脓块，呈黄色或红黄色。

（2）慢性型

多数为原发病例，少数为急性转变而来。临床上症状不明显。产奶量逐渐下降，乳汁有咸味，呈蓝白色水样，含有凝块和絮片。触摸乳腺组织有不同程度的灶性或弥漫性硬肿。乳池黏膜变硬，呈增生性炎症时，表现为颗粒状至结节状突起。

2.牛肺炎链球菌病

本病为犊牛的一种急性败血性传染病,又称肺炎双球菌感染。

(1)最急性型

病牛全身虚弱,不吮乳。发热,呼吸困难,眼结膜发绀,心脏衰弱,神经紊乱,四肢抽搐、痉挛;常取败血症经过,几小时内死亡。

(2)急性型

鼻镜潮红,流脓液性鼻汁。结膜发炎,消化不良,腹泻。有的发生支气管炎、肺炎伴有咳嗽,呼吸困难,共济失调,肺部听诊有杂音。病程可延至2d以上。

3.败血型链球菌病

临床上可分成最急性型、急性型和慢性型三种。

(1)最急性型

病牛突然出现发病,病程持续时间较短,往往没有出现任何症状就突然发生死亡,或者食欲突然减退或者彻底废绝,体温明显升高,能够达到41℃~43℃,呼吸加快,通常在24h内发生死亡。

(2)急性型

病牛往往突然出现发病,体温明显升高,能够达到40℃~43℃,呈现稽留热;呼吸加速,有浆液性或者脓性鼻涕流出,鼻镜干燥;结膜潮红,不停流泪;耳廓、颈部、四肢下端以及腹下皮肤呈紫红色,并存在出血点。

(3)慢性型

病牛表现出多发性关节炎,一肢或者多肢的关节出现发炎,关节明显肿胀,发生跛行或者瘫痪,最终由于麻痹、衰弱而发生死亡。

4.脑膜炎型链球菌病

主要症状是脑膜炎,通常是哺乳犊牛和断奶犊牛容易发生。病牛主要表现出神经症状,如口吐白沫、磨牙,呈转圈运动,不停抽搐,倒地后四肢呈游泳状划动,最终由于麻痹而发生死亡。

(三)预防及治疗

1.预防

加强饲养管理、严格消毒制度、注意疫病检疫、积极药物预防措施。避免牛只外伤,消灭吸血昆虫和体表寄生虫。严格消毒制度,合理开展定期消毒工作。养殖舍内用具、运动场、周边环境可用浓度为2%的来苏儿溶液或浓度为0.5%的漂白粉溶液进行彻底消毒。定期清扫牛舍,及时清理牛排泄粪便、污物等等,保证牛舍清洁卫生,合理通风,保证舍内空气干燥。加强疫病检疫,尤其是在种牛引进过程中,一定要严格检疫措施。引进牛隔离饲养30d,分阶段抽样检测,健康无疫病者方可放入大群饲养。对于无治疗价值的病患牛,要严禁宰杀吃肉,将病死尸体及其污染物做无公害化处理,深埋或焚烧。

2.治疗

有条件的地方在治疗前要做药敏实验,以选择最有效的、最敏感的抗生素或磺胺类药物治疗。

全身疗法:常用的药敏药物有青霉素、庆大霉素、土霉素、乳酸环丙沙星注射液。剂量参照:青霉素,1万单位/kg体重,肌肉注射,2次/d;庆大霉素,1~1.5mg/kg体重,肌肉注射,2次/d;土霉素,5~10mg/kg体重,肌肉注射,2次/d;乳酸环丙沙星注射液,2~2.5mg/kg体重,肌肉注射,2次/d。全身治疗的同时,要结合强心、补液、解毒等对症治疗措施。

局部疗法:对于链球菌引起的乳房炎,可用青霉素(使用剂量80万单位)、链霉素(使用剂量50万单位)混合溶解,借助乳导管注射器通过乳头管注入乳房,2次/d,连续治疗4d,即可痊愈。对于局部肿胀症状,可用抗生素软膏涂抹病患处,或者是直接切开,将脓汁挤出,按照外科处理治疗。

二、羊链球菌病

羊链球菌病是由溶血性链球菌引起的一种急性、热性、传染病,每年11月至次年3月发病比较多,易感动物是绵羊和山羊。在养殖场多经消化道和呼吸道传播,羊只免疫力低下容易发病,老疫区发病较多。病羊主要表现精神状态不佳,食欲下降,咽喉疼痛肿胀,淋巴结肿大和纤维素性肺炎。成年羊多表现败血症,羔羊以浆液纤维素性肺炎为特征。病死率达80%以上。

(一)病原学

羊链球菌病主要是由溶血链球菌感染后引起的发病。链球菌通过革兰氏染色后呈紫色的球形,且多呈链状排列,其不具有运动特性,通常也不能形成芽孢。链球菌对环境温度的适应性比较强,能够适应低温和常温。通常在低温下能够长期存活,如−20℃的环境中可以存活一年,甚至更久。在室温下存活时间不少于90d。高温可将其灭活,60℃需要30min便可失去活性。其对消毒药物较为敏感,使用常规消毒剂就可以将其杀死,如苯扎溴铵、来苏尔等。

(二)流行特点

本病的发病具有明显的季节性,在冬季和早春季节发病率较高,尤其是在北方地区,每年的2~3月是高发期。所以应该在这段时期严格监控羊群,防止发病。本病的传染源是发病羊和隐性感染的羊。传播途径主要通过呼吸道传播,病羊通过呼吸道将病原菌排出体外,还有可能是通过直接接触来传播,甚至还能够通过一些寄生虫的感染而间接进行传播。可以传播本病原菌的寄生虫主要是蜱和虱子。本病的易感动物主要是羊,绵羊的易感性高于山羊,藏羊的发病率也较高。从羊群的角度出发,羔羊和处于妊娠阶段的母羊有较高的发病率。本病具有较强的传播特性,且具有较高的死亡率。

(三)临床症状

本病的临床症状通过其发病后病情的发展以及病程的长短,可以将其分为4种类型。即:最急性型、急性型、亚急性型和慢性型。

1.最急性型

羊链球菌病发病最急情况就表现为发病急,通常在发病后,来不及治疗就会出现死亡情况。这种类型的病羊通常不会表现出典型的临床症状。即使有病羊出现临床症状,也会在极短的时间内发生死亡,羊在发病后24h内就会出现尖峰式死亡。

2.急性型

急性型的发病比最急性要缓,病程略长。急性型病羊的病程一般为3d。能够表现出羊链球菌病的全部症状。可见病羊体温升高,甚至可以超过41℃,精神沉郁,食欲明显下降,停止反刍,病羊结膜有潮红,鼻腔有黏脓性鼻液,触摸病羊,可以发现其颌下淋巴结肿胀,咽喉部位也会出现肿胀。病羊还会表现出严重的咳嗽和呼吸困难的情况,排出的粪便中带有血液。处于妊娠阶段的母羊会出现流产现象。

3.亚急性型

亚急性型病程更长,一般在7d左右。这个型的病羊表现为体温升高、食欲下降、不断的咳嗽和气喘,有的病羊有腹泻症状,粪便稀软,在粪便中可见有血样物质。

4.慢性型

慢性型的病羊症状为食欲废绝,病羊长期咳嗽和气喘,渐进性的消瘦,部分病羊还会出现关节炎症状,其行走不稳,出现跛行。

本型的病程会更长,可以达到1个月甚至数月。如果不进行治疗,最终因体质衰竭而死亡。

(四)病理变化

成年羊表现全身性败血症变化,各脏器广泛性出血,网膜、系膜、胸腹膜、心冠状沟以及心内外膜有出血点;咽喉部黏膜极度水肿,上呼吸道黏膜充血、出血,全身淋巴结尤其颌下淋巴结和肺门淋巴结肿大2~7倍,切面隆起,有透明黏稠的胶样丝缕物;肺充血、出血、水肿与气肿;胆囊肿大7~8倍,胆汁呈淡绿色或因出血而似酱油状。

羔羊常表现肺炎型:除轻度败血症变化外,其特征性病变为浆液纤维素性肺炎和胸膜炎。

(五)诊断

1.现场初诊

根据临床症状、剖检情况、病死程度结合地方流行病史可做出初步诊断。

2.实验室确诊

通过病菌染色镜检、分离鉴定、动物接种实验和PCR检测进行确诊。

3.诊断要点

感染畜种、年龄、发病季节;体温、饮食、呼吸、咽喉部是否肿胀、结膜是否发炎、死亡情况等;羊只剖检变化,是否有胶性丝缕物样的炎性渗出物;病菌镜检。

(六)预防及治疗

1.预防

严格入场检疫程序,谨慎进羊;加强饲养管理,做好环境卫生消毒工作;疫苗免疫,常用铝胶灭活苗,流行严重地区,可对绵羊使用弱毒菌苗(尾根皮下注射,免疫期1年)。

2.治疗

原则为早期诊断、抗菌消炎。早期用磺胺类药物,重症羊可先肌注尼可刹米,以缓解呼吸困难,再用盐酸林可霉素、特效先锋等抗菌药物,加入维生素C、地塞米松,进行静脉注射。

三、猪链球菌病

猪链球菌病是一种由不同的链球菌引起的人畜共患病,以猪链球菌2型为主,人感染后能够导致脑膜炎、心内膜炎等一系列疾病。这种疾病危害性很大,具有一定的潜伏期。如果不及时治疗,猪链球菌病的病情就会迅速发展,病死率极高。该病呈世界性分布,我国农业部将其列为二类动物疫病。

(一)病原学

本病的病原为革兰氏阳性菌,呈球形,常表现为单个、成对或呈链状排列。是一种兼性厌氧菌,病原不会形成芽孢,没有鞭毛,不能够运动。其在血平板上能够生长并形成溶血环,不同动物血液平板中形成的溶血环不同,分别为α溶血和β溶血。

(二)流行特点

猪链球菌病发病率最高的季节是每年的夏秋季节,但该病在春冬季节也会发生。各个年龄段的生猪在面对猪链球菌的时候都是脆弱的,易受感染并促发死亡。猪链球菌的外源性传染是主要传染途径,可以通过病猪、死猪传染,甚至病愈以及健康猪也能在排毒的过程中传染猪链球菌病。此外,猪链球菌的生存能力也很强。该菌在60℃水中可存活10min,在50℃水中能存活2h,在常温的水中可存活1~2周,在4℃的动物尸体中可存活6周,在0℃灰尘中可存活1个月,在粪中则可存活3个月,在腐烂的猪尸体中、在特定的环境条件下也可以存活6周。

(三)病理变化

高致病性的猪链球菌能够引起多个部位发病和死亡。但低致病性的病原菌是一种动物体内常在菌。

1.脑膜炎型

这是本病最易发的病原型,病猪表现为精神沉郁、运动功能失调,后躯麻痹,常表现为犬坐姿势,不能站立,严重的病猪出现角弓反张,抽搐和倒地后四肢划水状。

2.败血型

病猪体温升高,精神不振,食欲下降,有咳嗽和流鼻液症状,常在当天晚上还未见有症状,次日就发现有病猪死亡,有的病猪还可见有末梢部位出现发绀症状。

3.关节炎型

关节炎型多表现为关节肿胀和跛行,病猪不愿意站立和行走,表现为疼痛。

4.淋巴结型

发病多见于下颌淋巴结,其次是在颈部和咽喉部位的淋巴结,从外边可以触摸到淋巴结变硬、肿胀、发热。同时还可能有咳嗽和流鼻液的症状。

(四)诊断

本病通过临床症状和病理变化可以做出初步诊断,确诊需要应用病原的分离鉴定、免疫学方法和分子生物学方法。常用的免疫学方法主要有凝集实验、沉淀实验和ELISA实验。而分子生物学方法主要是PCR方法。

(五)预防及治疗

1.做好养殖管理工作

链球菌适合生存在卫生条件较差的环境中,在养殖管理工作中,需要保证圈舍具有良好的通风条件,定期对圈舍进行彻底清洁与消毒,提高圈舍的卫生水平。与此同时,为了避免链球菌从外界传入猪场,应尽量采取自繁自养的养殖方式,有效地降低链球菌传入的概率。

2.严格执行免疫程序

在对猪链球菌病进行防治的过程中,需要采取以预防为主、防治结合的策略,选择合适的时间为生猪接种相应的疫苗。妊娠母猪在产前4周接种,仔猪于1月龄和45日龄进行两次接种。

3.药物治疗

抗生素是治疗本病的最佳药物。对于败血症型和淋巴结型,病原菌集中在血液及全身组织中,此时使用常规敏感抗生素治疗即可,如林可霉素、利高霉素、氟苯尼考等,按规定剂量使用,注射或口服均可。对于脑膜炎型的治疗,由于链球菌感染在脑部,只有使用能穿透血脑屏障的药物才能到达病灶部位,符合此要求的抗生素较少,最常见的为硫酸头孢喹肟和磺胺类药物,临床使用时一定要注射给药,使药物大量通过血脑屏障,确保疗效。对于关节炎型和局部化脓性感染,建议将抗生素直接注入病灶,这样药物的生物利用度可大大提高,且起效快,效果显著。需要注意的是用药前将脓液挤出排净,否则会对药效产生影响。

第四节 病毒性腹泻

一、牛病毒性腹泻

牛病毒性腹泻又称黏膜病,是由牛病毒性腹泻病毒感染引起的一种具有较高发病率以及死亡率的高度接触性的传染病。该病以发热、腹泻、咳嗽、黏膜溃疡为主要症状,常常引起母牛的产奶量下降,肉牛产肉率降低,还会导致怀孕母牛出现流产以及产死胎、畸形胎的情况,是一种会对养牛产业造成严重危害的疾病。

(一)病原学

牛病毒性腹泻病毒又名黏膜病病毒,是黄病毒科黄病毒属的成员,为单股RNA、有囊膜的病毒,直径50~80nm,呈圆形。一般牛病毒性腹泻病毒分为牛病毒性腹泻病毒1型(BVDV.1)和牛病毒性腹泻病毒2型(BVDV.2)。

牛病毒性腹泻病毒对乙醚和氯仿等有机溶剂敏感,病毒悬液经胰酶处理后(0.5mg/ml,37℃下60min)致病力明显减弱,pH5.7~9.3环境下病毒相对稳定。病毒在低温下稳定,真空冻干后,-60℃~70℃下可保存多年。

(二)流行病学

病毒性腹泻是在牛的养殖过程中较为多见的疾病,各种年龄的牛都易感染,且以幼龄牛易感性最高。大部分情况下,新生牛犊在进行牛乳的吸吮时,能够利用乳汁获取母体中的抗体从而加强自身的免疫抵抗力,并保护新生牛犊的消化系统,从而保证牛犊可以安全度过犊牛时期。而此类母体抗体大部分情况下能够持续半年左右的时间,超过半年后抗体会出现持续性的下降直至消失。而没有了母体抗体,牛犊就会极易感染病毒,而且这种病毒能够经过胎盘进行传播。特别是母牛怀孕初期,主要利用胎盘进行营养物质的输送,会导致病毒随着血液进入牛犊体内,在牛犊长大之后,其血清当中依旧有此类病菌的存在,当带有病菌的牛放入牛群之后,就会出现牛群的病毒携带,并扩大病毒的感染面积。

(三)临床症状

临床上表现为腹泻型和黏膜型两种类型。

腹泻型:这种类型最为常见,致死率低,发热、沉郁、腹泻、脱水,唇、腭、齿龈、口腔黏膜上皮出现浅表性烂斑,轻度到中度流涎、呼气恶臭,随后出现严重腹泻,稀粪呈水样。后期内含血液和脱落的肠黏膜,病程有的长达一个多月。有的因蹄叶炎面出现跛行,产奶下降、流产等。

黏膜型:主要侵害犊牛和青年牛,潜伏期7~9d,突然发病,病牛精神沉郁,食欲先减退后废绝,反刍停止。体温升高至41℃~42℃,精神不振,鼻液由浆液性到黏液性,最后变为脓性。流涎、结膜炎、咳嗽,随后鼻镜、舌、口腔、食道、前胃和肠黏膜糜烂。死亡率高达90%。

(四)病理变化

肉眼可见鼻镜、鼻孔、齿龈、口腔黏膜有糜烂及浅溃疡,严重的在咽喉黏膜出现弥漫性坏死。食道黏膜腐烂是本病的特征。鼻腔黏膜潮红、充血,整个消化道广泛性充血、出血、水肿,其中小肠黏膜有严重充血、出血、脱落,肠壁薄,尤以空肠和回盲瓣最明显,肠内容物为红色,含有大量气泡和黏液;瘤胃黏膜偶见出血和糜烂,皱胃出现炎性水肿和糜烂,小肠呈急性卡他性炎症,盲肠、结肠、直肠有出血、溃疡、卡他性及坏死性炎症。蹄部趾间及蹄冠有糜烂性溃疡和坏死。

(五)诊断

根据临床症状和发病特点可对该病进行初步诊断,还应与其他具有相似症状的疾病进行区别,确诊需进行实验室检测。病毒性腹泻在发病初期有口炎,随病情加重会出现严重的腹泻;而恶性卡他热虽然也会产生腹泻,但在发病末期才会出现腹泻。此外,蓝舌病以及口蹄疫也会产生口炎,但不发生腹泻。为了保障诊断结果的准确性,还需采取血清实验确诊。

(六)病毒性腹泻的危害

牛病毒性腹泻是一种具有较大危害的疾病,一旦发生,很难对其进行有效的控制以及消灭。由于养牛场对该病缺乏足够的重视,导致该病不断扩散以及蔓延,给我国养牛产业造成了无法估量的损失,因此养牛场以及相关行业必须要充分重视。

1.导致生产性能下降

奶牛患病以后其产奶量会明显下降,乳汁的品质也会明显降低;母牛在发病以后,常常会出现腹泻、继发感染甚至突然死亡,进而造成严重的直接经济损失。

2.引起牛的繁殖障碍

该病常导致母牛不孕或怀孕母牛的胚胎死亡,以及产出死胎、弱胎、畸形胎、木乃伊胎等,给养殖户带来巨大的经济损失。

3.引起持续性感染

怀孕母牛在患病以后,如果没有出现流产以及死胎的情况,其所产胎儿在出生以后就会因持续性的感染而带毒,绝大多数持续性感染的牛虽然外观较为正常,但是由于其牛病毒性腹泻抗原呈阳性,而抗体成阴性,导致牛终身携带并且传播病毒,因持续感染的母牛其后代也会呈现持续感染带毒的情况,导致母性持续感染家族的形成。持续性感染的牛常常出现发育不良以及生产性能下降的情况,因而对养牛场来说持续性感染的牛是没有饲养价值的。

4.引起免疫抑制

牛病毒性腹泻病毒会导致宿主出现免疫抑制,进而损害其免疫机能,使机体的易感性增强,容易发生多种疾病及降低生产性能。如果感染牛只是产生免疫抑制,其体内存在的病毒,会源源不断的向外界排毒,即使病牛康复,也会长期带毒,成为潜在传染源。

5.引起黏膜病

如果牛是慢性感染,会引起黏膜病。黏膜病作为一种严重的临床疾病,虽然其发病率并不高,但是其死亡率可以达到100%,会造成非常严重的危害。

6.对相关产品造成污染

牛感染了病毒性腹泻以后,会导致其胚胎、冻精、血清以及疫苗等各种生物制品受到常在污染,进而给我国畜牧养殖产业以及相关各个领域造成严重的经济损失。

(七)预防措施

1.强化检疫监督

首先,要严禁从疫区引进牛只,应制定一个完善的检疫程序,做好产地、运输以及畜禽交易市场各个环节的检疫工作;其次,要做好进出口的检疫工作,严格进出口种牛及其相关制品的检疫工作;此外,在牛场内应当定期对全部牛只进行专项检疫,从而对牛场内牛病毒性腹泻的实际感染情况以及具体的流行动态进行准确的掌握。

2.做好流行病学的调查工作

对当地的规模化养牛场以及优良品种的繁育基地进行牛病毒

性腹泻的流行病学调查,要全面掌握该病的流行规律,搞清牛病毒性腹泻病毒流行株的基因型以及生物型,建立一个全面的病毒谱系,通过对各毒株的致病性以及危害性的深入分析和研究,筛选和培育疫苗候选毒株,进而开展灭活疫苗以及弱毒疫苗的研究以及开发工作。

3.建立一个完善的监测体系

兽医主管部门应将牛病毒性腹泻病纳入到常规的监测疫病当中,建立一个完善的牛病毒性腹泻持续性感染的定期监测制度,做好畜群感染动物的鉴别以及确定工作,在此基础上将阳性动物及时剔除,对该病的流行状况进行准确的评价。

4.做好免疫接种工作

当前牛病毒性腹泻病没有被纳入到我国疫病防控体系当中。有研究表明猪瘟兔化弱毒疫苗对该病有一定的防疫效果,但是还需对其防制机理进行进一步的研究。对一些牛病毒性腹泻病发病较为严重的牛场以及地区,可以结合当地疫病的流行特点,为牛只接种牛病毒性腹泻相关疫苗。

5.对牛群进行淘汰净化

首先,发现牛病毒性腹泻病毒血清抗体呈阳性的牛只,应立扑杀并要做好无害化处理,避免疫情的蔓延;要做好种牛病毒性腹泻病毒的净化工作,必须对购入的动物以及生物制品进行严格追溯,对牛病毒性腹泻病毒可能的外来传播渠道进行严格控制,对种牛场全部的阳性牛只进行彻底的淘汰。

6.进行科学的饲养管理

要对引进牛只制定一个完善的隔离检疫制度;在牛场内必须严格消毒;将潜在感染以及发病动物进行有效隔离,以防畜群与其接触;公牛与母牛配种之前,必须进行检测,看其牛病毒性腹泻病毒是否为阳性;对牛场进行规范管理,对牛群的饲料进行科学的调配,有效提高牛群的体质,减少该病的发生;对妊娠母牛,在其分娩之前,应当饲喂全价饲料;在犊牛出生后,除了要保证其尽早吸吮到足量的初乳以外,还需为其注射或者投服抗生素类药物进行预防。

7.制订完善的根除计划

相关主管部门应结合牛病毒性腹泻的流行情况以及检测结果,适时制订一个完善的根除计划,将国内外各种成功经验与我国的实际特点进行有机结合,制订出合理可行的防控措施,对牛病毒性腹泻进行有效的防治。

二、猪病毒性腹泻

猪病毒性腹泻主要是感染传染性胃肠炎病毒、流行性腹泻病毒以及轮状病毒而引起,猪感染这三种病毒会具有基本相似的外观特征,都是突然出现发病,经过2~5d就会扩散至全群。病猪主要症状是停止采食、严重腹泻、呕吐以及脱水,往往排出灰色水样稀粪,严重时甚至呈喷射状排粪,有时粪便中存在泡沫样附着物,体温基本正常或者稍微偏高。如果没有及时采取有效的措施,会严重损害经济效益。

(一)流行病学

各个日龄的猪都能够感染发病,且不同日龄的猪感染后所表现出的临床症状轻重程度有所不同,越小日龄感染具有越重的症状,且病死率也越高。该病的主要传染源是病猪和带毒猪,往往通过粪便、尿液、鼻分泌物及呕吐物将病毒排出体外,并对环境、空气、饮用水、饲料造成污染,易感猪主要经消化道感染发病。该病的发生呈现明显的季节性,通常在气候寒冷的晚秋、冬季以及早春季节发生。另外,病原能够长时间存在于环境中,只要出现流行则不易彻底净化,这可能是由于病毒的抗逆能力较强。

(二)临床症状

1.猪传染性胃肠炎

该病通常具有0.5~1d的潜伏期,主要特征是发生水样腹泻。哺乳仔猪往往突然出现发病,先是呕吐,接着发生严重的水样腹泻,排出黄绿色或者灰色粪便,有时呈白色,其中通常混杂没有消化的凝乳块,渴欲明显增强,严重脱水,机体快速消瘦。病猪日龄越小,病程持续时间越短,越容易死亡,如小于10日龄通常在2~4d内死亡。母猪、公猪以及育肥猪感染后所表现出的临床症状轻重程度不同,通常是食欲减退、泌乳减少或者完全停止,少数出现呕吐,腹泻严重时粪便呈喷射状排出,往往为水样稀粪。个别会由于严重脱水或者继发感染而死,大部分经过1周左右能够自然康复,但体重会出现不同程度的下降。

2.猪流行性腹泻

该病的症状与猪传染性胃肠炎非常相似,通常具有5~8d的潜伏期,在吮乳或者采食后往往出现呕吐,并伴发水样腹泻,腹泻前存在短暂性的发热。越小日龄的猪感染,其临床症状越重,机体消瘦、贫血,小于1周龄的仔猪通常在腹泻的3~4d后由于极度脱水而死亡,病死率能够达到50%~100%。育肥猪、成年猪感染后具有较轻的症状,主要表现出采食减少、排出水样粪便,但预后良好。

3.猪轮状病毒病

病猪初期精神萎靡,食欲不振,往往在采食后出现呕吐,接着快速发生腹泻,排出黄白色或者暗黑色的糊状或者水样粪便,机体逐渐脱水。一般来说,有母源抗体的新生仔猪在1周龄以内基本不会出现发病,但没有母源抗体时容易感染,且具有较重的症状,死亡率可达到100%。2~3周龄的哺乳仔猪患病后具有较轻的症状,治疗1~2d能够痊愈,死亡率非常低。3~8周龄的仔猪患病后,死亡率通常只有3%~10%,严重时会达到50%左右。在气候突变或者继发感染大肠杆菌等病原微生物时,会促使病猪症状加重,死亡率升高。

(三)预防及治疗

1.疫情处理

猪群出现发病后,要立即对病猪进行隔离治疗,同时对猪舍、通道、场地、车辆以及用具等使用0.2%过氧乙酸溶液或者2%~3%氢氧化钠溶液等进行彻底消毒,禁止人员以及猫、犬等其他动物进出猪舍。

2.疫苗免疫

当前,防控该病的有效措施仍然是给母猪接种免疫疫苗。妊娠母猪适宜在产前大约4周注射猪传染性胃肠炎、流行性腹泻、轮状病毒病二联或者三联疫苗。另外,还要加强猪伪狂犬病、仔猪C型产气荚膜梭菌病、大肠杆菌病、仔猪副伤寒等免疫工作。

3.加强饲养管理

采取引种隔离。猪场条件允许时,最好采取自繁自养。如需到外地引种,要求必须去资质良好的猪场购买,且按照有关规定进行严格的检疫,到场后要先经过45d的隔离饲养,经过实验室检测确定没有感染疫病后才可混群饲养。

严格消毒。规模化猪场要采取全进全出、封闭式饲养,定期进行消毒灭源,粪污必须及时清理并进行无害化处理。清空猪舍要经过全面清洗、消毒,空置3~5d才允许转入新的猪群。

加强日常饲养管理。要求供给全价饲料,禁止饲喂发生霉变的饲料,气温骤变的季节,要饲喂品质优良、富含营养且比例均衡的饲料,增强机体的非特异性免疫力。断奶初期不宜饲喂过饱,要从少喂勤填逐渐变为自由采食。

4.治疗

猪病毒性腹泻暂时没有特效的治疗方案,不过为了阻止继发感染及因为脱水带来的衰竭,应采取针对性的治疗方法。如对发病生猪注射5%碳酸氢钠和葡萄糖生理盐水能有效缓解酸中毒与脱水情况,同时利用肠道抗菌药(如诺氟沙星、磺胺甲唑、庆大霉素等)也能抑制继发感染,还可利用高免血清、抗生素、磺胺类药物展开治疗,都可对继发感染形成有效预防。

采用猪用干扰素每天进行1次注射,连续使用3d,并且无论猪只大小都应注射2ml。同时并用恩诺沙星注射液能预防继发感染,按照猪体重进行每千克用药0.1ml肌肉注射,2次/d,连续3d。

做好发病仔猪腹腔补液,一般采用5%葡萄糖20ml、生理盐水10ml、5%碳酸氢钠10ml、VC3ml,每天补充2次且口服诺氟沙星2ml。针对发病初期的仔猪可口服双黄连4ml,2次/d,每间隔1h口服杨树花1ml能起到良好的治疗效果。此外,利用磺胺脒4g、碱式硝酸铋5g、苏打3g,对猪只进行混合灌服,进行电解质、复合维生素及葡萄糖氯化钠溶液的静脉注射,能让猪群有一定的好转。

第七章　动物疫病防控

第一节　动物疫病防控措施

一、动物疫病防控

根据我国动物防疫法，动物疫病防疫是指动物疫病的预防、控制、扑灭以及动物、动物产品的检疫。从流行病学角度来看，疫病预防就是采取各种措施将疫病排除于一个受感染的畜群之外。具体的疫病预防就是采取隔离、扑杀、检疫等措施不让传染源进入尚未发生该病的地区；采取集体免疫、集体药物预防以及改善饲养管理和加强环境保护等预防措施，减少或消除疫病的病源，以降低已出现于畜群中疫病的发病数和死亡数，并把疫病限制在局部范围内。

动物疫病防控包括平时的预防措施和发生疫病时的扑灭措施。平时的预防措施即加强饲养管理，搞好卫生消毒工作，增强家畜机体的抗病能力，贯彻自繁自养的原则；拟订和执行定期预防接种和补种计划；定期进行杀虫、灭鼠、防鸟，进行粪便无害化处理；加强动物检疫（检疫是指利用各种诊断和检测方法对动物及其相关产品和物品进行疫病、病原体或抗体检查），防止动物疫病的传入、传出；根据当地动物疫情分布，有计划地进行消灭和控制，逐步建立无规定动物疫病区。发生疫病时的扑灭措施：及时发现、诊断和上报疫情并通知邻近单位做好预防工作；迅速隔离病畜，污染的地方进行紧急消毒。若发生危害性大的疫病，应采取封锁等综合措施；实行紧急免疫接种，并对病畜进行及时、合理的治疗；严格处理病死畜和淘汰的病畜。

二、动物疫病防控的意义

预防、控制与扑灭动物疫病，促进养殖业健康发展。保障畜产品质量安全，维护公共卫生安全。

三、动物疫病防控的原则

建立健全各级兽医防疫机构，以保证兽医防疫各项措施的贯彻落实；建立健全并严格执行兽医法规；贯彻"预防为主"的方针。

重大动物疫情应急工作24字方针：加强领导、密切配合，依靠科学、依法防治，群防群控、果断处置。做到及时发现，快速反应，严格处理，减少损失。

重大动物疫情应急工作原则：属地管理，实行政府统一领导、部门分工负责，逐级建立责任制。

四、动物疫病防控的任务目标

从流行病学角度来看，动物疫病预防就是采取各种防控措施将疫病排除在一个未受感染的畜群之外；具体的疫情预防就是采取隔离、扑杀、检疫等措施不让传染源进入尚未发生该病的地区；采取集体免疫、集体药物预防以及改善饲养管理和加强环境保护等预防措施，减少或消除疫病的病原，以降低已出现于畜群中疫病的发病数和死亡数,并把疫情限制在局部范围内。

当前目标:做好动物疫病防控,确保不发生重大动物疫病。

终极目标:疫病的消灭代表着一定种类病原体的消灭,以达到保护动物、人类健康的目的。

五、动物疫病防控制度

动物疫病防控制度是为了切断疫病传播的各种途径,根据本地区防疫工作的实际情况,建立、健全切实可行的动物疫病防疫制度。包括主体责任制、场区备案制、养殖场监管制、养殖档案制、免疫责任制、免疫标识制、强制免疫制、月补免日制、储备制度、动物防疫条件审查制、动物防疫消毒制度、生物制品管理制度、防疫监督制、村级管理制、质效确认制、疫情报告制以及责任追究制。

主体责任制:各级人民政府是动物防疫工作的责任主体,对本地区动物防疫工作负总责。

场区备案制:畜禽养殖场、养殖小区应当具备《中华人民共和国畜牧法》规定的各项条件,各县(市、区)畜牧兽医行政主管部门对当地畜禽养殖场、养殖小区实行备案管理。

养殖场监管制:不同规模的养殖场由不同级别的人员实行监管,建立健全畜禽规模养殖场"一对一"监管制度,明确规模养殖场防疫责任人、监管责任人和行政责任人。建立监管人员工作记录制度,"一对一"监管责任人每月到场巡查监管不少于1次,制定监管责任制,实行责任追究。加强对防疫责任制、监管责任制和各项防疫措施落实考核,确保各项工作责任有效落实。

养殖档案制:在各县(市、区)畜牧兽医行政主管部门的监督下,各畜禽养殖场、养殖小区都必须建立畜禽养殖档案。载明所饲养畜禽的品种、数量、繁殖记录、标识情况、来源、进出场日期和出场时重量;饲料、饲料添加剂、兽药等投入品的来源、名称、使用对象、时间和用量;检疫、免疫、消毒情况;禽发病、诊疗、死亡和无害化处理情况等。

免疫责任制:针对免疫工作,逐个环节研究细化责任,层层落实,到场、到户、到人。逐级签订目标责任书,养殖场及时签订防疫承诺责任书,强化责任落实。对因免疫不到位引发动物疫情的,要严肃追究相关人员责任。对不履行强制免疫义务的单位和个人,要依法追究其责任。

免疫标识制:对动物重大疫病实行强制免疫,均须建立免疫档案管理制度,给猪、牛、羊佩带免疫耳标。

储备制度:各级政府对预防和扑灭动物疫病所需药品、生物制品和有关物资,应当有适量储备。

动物防疫条件审查制:动物饲养场、动物产品加工场、动物或动物产品的运输工具、饲料、包装物等应符合动物防疫的条件。

动物防疫消毒制度:从事动物养殖、屠宰、经营、隔离、运输以及动物产品生产、经营、加工和贮藏等活动的单位与个人,应当依照我国动物防疫法和国务院兽医主管部门的规定,做好免疫、消毒等动物疫病预防工作。

防疫监督制:各县(市、区)畜牧兽医行政主管部门所属的动物防疫监督所(站)或农业综合执法队对动物防疫工作进行监督。

村级管理制:建立和完善村级动物防疫管理制度,建立、健全基层动物防疫体系,确保每一个村有一名动物防疫员,每一个村有一名动物疫情观察员,每一个村有一名具体分管防疫工作的村干部。切实做到防疫工作有人组织,免疫注射有人操作。

质效确认制:市县(市、区)畜牧兽医行政主管部门,应当组织专业技术人员,成立免疫质效检测组,对经过强制免疫的动物抽样进行抗体监测。根据抗体监测结果,准确摸清动物强制免疫情况,有针对性地补免补针。

疫情报告制:疫情报告坚持逐级上报的原则。从事动物疫情监测、疫病诊疗、检疫检验和动物饲养、屠宰加工、运输、经营等活动的单位和个人,发现动物发病或者死亡后,应当立即向当地县(市、区)动物防疫监督机构报告。

责任追究制:不按照政府防控重大动物疫病指挥部统一规定时间开展动物防疫的;不按照畜牧兽医技术部门规定的动物疫病防控对象和范围进行防疫的;不严格执行技术操作规程,造成动物防疫带毒感染的;动物防疫密度达不到规定要求的;该防疫而未进行防疫又发生重大动物疫病的;发生重大动物疫病而又未进行处理或处理不力造成损失;瞒报、谎报、迟报或授意、阻碍他人报告动物疫情的单位和个人。对违反以上各项制度规定的任何单位及个人,将依照相关法律法规的规定予以严肃处理。

六、动物疫病的危害

动物疫病是指动物传染病、寄生虫病。

重大动物疫病是指口蹄疫、高致病性禽流感、猪水疱病、猪瘟、非洲猪瘟、高致病性猪蓝耳病、非洲马瘟、牛瘟、牛传染性胸膜肺炎、牛海绵状脑病、痒病、蓝舌病、小反刍兽疫、绵羊痘和山羊痘、新城疫等发病率或者死亡率高的动物疫病突然发生,迅速传播,给养殖业生产安全造成严重威胁、危害,以及可能对公众身体健康与生命安全造成危害的情形,包括特别重大动物疫情。按照农业部的规定,一类动物疫病发生时,二类动物疫病爆发时,已消灭的动物疫病再次发生时,或国内从未发生的动物疫病传入国内时都可称之为重大动物疫病。

动物疫病的危害：重大动物疫病的控制一直以来是各国政府所关注的重要工作之一。重大动物疫病的暴发不仅给国家和地区带来巨大的社会、经济和人民生命与财产损失，而且成为影响国际贸易和国家之间关系的重要因素之一。

七、动物防疫的政策

国家对动物疫病采取预防为主的方针，就是通过以保护易感动物为主导措施的计划免疫手段、辅以控制传染源、切断传播途径等综合性防控措施，最大限度地减少动物疫病发生。根据我国动物防疫法规定，由县级以上地方人民政府兽医主管部门组织实施动物疫病强制免疫计划。乡级人民政府、城市街道办事处应当组织本管辖区域内饲养动物的单位和个人做好强制免疫工作。对一切家畜、家禽和人工饲养、合法捕获的其他动物，都要按照国家和当地政府制定的防疫方计、计划和方案，采取切实有效的防疫措施，预防、控制和扑灭动物疫病。经强制免疫的动物，应当建立免疫档案，加施畜禽标识。

我国在重大动物疫情防控方面实施了以"三补一建"为主的扶持政策。"三补"指重大动物疫病强制免疫补助、强制扑杀补贴和基层动物防疫工作补助；"一建"指动物防疫体系建设。重大动物疫病的疫情属国家机密，由国家相关机构对外发布，单位任何人不得在国家未正式发布疫情时，对外发布或以任何形式泄露动物疫情，违者按相关规定处理。涉及重大疫情必须以红头文件行文，文件密级定为"机密"。

国家对高致病性禽流感、口蹄疫、小反刍兽医等重大动物疫病实行强制免疫政策。国家对高致病性禽流感、口蹄疫、小反刍兽疫发病动物及同群动物和布病、结核病阳性奶牛实施强制扑杀。

八、动物疫病预防控制机构职责

承担动物疫病的监测、检测、诊断、流行病学调查、疫情报告以及其他预防、控制等工作。

九、市州县区动物病预防控制中心职责

负责本辖区动物疫病预防和控制等相关工作。负责组织开展本辖区动物疫病的强制免疫、监测、流行病学调查工作,密切跟踪疫情动态,承担信息收集、分析和预警工作。具体负责本辖区强制免疫和动物疫病监测、检测等工作,承担防疫督查、免疫密度评价、免疫效果监测等工作,确保辖区内强制免疫的动物疫病免疫密度和抗体合格率达到农业部和省定有关标准。根据"分片包干、责任到人"的原则,对规模养殖场推行防疫责任制和承诺制,加强防疫监管,指导规模化场养殖场、养殖小区按照相关规定建立和完善相应的动物防疫条件、管理制度和防疫规程,建立完备规范的免疫档案。负责组织开展动物疫病预防的技术指导和科普宣传,对兽医专业人员进行有关重大动物疫病防控应急知识和处理技术的培训,对规模养殖场(户)开展疫病预防控制的科普宣传和法规告知。负责县(市)区兽医实验室管理,使其具备与职能相符的实验能力,并通过农业部认证。发生疑似重大动物疫情时,具体负责采集病样并按规定送检,承担疫情监测和流行病学调查工作,按照《重大动物情应急条例》规定,及时逐级报告动物疫情。重大动物疫情确诊后,协助划定疫点、疫区和受威胁区,负责开展流行病学调查、疫源分析和追踪调查,提出疫源调查报告及预防控制措施;负责对受威胁区和相关区域开展易感动物强化免疫工作,具体负责疫情排查和监测工作、全面掌握疫情动态。

十、乡镇动物疫病预防控制中心职责

按照有关法律法规、规章和规范性文件要求,负责辖区内动物饲养环节的动物防疫工作,指导畜禽养殖场(户)规范使用兽药饲料,落实免疫、消毒、隔离等防疫措施,建立免疫档案、防疫记录,执行畜禽标识等制度。按照上级畜牧兽医主管部门的要求,负责实施重大动物疫病免疫工作,承担采血、病料采集等采样工作。协助县级动物卫生监督部门开展动物产地检疫及病死动物和动物产品无害化处理工作。负责对村级动物防疫员的业务培训、指导和监督管理。负责辖区内动物疫情信息的收集和整理,及时上报动物疫情,配合市县动物疫病预防控制中心开展流行病学调查、病料采集、疫病溯源等工作。发生重大动物疫情时,配合相关部门做好疫情处置工作。

第二节　重大动物疫病的处置

一、疫情报告

动物疫情是指动物疫病发生、发展情况。动物疫情报告应按照政府规定,兽医和有关人员及时向上级领导机关所作的有关疫病发生、流行情况的报告。

重大动物疫情是指口蹄疫、高致病性禽流感等发病率或者死亡率高的动物疫病突然发生,迅速传播,给养殖业生产安全造成严重威胁、危害,以及可能对公众身体健康与生命安全造成危害的情形,包括特别重大动物疫情。按照农业部的规定,一类动物疫病发生时,二类动物疫病爆发时,已消灭的动物疫病再次发生时,或国内从未发生的动物疫病传入国内时都可称之为重大动物疫病。

任何单位和个人,一旦发现动物疫病或疑似传染病时,必须立即报告当地动物防疫检疫机构。

(一)疫情报告的管理

各级动物防疫监督机构实施辖区内动物疫情报告工作。县级以上地方人民政府畜牧兽医行政管理部门主管本行政区内的动物疫情报告工作;国务院畜牧兽医行政管理部门主管全国动物疫情报告工作,统一公布动物疫情。未经授权,其他任何单位和个人不得以任何方式公布动物疫情。

动物疫情实行逐级报告制度。县动物疫病预防控制中心→州(市)动物疫病预防控制中心→省动物疫病预防控制中心→中国动物疫病预防控制中心。在12h内全国畜牧兽医总站报告国务院畜牧兽医行政管理部门。逐级报告,重大动物疫情从县级初步认定疑似到省级发生报至国务院限定在8h以内。

(二)疫情报告形式

采用报表形式,通过互联网逐级上报。

重大动物疫情报告包括:疫情发生的时间、地点;染疫、疑似染疫动物种类和数量、同群动物数量、免疫情况、死亡数量、临床症状、病理变化、诊断情况;流行病学和疫源追踪情况;已采取的防控措施。

(三)疫情报告总体要求

疫情报表填写及录入要求:填表单位、填表人、负责人、联系人、联系电话、填表日期,要按实际情况填写。

文字材料的填写:本次疫情的发生情况,现存栏的易感动物的种类、数量等有关内容,将文字材料录入电脑系统时,不能超过50字。

病名:应填写该病的正规名,不得填写俗语,在系统下拉菜单中选择病名。若已进行临床诊断,要有详细的诊断报告,诊断报告要有负责人签字并存档,以便查阅。

畜种:即发生疫情的动物种类,一页填写一种。有几种动物同时发生该病就填写几页。

疫点:填写具体的发病疫点,一页填写一个疫点,有几个村同时发生该疫病就填写几页。

养殖方式:根据实际情况填写,达到以下标准的规模养殖场(户),禽年饲养量10000只以上,猪年饲养量500以上,羊年饲养量1000只以上,牛年饲养量100以上,达不到以上标准即为散养。

诊断方法:根据实际情况填写,可直接单击录入框右侧的下拉按扭进行选择,若下拉按钮中无所选择的诊断方法,可直接手工录入。

诊断单位:对疫病进行诊断并出具诊断报告的单位名称。

诊断液提供单位:提供诊断液的单位名称。

控制措施:选择代码进行填写。

存栏数:发生疫情时的规模养殖场或散养户饲养的易感动物数。

发病数:发生疫病的动物数。

死亡数:该种动物因染疫导致的死亡数。

扑杀数:根据实际扑杀情况填写,不包括因病死亡数。

疫病发现时间:发现疫病的时间。

确诊时间:该病被确诊的时间。

备注:对需要说明的几项进行补充说明。

(四)重大动物疫情认定

参照《国家突发重大动物疫情应急预案》,根据突发重大动物疫情的性质、危害程度、涉及范围,将突发重大动物疫情划分为特别重大(1级)、重大(Ⅱ级)、较大(Ⅲ级)和一般(Ⅳ级)四级。

特别重大突发动物疫情(Ⅰ级):Ⅰ级疫情由国务院兽医主管部门认定。

重大突发动物疫情(Ⅱ级):Ⅱ级疫情,由省级兽医主管部门认定,并向省政府和国务院兽医主管部门报告。

较大突发动物疫情(Ⅲ级):Ⅲ级疫情,由设区市兽医主管部门认定,向同级政府和省级兽医主管部门报告,省级兽医主管部门向国务院兽医主管部门报告。

一般突发动物疫情(Ⅳ级):Ⅳ级疫情由县(市、区)畜牧兽医主管部门认定,并向同级政府和所在市级畜牧兽医主管部门报告。

(五)重大动物疫情处置

遵循"边报告、边调查、边控制"的原则,严防疫情由点到面、由点到线蔓延。

处置主体:疫情发生地县级以上人民政府。

应急准备:完善应急预案、制定预案实施方案、储备应急物资、建立应急处理预备队。

应急响应:确认发生重大动物疫情后,根据疫情等级,县级以上兽医主管部门应及时向本级政府提出启动应急处理的建议,并在政府的统一领导下,做好疫情控制和扑灭的相关工作。上级兽医主管部门对疫情发生地的应急处理工作提供技术支持,并向本省有关部门通报疫情。

应急处理:包括临时隔离、划定区域、封锁疫区、流通控制、扑灭畜群、无害化处理、清洗消毒、紧急免疫、紧急监测、追踪溯源、人员防护。

应急终止:包括解除封锁、终止预案。

善后处理:包括评估报告、灾害补偿、恢复生产、表彰奖励。

二、隔离

隔离是指将疫病感染动物、疑似感染动物和病原携带动物,与健康动物在空间上隔离,并采取必要措施切断传播途径,以杜绝动物疫病的扩散。隔离的意义在于便于管理消毒,中断流行过程,防止健康畜群继续受到传染,以便将疫情控制在最小范围内就地消灭。

疫情发生时,根据现场初步诊断结果,将动物分为三类:

(一)患病动物

有典型症状或类似症状,或其他特殊检查阳性的动物。在患病动物较多时,集中隔离在原来栏舍内;在患病动物较少时,将患病动物移出;严密消毒、加强环境卫生和动物日常护理工作、专人看管和及时进行治疗。无治疗价值的淘汰,进行无害化处理。

(二)可疑感染动物

未发现任何症状,但与患病动物及其污染的环境有过明显接触的动物。根据该传染病的潜伏期长短决定隔离观察时间的长短,限制其活动,详细观察,必要时采取紧急预防接种或药物预防。

(三)假定健康动物

除患病动物和可疑感染动物外,疫区内其他易感动物。加强防疫消毒、紧急免疫接种或药物预防。

三、封锁

(一)封锁的对象、原则

封锁是指某一疫病暴发后,为切断传染途径,禁止人、动物或其他可能携带病原体的动物在疫区及其周围区之间出入。封锁的对象为一类疫病或当地新发现的疫病,或二类、三类疫病呈暴发流行时。

(二)封锁程序

县级以上人民政府发布和解除封锁令。跨行政区域发生疫情的,由共同的上级畜牧兽医行政管理部门报请本级人民政府对疫区实行封锁。

县级范围内的,报请县级人民政府发布封锁令;涉及两个县以上的,由省级人民政府发布封锁令;涉及两个地市以上的,由省级人民政府发布封锁令;涉及两个省以上的,由农业部发布封锁令。

(三)封锁的执行

掌握"早、快、严、小"的封锁原则。早:是指发现疫情时报告和执行封锁要早。快:是指行动要快。严:是指措施执行要严。小:是指范围要小。

(四)封锁区的划分

疫点:发病畜禽所在地点。

疫区:以疫点为中心,半径3km内的区域。

受威胁区:距疫区周边3~5km内的区域。

非疫区:是指经动物防疫部门实行严格的疫病监测,有定期的疫情报告,确认在3~5km半径内,至少21d未发生国家规定的重大动物疫病,该区域可认定为非疫区。

(五)封锁的实施

当地人民政府组织对疫区实施封锁。疫点内严禁人员的进出,对与病畜密切接触过的人员实行隔离观察。在疫区周围设置警示标志,在出入疫区的交通路口指派专人,配备消毒设备,建立临时性检疫消毒站,禁止易感性畜产品运出,对出入人员和车辆进行严格消毒。对疫区、受威胁区内的易感动物实施紧急免疫接种,密切观察疫情动态,实施疫情监测;疫点、疫区实行严格消毒。

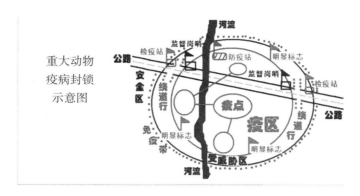

重大动物
疫病封锁
示意图

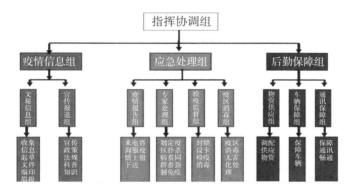

重大动物疫情责任追究路线图

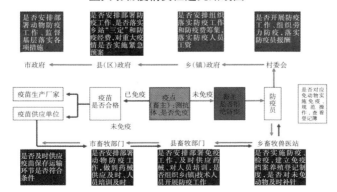

图7-1 重大动物疫情应急处置流程图

（六）解除封锁

解除封锁的条件：传染源已经被消灭；通过各种措施消灭了传染源排于外界环境中的病原体；所有易感动物都通过了一个该传染病的最长潜伏期，而无新病例发生。在最后一头患病动物消失后，经过全面的终末消毒后，可以由宣布封锁的人民政府宣布解除封锁。

四、染疫动物的处理

（一）染疫动物的扑杀

扑杀是指将疫病感染的动物（有时包括可疑感染动物）全部扑杀并进行无害化处理，以彻底消灭传染源和切断传播途径。

（二）实施扑杀的人员要求

有丰富经验的动物防疫专业技术人员；熟练掌握扑杀技术；清楚扑杀会给有关人员带来影响。

（三）扑杀顺序

扑杀染疫动物→扑杀同群动物→扑杀其他易感动物。

（四）扑杀方法的选择

根据动物的种类不同和疫病诊断的需要选择合适的扑杀方法。若扑杀方法选择不当会影响染疫动物处理的速度。活体染疫动物因未及时扑杀会继续产生和散播病原，从而增加疫病传播的机会。扑杀方法包括轻武器击毙法、棍棒击毙法、断髓处死法、颈部脱位法、电击法、放血法、二氧化碳法（可作为扑杀大量禽类和实验动物的方法）、气体吸入麻醉法、注射法、毒药灌服法。

（五）尸体的无害化处理

无害化处理是指用物理、化学或生物学等方法处理带有或疑似带有病原体的动物尸体、动物产品或其他物品，消灭传染源，切断传播途径、破坏毒素,保障人畜健康安全。销毁是指将动物尸体及其产品或附属物进行焚烧、化制等无害化处理,以彻底消灭它们所携带的病原体。

1.焚化、焚烧

是把整个尸体或割下来的病变部分和内脏投入焚化炉中烧毁炭化。疫区附近有大型焚化炉的,可采用焚化的方法。处理尸体和污染物量小的,可以挖1.5m深的坑,浇油焚烧。焚烧掩埋前,要对需掩埋的动物尸体、饲料、污染物等实施焚烧处理。但焚烧法既费钱又费力,只有在不适合用掩埋法处理动物尸体时使用。

2.化制

干性化制:利用干化机,将整个尸体或肉尸和内脏进行分类,分别投入化制。

湿性化制:是利用湿化机,将整个尸体投入化制(熬制工业用油)。

3.高温处理

高压蒸煮法:把肉尸切成重不超过2kg,厚不超过8cm的肉块,放在密闭的高压锅内,在112kpa压力下蒸煮1.5~2h。

一般煮沸法:将肉尸切成重不超过2kg,厚不超过8cm的肉块,放在普通锅内煮沸2~2.5h(从水沸腾时算起)。

4.深埋

2004年2月和6月出台的《高致病性禽流感疫情处置技术规范》和《牲畜口蹄疫防治技术规范》以及2020年9月1日出台《非洲猪瘟疫情应急实施方案》的法规性文件中,对扑杀的动物采用深埋无害化处理作了有关规定。

尸体的运送:使用特制的运尸车。尸体运送前,动物尸体和其他须被无害化处理的物品应设置警戒线,以防止其他人员接近,防止家养动物、野生动物及鸟类接触和携带染疫物品。工作人员应穿戴工作服、口罩、风镜、胶鞋及手套。装车前应将尸体各天然孔用蘸有消毒液的湿纱布、棉布严密填塞,小动物和禽类可用塑料袋盛装,以免流出粪便、分泌物、血液等污染周围环境。箱体内的物品不能装得太满,应留下半米或更多的空间,以防肉尸膨胀。

掩埋地应远离学校、公共场所、居民住宅区、动物饲养场和屠宰加工所、村庄、饮用水源地、河流等。

5. 挖坑

挖掘及填埋设备:装卸机、推土机、挖掘机、平路机和反铲挖土机等,挖掘大型掩埋坑的适宜设备就是挖掘机。

修建掩埋坑:掩埋坑的大小取决于机械、场地和所需掩埋物品的多少。坑应尽可能的深(2~7m)。坑壁应垂直。坑的宽度就能让机械平稳地水平填埋处理物品。坑的长度则应由填埋物品的多少来决定。坑的底部必须高出地下水位至少1m,每头大型成年动物(或5只成年羊)约需1.5m³的填埋空间,坑内填埋的肉尸和物品不能太多,掩埋物的顶部距坑面不得少于1.5m。

坑的消毒处理:坑底铺2cm厚生石灰;焚烧后的动物尸体、产品、饲料、污染物等的表面,以及掩埋后的地表环境应使用有效消毒药品喷洒消毒。

6. 掩埋

坑底处理:在坑底撒漂白粉或生石灰,可根据掩埋尸体的量确定(0.5~2.0kg/m³),掩埋尸体量大的应多加;反之可少加或不加。

尸体处理:动物尸体先用10%漂白粉上清液喷雾(200ml/m²),作用2h。

入坑:将处理过的动物尸体投入坑内,使之侧卧,并将污染的土层和运尸体时的有关污染物如垫草、绳索、饲料、少量的奶和其他物品等一并入坑。

　　掩埋：先用40cm厚的土层覆盖尸体，然后再放入石灰或干漂白粉20~40g/m²（2~5cm厚），然后覆土掩埋，平整地面，覆盖土层厚度不应少于1.5m。填土不要太实，以免尸腐产气造成气泡冒出和液体渗漏。掩埋后要设立明显标志。

　　对掩埋场地进行必要的检查，以便在发现渗漏或其他问题时及时采取相应措施，在场地可被重新开放之前，应对无害化处理场地再次检查，以确保对畜禽的生物和生理安全。复查应在掩埋坑封闭后3个月进行。

　　以上处理应符合环保要求，所涉及的运输、装卸等环节要避免洒漏，运输装卸工具要彻底消毒。

　　7.发酵法

　　发酵法是将尸体抛入专门的动物尸体发酵池内，利用生物热的方法将尸体发酵分解，以达到无害化处理的目的。选择远离住宅区、动物饲养场、屠宰加工场、水源及交通要道的地方。发酵池为圆井形，深9~10m，直径3m，池壁及池底用不透水材料制作（可用砖砌成后涂层水泥）。池口高出地面约30cm，池口做一个盖，盖平时落锁，池内有通气管，可在池上修一小屋。尸体堆积于池内，当堆至距池口1.5m处时，再用另一个池。此池封闭发酵，夏季不少于2个月，冬季不少于3个月，待尸体完全腐败分解后，可以挖出作肥料，两池轮换使用。

第三节 慢性动物疫病的处置

一、净化

净化是清除动物群体中一种或数种难以控制的疫病,使疾病减少,群体相对纯净。进行净化的疫病大多呈慢性经过、常见多发,如奶牛结核病、布氏杆菌病、猪支原体肺炎、猪伪狂犬病、大肠杆菌病,鸡球虫病、鸡白痢。动物群体中若存在慢性疫病,即使加强饲养管理,精心饲养,仍然是饲料消耗量增加,生长发育缓慢,产品数量及质量下降。因此净化畜群是规模化养殖减少疾病、提高效益的重要手段。

净化对种畜禽场尤其重要。规模养殖场可通过以下方式净化清群。

(一)检疫

检疫是净化畜群的前提,采用多种实验室检测技术手段反复检测,把动物群分为污染群和相对健康群。

(二)非免疫净化

对轻度污染的动物群,不进行免疫接种。

(三)免疫净化

对严重污染的动物群,坚持程序化免疫,免疫密度达100%,每次免疫后检测抗体,抗体水平不达标者,立即补免,持续数年;或程序化免疫,每年进行两次病原学监测,对检出带菌、带毒动物扑杀,持续数年。病畜扑杀,同群动物利用血清学实验或变态反应普查,查出的阳性动物扑杀。如此反复,直到全群普查为阴性。

(四)培育健康种群

种畜(禽)场,临产母畜剖腹产手术取出胎儿和孵化未感染的禽蛋,立即隔离饲养在清洁区内,可以生产未感染动物。如此坚持,培育健康种群,消灭疫病。培育健康种群法在养猪业和养禽业中已广泛应用。

(五)定期驱虫

反复定期驱虫,结合粪便虫卵检查法是较好的净化寄生虫病的方法。

(六)综合性净化措施

坚持自繁自养、封闭式饲养,慎重对待动物引进工作;做好动物引种检疫和常规检疫;执行严格的消毒、灭鼠、杀虫制度;动物不混养、混放;无害化处理动物尸体。

二、治疗

治疗是针对患有一般性传染病和寄生虫病的动物而言。通过治疗,恢复动物健康和生产力,减少损失,同时降低患病率,减少传染源,所以治疗是控制动物疫病的基本措施之一。但治疗会使养殖成本增加,当治疗费用高于疾病造成的损失时,病畜可以屠宰并进行无害化处理。疫病与普通病不同,治疗时要在严密隔离的条件下进行,防止因治疗而扩大传染。

第四节　动物疫病流行病学调查

一、流行病学调查的目的

流行病学调查的目的主要有两个,分别为诊断疾病和防制疾病。流行病学调查,是与临床诊断紧密联系在一起的一种诊断方法。一些动物疫病的临床症状往往很相似,但它的流行特点和规律却很不一致,例如猪口蹄疫、猪水疱病、猪水疱性口炎和猪水疱性疹等疾病,其临床症状几乎完全相同,无法区别,但可以从流行病学方面做出初步诊断。因此,流行病学调查,可为初步诊断提供依据。另外,通过流行病学调查,可以摸清动物疫病发生的原因和传播的条件,为拟订动物疫病防控措施打好基础。

二、流行病学调查的方法

(一)询问调查

询问调查是流行病学调查中的一个最基本、最主要的方法。询问的对象主要是畜主、诊治兽医、饲养人员、管理人员、附近居民等。通过询问、座谈等方式,以求查明传染源和传播媒介等。调查人要将调查收集到的资料整理,并填入流行病学调查表中。

(二)现场勘查

现场勘查是调查人在经过询问调查后,结合收集到的资料进行实地勘查,以便进一步验证收集到资料的真实、可靠性。进行现场勘查时,可根据不同种类的疾病有重点、有针对性的进行调查。

例如在发生肠道类疾病时,要特别注意饲料的来源和质量,水源的卫生条件,粪便与尸体的处理等情况;当发生由节肢动物传播的疫病时,要重点调查当地节肢动物种类、分布情况等。对当地兽医卫生情况、气候条件等也要注意调查。

(三)实验室检查

实验室检查的目的是确诊,通过实验室检查发现隐性传染源,验证传播途径,查清畜群免疫水平等。流行病学调查要以该动物疫病获得的初步诊断为前提,但要最终确诊,还需要对可疑病畜进行实验室检查。例如:微生物学检查、血清学检查、病理组织学检查、尸体剖检等。为了了解外界环境因素对流行病学的作用,可对患病动物所在养殖区域各种事物(水源、饲料、土壤、动物产品、节肢动物等)进行实验室检查,以确定可能的传播媒介或传染源。某些动物疫病的确诊还要对畜群进行抗体水平检测。

(四)数据统计

在以上三种方法的基础上,还要对发病动物数、死亡动物数、屠宰头数等采用统计学方法进行统计和分析整理。调查结束后,针对收集到的全部数据资料,提出预防控制以及消灭疫病的计划或建议。

三、流行病学调查的内容

(一)本次流行的情况

查明最初感染或发病的时间、地点,感染或发病动物的种类、数量、年龄、性别。查明其感染率、发病率、病死率和死亡率等。

(二)疫病来源的调查

有无既往病史,新引进畜禽有无患染病记录,采取过何种防治措施,饲料、水、放牧方式、环境卫生等饲养管理水平,牲畜贩运、产地检疫和屠宰检疫的情况,病死畜禽处理情况,发病区地理地形、交通、气候、节肢动物等的分布和活动情况,附近地区曾否发生类似疾病等情况可能与疾病发生的关系。

四、流行病学调查的步骤

(一)拟订流行病学调查表

根据动物疾病的种类、现场查看的目的等情况制订流行病学调查表。

(二)询问调查

了解动物感染或发病年龄、放养形式、发病时间、临床症状、既往病史、采取的防疫措施等,为进一步调查和检查提供线索。

(三)现场查看

掌握动物疾病发生的更详细的资料,为实验室检查指出方向。

(四)实验室检查

获得判断动物疾病发生的可靠证据。

(五)数据统计

对调查得到的数据、资料进行分析整理,为诊断结果提供必要的参考资料。

(六)形成结论

通过以上方式所获得的数据资料进行综合分析,分析疫病可能存在的流行特点,制定详细的动物疫病防控措施。

(七)总结报告

根据调查结果、综合分析得出结论性意见,并进一步撰写书面报告。

第五节　动物疫病防控消毒技术

一、消毒的概念

应用物理的、化学的或生物的方法,杀死物体表面或内部的病原微生物的一种方法或措施。

消毒和灭菌是两个经常应用且容易混淆的概念。灭菌的要求是杀死物体表面或内部所有的微生物,而消毒则是要求杀死病原微生物,并不要求杀死全部微生物。消毒的目的是消灭被传染源散布于外界环境中的病原体,以切断传播途径,防止疫病蔓延。

二、消毒的方法

(一)物理消毒

物理消毒法是利用物理因素杀灭或清除病原微生物或其他有害微生物的方法,用于消毒灭菌的物理因素有机械除菌、高温、紫外线、电脑辐射、超声波、过滤等。常用的物理消毒方法有机械消毒、煮沸消毒、焚烧消毒、火焰消毒、阳光/紫外线消毒等。

1.机械消毒

是最普遍、最常用的消毒方法。它不能杀灭病原体,必须配合其他消毒方法同时使用才能取得良好的杀毒效果。用清扫、洗刷、通风和过滤等手段机械消除病原体的方法。

清扫:用清扫工具清除畜禽舍、场地、环境、道路等的粪便、垫料、剩余饲料、尘土、各种废弃物等污物。清扫、冲洗畜舍应"先上后下(棚顶、墙壁、地面),先内后外(先畜舍内、后畜舍外)"。清扫时,为避免病原微生物随尘土飞扬,可采用湿式清扫法,即在清扫前先对清扫对象喷洒清水或消毒液,再进行清扫。清扫出来的污物,应根据可能含有病原微生物的抵抗力,进行堆积发酵、掩埋、焚烧或其他方法进行无害化处理。

洗刷:用清水或消毒溶液对地面、墙壁、水槽、饲槽、用具或动物体表等进行洗刷,或用高压水龙头冲洗,随着污物的清除,也清除了大量的病原微生物。冲洗要全面彻底。

通风:一般采用开启门窗、天窗,启动排风换气扇等方法进行通风。通风可排出畜舍内污秽的气体和水汽,在短时间内使舍内空气清洁、新鲜,减少空气中病原体数量,对预防那些经空气传播的传染病有一定的意义。

过滤:在动物舍的门窗、通风口处安置粉尘、微生物过滤网,阻止粉尘、病原微生物进入动物舍内,防止动物感染疫病。

2.煮沸消毒

大部分芽孢病原微生物在100℃的沸水中迅速死亡。各种金属、木质、玻璃用具、衣物等都可以进行煮沸消毒。蒸汽消毒与煮沸消毒的效果相似,在农村一般利用铁锅和蒸笼进行。

3.焚烧消毒

焚烧消毒是以直接点燃或在焚烧炉内焚烧的方法进行消毒。主要用于传染病流行地区的病死动物、尸体、垫料、污染物品等的消毒处理。

4.火焰消毒

火焰消毒是以火焰直接烧灼杀死病原微生物的方法,它能很快杀死所有病原微生物,是一种消毒效果非常好的一种消毒方法。

对金属栏和笼具等金属物品进行火焰消毒时不要喷烧过久,

以免将被消毒物品烧坏。消毒时要按顺序进行,以免发生遗漏。火焰消毒时注意防火。

5.阳光、紫外线消毒

阳光是天然的消毒剂,一般病毒和非芽孢性病原菌在直射的阳光下几分钟至几小时可以杀死,阳光对于牧场、草地、畜栏、用具和物品等的消毒具有很大的实际意义,应充分利用。

紫外线消毒:紫外灯,能辐射出波长主要为253.7nm的紫外线,杀菌能力强而且较稳定。紫外线对不同的微生物灭活所需的照射量不同。革兰氏阴性无芽孢杆菌最易被紫外线杀死,而杀死葡萄球菌和链球菌等革兰氏阳性菌照射量则需加大5~10倍。病毒对紫外线的抵抗力更大一些。需氧芽孢杆菌的芽孢对紫外线的抵抗力比其繁殖体要高许多倍,照射的时间应不少于30min,否则杀菌效果不佳或无效,达不到消毒的目的。紫外线对眼黏膜及视神经有损伤作用,对皮肤有刺激作用,所以人员应避免在紫外线灯下工作,必需时需穿防护工作衣帽,并戴有色眼镜进行工作。操作人员进入洁净区里应提前10min关掉紫外灯。常用于实验室消毒。

(二)化学消毒

1.刷洗

用刷子蘸取消毒液进行刷洗,常用于饲槽、饮水槽等设备、用具的消毒。

2.浸泡

将需消毒的物品浸泡在一定浓度的消毒药液中,浸泡一定时间后再拿出来。如将食槽、饮水器等各种器具浸泡在0.5%~1%新洁尔灭中消毒。

3.喷洒

喷洒消毒是指将消毒药配制成一定浓度的溶液(消毒液必须

充分溶解并进行过滤,以免药液中不溶性颗粒堵塞喷头,影响喷洒消毒),用喷雾器或喷壶对需要消毒的对象(畜舍、墙面、地面、道路等)进行喷洒消毒。

喷雾器使用前,应先对喷雾器各部位进行仔细检查,尤其应注意橡胶垫圈是否完好、严密,喷头有无堵塞等。喷洒前,先用清水试喷一下,证明一切正常后,将清水倒干,然后再加入配制好的消毒药液。打气压,当感觉有一定压力时,即可握住喷管,按下开关,边走边喷,还要一边打气加压,一边均匀喷雾。一般以"先里后外、先上后下"的顺序喷洒为宜,即先对动物圈舍的最里面、最上面喷洒,然后再对墙壁、设备和地面仔细喷洒,边喷边退;从里到外逐渐退至门口。

喷洒消毒用药量应视消毒对象结构和性质适当掌握。水泥地面、顶棚、砖混墙壁等,每平方米用药量控制在800ml左右;土地面、土墙或砖土结构等,每平方米用药量1000~1200ml;舍内设备每平方米用药量200~400ml。

当喷雾结束时,倒出剩余消毒液再用清水冲洗干净,防止消毒剂对喷雾器的腐蚀,冲洗水要倒在废水池内。把喷雾器冲洗干净后内外擦干,保存于通风干燥处。

4.熏蒸

常用福尔马林配合高锰酸钾进行熏蒸消毒。其优点是消毒较全面,省工省力,但要求动物圈舍能够密闭,消毒后有较浓的刺激气味,动物圈舍不能立即使用。先将需要熏蒸消毒的场所(畜禽舍、孵化器等)彻底清扫、冲洗干净。关闭门窗和排气孔,防止消毒药物外泄。

配制消毒药品:根据消毒空间大小和消毒目的,准确称量消毒药品。如固体甲醛按每立方米3.5g;高锰酸钾与福尔马林混合熏蒸进行畜禽空舍熏蒸消毒时,一般每立方米用福尔马林14~42ml、高锰酸钾7~21g、水7~21ml,熏蒸消毒7~24h。种蛋消毒时福尔马林28ml、高锰酸钾14g、水14ml,熏蒸消毒20min。杀灭芽孢时每立方米需福尔马林50ml;过氧乙酸熏蒸使用浓度是3%~5%,每立方米用2.5ml,在相对湿度60%~80%条件下,熏蒸1~2h。

按照消毒面积大小,放置消毒药品,进行熏蒸。将盛装消毒剂的容器均匀地摆放在要消毒的场所内,如动物圈舍长度超过50m,应每隔20m放一个容器。所使用的容器必须是耐热燃烧的,通常用陶瓷或搪瓷制品。熏蒸完毕后,进行通风换气。

5.拌和

在对粪便、垃圾等污染物进行消毒时,可用粉剂型消毒药品与其拌和均匀,堆放一定时间,可达到良好的消毒目的。如将漂白粉与粪便以1:5的比例拌和均匀,进行粪便消毒。

称量或估算消毒对象的重量,计算消毒药品的用量,进行称量。按《动物防疫法》的要求,选择消毒对象的堆放地址。将消毒药品与消毒对象进行均匀拌和,完成后堆放一定时间即达到消毒目的。

6.撒布

将粉剂型消毒药品均匀地撒布在消毒对象表面。如用消石灰撒布在阴湿地面、粪池周围及污水沟等处进行消毒。

7.擦拭

是指用布块或毛刷浸蘸消毒液,在物体表面或动物、人员体表擦拭消毒。如用0.1%的新洁尔灭洗手,用布块浸蘸消毒液擦洗母畜乳房;用布块蘸消毒液擦拭门窗、设备、用具的栏、笼等;用脱脂棉球浸湿消毒药液在猪、鸡体表皮肤、黏膜、伤口等处进行涂擦;用碘酊、酒精棉球涂擦消毒术部等,也可用消毒药膏剂涂布在动物体表进行消毒。

(三)生物消毒

生物消毒就是利用动物、植物、微生物及其代谢产物杀灭或去除外环境中的病原微生物。主要用于土壤、水和动物体表面消毒处理。目前常用的是生物热消毒法。

生物热消毒法是利用微生物发酵产热以达到消毒目的的一种消毒方法,常用的有发酵池法、堆粪法等,常用于粪便、垫料等的消毒。

三、常用的消毒药品及其使用

(一)甲醛

是一种广谱杀菌剂,对细菌、芽孢、真菌和病毒均有效。浓度为35%~40%的甲醛溶液称为福尔马林。

密闭的圈舍按每立方米7~21g高锰酸钾,加入14~42ml福尔马林,室温一般不应低于15℃,相对湿度60%~80%,作用时间7h以上。浓度为2%的甲醛水溶液,用于地面消毒,用量为13ml/100m²。

(二)含氯消毒剂

无机氯如漂白粉、次氯酸钠、次氯酸钙等,有机氯如二氯异氰尿酸钠、三氯异氰尿酸、氯胺等。

1.漂白粉

主要用于圈舍、饲槽、用具、车辆的消毒。一般使用浓度为5%~20%的混悬液进行喷洒,有时可撒布其干燥粉末。饮水消毒每升水中加入0.3~1.5g漂白粉,可起到杀菌和除臭的作用。

注意漂白粉现用现配,贮存久了有效氯的含量逐渐降低。不能用于有色棉织品和金属用具的消毒。不可与易燃、易爆物品放在一起,应密闭保存于阴凉干燥处。漂白粉有轻微毒性,使用浓溶液时应注意人畜安全。

2.二氯异氰尿酸钠

是一种广谱消毒剂,对细菌繁殖体、病毒、真菌孢子和细菌芽孢都有较强的杀灭作用。

(三)醇类消毒剂

常用于皮肤、针头、体温计等消毒,用作溶媒时,可增强某些非挥发性消毒剂的杀灭作用。使用浓度为70%的乙醇溶液可杀灭细菌繁殖体;80%的乙醇溶液可降低肝炎病毒的传染性。

注意:本品易燃,不可接近火源。

(四)酚类消毒剂

包括六氯酚、煤酚皂等。主要用于畜舍、笼具、场地、车辆消毒。一般使用浓度为0.35%~1%的水溶液,严重污染的环境可适当加大浓度,增加喷洒次数。

注意:本品为有机酸,禁止与碱性药物混合。

(五)过氧化物类

有过氧化氢、环氧乙烷、过氧乙酸、二氧化氯、臭氧等,其理化性质不稳定,但消毒后不留残毒是它们的优点。

1.环氧乙烷

常用于大宗皮毛的熏蒸消毒。常用消毒浓度为400~800mg/m³。

注意:环氧乙烷易燃、易爆,对人有一定的毒性,一定要小心使用。气温低于15℃时,环氧乙烷不起作用。

2.过氧乙酸

除金属制品外,可用于消毒各种产品。0.5%水溶液喷洒消毒畜舍、饲槽、车辆等;0.04%~0.2%水溶液用于塑料、玻璃、搪瓷和橡胶制品的短时间浸泡消毒;5%水溶液2.5ml/m³喷雾消毒密闭的实验室、无菌间、仓库等;0.3%水溶液30ml/m³喷雾,可作10日龄以上雏鸡的带鸡消毒。

注意:市售成品40%的水溶液性质不稳定,须避光低温保存,现用现配。

(六)双胍类化合物

如洗必泰,0.05%~0.1%可用作口腔、伤口防腐剂;0.5%洗必泰乙醇溶液可增强其杀菌效果,用于皮肤消毒;0.1%~4%洗必泰溶液可用于洗手消毒。

(七)含碘消毒剂

常用于皮肤消毒。2%碘酊、0.2%~0.5%的碘伏常用于皮肤消毒;0.05%~0.02%的碘伏做伤口、口腔消毒;0.02%~0.05%的碘伏用于阴道冲洗消毒。

(八)高锰酸钾

常用于伤口和体表消毒。为强氧化剂,0.01%~0.02%溶液可用于冲洗伤口;福尔马林加高锰酸钾用作甲醛熏蒸,用于物体表面消毒。

(九)烧碱

用于圈舍、饲槽、用具、运输工具等的消毒。1%~2%的水溶液用于圈舍、饲槽、用具、运输工具的消毒。3%~5%的水溶液用于炭疽芽孢污染场地的消毒。

注意:对金属物品有腐蚀作用,消毒完毕用水冲洗干净。对皮肤、被毛、黏膜、衣物有强腐蚀和损坏作用,注意个人防护。对畜禽圈舍和食具消毒时,须空圈或移出动物,间隔半天用水冲洗地面、饲槽后方可让其入舍。

(十)草木灰

用于畜禽圈舍、运动场、墙壁及食槽的消毒。效果同1%~2%的烧碱。使用温度50℃~60℃。

四、器具消毒

(一)饲养用具的消毒

饲养用具包括食槽、饮水器、料车、添料锹等,饲养用具要定期进行消毒。根据饲养用具的不同,可分别采用浸泡、喷洒、熏蒸等方法进行消毒。

根据消毒对象不同,配制消毒剂。饲槽应及时清理剩料,然后用清水进行清洗。饲养器具用途不同,应选择不同的消毒剂,如笼舍消毒可选用福尔马林进行熏蒸,而食槽或饮水器一般选用过氧乙酸、高锰酸钾等进行消毒;金属器具也可选用火焰消毒。由于消毒剂的性质不同,因此在消毒时,应注意不同消毒剂的有效消毒时间,给予保证。

(二)运载工具的消毒

运载工具主要是车辆,一般根据用途不同,将车辆分为运料车、清污车、运送动物的车辆等。消毒前一定要清扫(洗)运输工具,保证将运输工具表面黏附的污染物清除干净,这样才能保证消毒效果。车辆的消毒主要是应用喷洒消毒法。

根据消毒对象和消毒目的的不同,选择消毒药物,仔细称量后装入容器内进行配制。应用物理消毒法对运输工具进行清扫和清洗,去除污染物,如粪便、尿液、撒落的饲料等。进出疫区的运输工具要按照动物防疫法要求进行消毒处理。

(三)医疗器具的消毒

将注射器用清水冲洗干净,如为玻璃注射器,将针管与针芯分开,用纱布包好;如为金属注射器,拧松调节螺丝,抽出活塞,取出玻璃管,用纱布包好。针头用清水冲洗干净,成排插在多层纱布的夹层中,镊子、剪刀洗净,用纱布包好。将清洗干净包装好的器械放入煮沸消毒器内灭菌。煮沸消毒时,水沸后保持15~30min。灭菌后,放入无菌带盖搪瓷盘内备用。煮沸消毒的器械当日使用,超过保存期或打开后,需重新消毒后方能使用。

刺种针与点眼、滴鼻滴管用清水洗净,高压或煮沸消毒。饮水器用清洁卫生水刷洗干净,用消毒液浸泡消毒,然后用清洁卫生的流水仔细认真冲洗干净,不能有任何消毒剂、洗涤剂、抗菌药物、污物等残留。

喷雾免疫前,首先要用清洁卫生的水将喷雾器内桶、喷头和输液管清洗干净,不能有任何消毒剂、洗涤剂、铁锈和其他污物等残留;然后再用定量清水进行试喷,确定喷雾器的流量和雾滴大小,以便掌握喷雾免疫时来回走动的速度。

五、养殖场的消毒

养殖场消毒的目的是消灭传染源散播于外界环境中的病原微生物,切断传播途径,阻止疫病继续蔓延。养殖场应建立切实河可行的消毒制度,定期对畜禽舍地面土壤、粪便、污水、皮毛等进行消毒。

(一)入场消毒

养殖场大门入口处设立消毒池(池宽同大门,长为4m,深为0.3m),内放2%氢氧化钠液,每半月更换一次。大门入口处设消毒室,进入生产区的工作人员,必须更换场区工作服、工作鞋,通过消毒池进入自己的工作区域,严禁相互串舍(圈)。不准带入可能污染的畜产品或物品。

(二)畜舍消毒

畜舍除保持干燥、通风、冬暖夏凉以外,平时还应做好消毒。一般分为两个步骤进行;第一步先进行机械清扫,第二步用消毒液。畜舍及运动场应每天打扫,保持清洁卫生,料槽、水槽干净,每周消毒一次,圈舍内可用过氧乙酸做带畜消毒,0.3%~0.5%做舍内环境和物品的喷洒消毒或加热做熏蒸消毒(2~5ml/m³)。

(三)畜舍外环境消毒

畜舍外环境及道路要定期进行消毒,填平低洼地,铲除杂草,灭鼠、灭蚊蝇、防鸟等。

(四)生产区专用设备消毒

生产区专用送料车每周消毒一次,可用0.3%过氧乙酸溶液喷雾消毒。进入生产区的物品、用具、器械、药品等要通过专门消毒后才能进入畜舍。可用紫外线照射消毒。

第六节　动物疫病防控杀虫与灭鼠

一、杀虫

杀虫是指利用物理的、化学的和生物学的方法,杀灭一切能成为传播媒介的节肢动物。

(一)物理杀虫法

用物理方法杀灭昆虫。如机械杀虫法、高温杀虫法和低温杀虫法等。堵塞地面、墙壁缝隙是消灭蜱虫的有效方法。

1.机械杀虫法

依靠工作人员进行拍、打、捕、捉等方法,可以杀灭一部分昆虫。

2.高温杀虫法

火烧法:使用喷灯进行杀虫,利用喷灯的火焰喷烧昆虫聚居的墙壁、用具、废物及垃圾等。

干热空气法：利用100℃~160℃的干热空气可以杀死物体上的昆虫及虫卵。

沸水或蒸汽法：用煮沸或蒸汽的方法杀灭衣物上的昆虫和虫卵，用开水浇烫或用蒸汽喷烫等可杀灭运输工具、厩舍内的昆虫。

3.低温杀虫法

低温对昆虫的杀灭作用不大，因在寒冷的作用下，节肢动物仅陷于假死状态，在适宜的温度下仍可复活。

(二)药物杀虫法

应用化学药物杀灭昆虫。杀虫药有胃毒剂（昆虫食入后中毒死亡）、熏蒸毒剂（吸入致死）、接触毒剂（药物直接与虫体接触，由体表进入体内）、内吸毒剂（摄食含毒植物而死亡）等。

常用的杀虫剂有倍硫磷、除虫菊、敌敌畏、敌百虫等。

(三)生物杀虫法

利用昆虫的天敌、病菌及雄虫绝育手术等方法杀灭昆虫的方法称为生物杀虫法，比如利用柳条鱼灭蚊，一条柳条鱼每天能吞食200~300只蚊子；利用某些微生物感染昆虫，能使其死亡；利用辐射、射线等使雄性昆虫绝育，可以减少一定区域内昆虫的繁殖数量，也可以使用大剂量的激素，使昆虫的变态或蜕皮受到抑制，从而抑制昆虫的繁殖。这些方法有很多优点，如不造成公害、不产生抗药性等，值得推广。此外，消除昆虫孳生繁殖的环境，如排除积水、污水，清理粪便、垃圾，间歇灌溉农田等改造环境的措施，都是杀灭昆虫的有效方法。

除了以上杀虫方法外，平时要搞好环境卫生，消除昆虫孳生、繁殖的环境，也是预防昆虫出现和消灭昆虫的有效方法。目前常用的杀虫剂为有机磷杀虫剂和拟除虫菊酯类杀虫剂。有机磷杀虫剂包括敌百虫、敌敌畏、倍硫磷、马拉硫磷、双硫磷、辛硫磷等。其特点是用量较小、毒杀作用迅速、多数在环境中易分解,但毒性较大,并有残留现象,对人畜有一定危害。拟除虫菊酯类杀虫剂包括胺菊酯等,特点是广普、高效、击倒快、残效短、毒性低、用量小等特点,对抗药性昆虫有效。

二、灭鼠

鼠类能够给人类经济生活造成巨大损失,又是许多人畜传染病的传染源和传播媒介,对人畜健康有极大地危害。因此,灭鼠对保护人畜健康、预防和控制传染病具有重大意义。

灭鼠工作应从两个方面进行,一方面应从鼠类的生物学特点出发,防鼠、灭鼠,即从畜禽舍的建筑和卫生措施着手,来预防鼠类的孳生和活动,最大限度降低鼠类生存环境,使之难以觅食藏身;另一方面是采取各种方法直接灭鼠。

(一)物理灭鼠法

采用各种灭鼠器械捕鼠、灭鼠,如电击、夹、粘、压、扑、套、挖(洞)、灌(洞)等,使用电子猫、电子变频驱鼠器、鼠夹、鼠笼等。

(二)药物灭鼠法

灭鼠药物依其进入鼠体的途径,可分为消化道药物和熏蒸药物两类,消化道药物如安妥、敌鼠钠盐等,熏蒸药物主要是氯化苦、灭鼠烟剂等。

(三)生物灭鼠法

保护和利用鼠类的天敌来捕食鼠类,鼠类的天敌如家猫、野猫等。

第七节　动物疫病防控养殖场监管

一、动物防疫监管的必要性

散养户变动频繁,规模场底子不清;责任意识淡薄;中小型规模养殖场动物防疫条件不达标;抗生素、原料药滥用现象严重;种苗引进不严格;病死动物随意处置;预防消毒制度落实不到位。

二、监管依据

遵照《中华人民共和国动物防疫法》、《动物防疫条件审查办法》、《甘肃省动物防疫条例》。养殖场动物防疫监管的主体是动物卫生监督机构、畜牧兽医行政主管部门。

三、动物防疫监管责任制

按照"属地管理、分级负责"的原则,即不同规模的养殖场由不同级别的人员实行监管,建立健全畜禽规模养殖场"一对一"监管制度,明确规模养殖场防疫责任人、监管责任人和行政责任人。建立监管人员工作记录制度,"一对一"监管责任人每月到场巡查监管不少于1次,制定监管责任制,实行责任追究。加强对防疫责任制、监管责任制和各项工作责任有效落实。

四、监管对象

生猪存栏量100头以上;奶牛存栏量10头以上;肉牛存栏量30

头以上;羊存栏量100只以上;鸡存栏量1000只以上;其他符合条件的养殖场和养殖小区。养殖场要明确其义务,主动接受监管。

五、动物防疫监管的目标任务

(一)工作目标

督导包抓县(区)、乡镇、场户全面落实各项防控措施,有效防控重大动物疫病和重点人畜共患病,确保不发生区域重大动物疫情;确保养殖生产安全,提高养殖效益。

(二)监管任务

上传下达养殖及防控信息,发现疫情隐患及督导整改,指导督查防疫及生物安全措施落实。

(三)包抓方式

包抓人员定期组织召开片区防疫工作会议,实地督导包抓片区落实各项动物防疫措施,指导包抓干部督导工作。

六、动物防疫监管方法

(一)查养殖场是否符合防疫要求

场址的选择是否符合防疫要求。查看养殖场所处的地理位置,与屠宰场、动物及其产品的集贸市场、种畜禽场、动物诊疗场所、饲养场(养殖小区)、动物隔离场所、无害化处理场所、学校、居民区等人口密集区和公路铁路等主要交通干线的间距;养殖场的地势、通风和光照是否符合防疫要求;养殖场的水源和电力供应、道路及通讯能否满足健康养殖的要求。

场内布局是否符合防疫要求。查看生产区、生活区和管理区是否严格分开并有隔离设施,三区之间的间距是否合理;各级种畜禽饲养圈舍与商品畜禽圈舍是否有合理的间距;生产区入口处是否设置更衣消毒室,各养殖栋舍出入口是否设置消毒池或消毒垫;净道和污道是否分设;各养殖栋舍的间距是否在 5m 以上;养殖场的外围是否有围墙、隔离网、防疫沟等设施;大门口的消毒池、消毒室的设施及紫外线灯的使用情况。

畜禽舍是否符合饲养要求。查看舍内的温度、湿度、光照及畜禽的临床表现,夏秋季的防暑降温、冬春季的防寒保暖及通风设施设备运转情况。

是否有健全的门卫制度。查看门卫履职情况及门卫登记记录。

是否建立自繁自养和全进全出制的生产系统。查看场内养殖档案中动物发情、配种、怀孕、分娩及新生动物的健康状况(注意能繁母畜的年饲养数量、年产仔数量与商品代畜禽的年饲养数量是否相当),畜禽舍的空栏、补栏、出栏情况。

是否建立了调入动物的隔离观察制度。查看调入动物的准调审批文件及检疫证明书、到场检疫记录,隔离区与生产区的间距是否合理,隔离观察日志和病死动物的无害化处理记录。

是否建立有与生产规模相适应的无害化处理、污水污物处理设备设施;有无相对独立的引入动物和患病动物的隔离舍。查看患病动物的诊疗记录、无害化处理及污水污物处理记录。

是否有健全的隔离制度。查看本场工作人员、车辆出入场区(生产区)的管理要求;对外来人员、车辆出入场区(生产区)的隔离规定;场内畜禽流动、出入生产区的要求;生产区内人员的流动、工具使用的要求;场内畜禽粪便的管理,场内禁养其他动物及禁止携带动物及其产品进场的要求;患病畜禽及新调入畜禽的隔离要求。

(二)查消毒措施

是否建立预防性、临时性和终末大消毒的工作制度。查看消毒档案和日志,是否按照生产日程和消毒程序的要求,将各种清毒制度化,明确消毒工作的管理者和执行人、使用的消毒剂的种类浓度及方法、消毒的间隔时间和消毒剂的轮换使用、消毒设施设备的管理。

消毒工作的程序是否合理,以全进全出制空栏大消毒为例,其步骤应是:清扫→高压水冲洗→喷洒消毒剂→清洗→熏蒸→干燥(或火焰消海)→喷洒消毒剂→转进畜禽群。

查看日常定期对栏舍、道路的消毒和带畜禽消毒工作,定期向消毒池内投放消毒剂等,临产前对产房、产栏及临产母畜的消毒,人员、车辆出入栏舍、生产区时的消毒,饲料、饮水乃至舍内空气的消毒,医疗器械的消毒。

临时性消毒监管。查看畜禽群中有个别或少数畜禽发生一般性动物疫病或突然死亡后,是否立即对其所在栏舍进行局部强化消毒,包括对发病或死亡的畜禽的消毒及无害化处理。

终末大消毒监管。查看全进全出生产系统中当畜禽全部出栏后,或在发生烈性传染病的流行初期和流行平息后准备解除封锁前,进行的全方位的彻底清理与消毒工作。

(三)查杀虫灭鼠措施

查看灭蚊蝇、灭鼠剂的喷洒、投放情况,尤其注意栖息地、孳生地灭蚊蝇药物的滞留喷洒情况。

查看是否按照害鼠的种类、分布和密度的实际情况,制订灭鼠计划;是否动员全场工作人员,人人动手推毁室外的老鼠洞穴、填埋堵塞室内鼠洞,破坏其生存环境;是否在场内外大面积投放以各类杀鼠剂制成的毒饵,以及鼠尸的收集处理等情况。

(四)查免疫接种措施

查看场内免疫接种制度的建立情况(重大动物疫病及常发性、

群发性和因病设防性动物疫病的预防接种、紧急接种和临时接种)。

查看场内是否配备疫苗冷藏(冷冻)设备、消毒和诊疗等防疫设备的兽医室,或者有兽医机构为其提供相应服务。

查看场内是否有与其养殖规模相适应的执业兽医或乡村兽医技术队伍。

查看冷柜、冰箱等冷链设施的运行情况。

查看各种疫苗贮藏、保管是否符合要求。

查看场内所使用的各种疫苗的外观质量。疫苗瓶有无破损、瓶盖或瓶塞有无松动或密封不严、无标签或标签不完整(包括疫苗名称、批准文号、生产批号、出厂日期、有效期、生产厂家等);疫苗是否超过有效期、色泽有无改变、有无沉淀、破损或超过规定量的分层,疫苗瓶内有无异物、霉变、摇不散的凝块、异味和失真空等。

查看免疫档案中免疫程序是否科学合理,免疫项目是否符合本年度国家动物疫病强制免疫计划的规定;检查不同疫苗接种的间隔时间;查看首免日龄(以防母源抗体干扰免疫接种)以及如何规避断奶、去势、转群、转圈、换料等应激因素对免疫接种的不利影响。

查看过期失效疫苗的无害化处理记录。

在口蹄疫等重大动物疫病强制免疫21~28d后,对场内的畜禽随机采血、采样,及时送实验室进行免疫抗体水平检测和病原学检测。

(五)查寄生虫驱除措施

应在对本场畜禽寄生虫流行状况调查的基础上,选择最佳驱虫药物和适宜的时间,制订周密计划,按计划有步骤地进行。驱虫时必须注意,在用药前和驱虫过程中,要注意杀灭舍内环境中的虫卵,以防畜禽的重复感染。查看驱虫计划、时间、药物的种类名称使用情况及驱虫后粪便的无害化处理。

(六)查药物预防措施

查看在传染病可能发生与流行的季节或发病初期的群体投药情况。

查看为有效预防微量元素缺乏引起的群发病和多发性的群体投药情况。

查看为防止动物的应激反应的群体投药情况。

(七)查日常的健康检查措施

对畜禽群健康状况的定期检查、常见疫病及日常生产状况的资料收集分析、注意畜禽的外表、运动状态、精神状态、休息、采食、饮水、排粪和排尿状况,以及体温、呼吸和脉搏三大指标,对临床异常表现的动物做了何种处置。对所有非正常死亡的畜禽是否逐一进行剖检,对新生畜禽、哺乳幼畜、育成畜禽发生较多死亡时是否也及时剖检;通过剖检判明病情,必要时采样送检做进一步的实验室诊断,并采取有针对性的防治指施。对能繁公、母畜的发情、配种、怀孕、分娩及新生仔畜的状况是否进行了临床检查,进而对获取的资料进行统计分标;发现异常时,是否进一步调查其原因,做出初步判断,提出相应措施,防止疫病在畜(禽)群中扩散蔓延。

(八)查疫情监测措施

各类疫情的监测和防疫措施的效果评价、对畜(禽)群健康水平的综合评结、对疫病发生的风险因素的分析及预测预报等都是日常健康检查与疫病监测工作的主要任务。

对重大动物疫病免疫抗体水平合格率不达标的畜(禽)群是否采取了积极的补免措施,补免后的抗体水平合格率如何;对病原学测阳性畜禽是否做了扑杀淘汰处理。

对采取的其他各项防疫措施的效果监测;对本场采取的隔离、消毒、杀虫灭鼠、免疫接种、驱除体内寄生虫、药物预防等防疫措施的效果进行监测和评价,为进一步提高本场动物防疫质量和水平提供依据。

疫病统计资料的收集与分析;通过对畜禽群的生产状况如繁殖性能、生产育肥状况资料、疫病流行状况(疫病种类、发病率、死亡率)和各项防疫措施的应用及其效果等多种资料的收集与分析,揭示疫病变化趋势,找出影响疫病发生、发展、流行、分布的规律,制定和改进防疫措施;通过对饲养卫生环境、疫病流行和畜(禽)群长期系统地监测、统计和分析,对本场疫病的发生和流行预测预报。

(九)查日常诊疗和动物疫情的扑灭措施

场内的兽医技术人员每日应深入畜禽舍,巡视畜禽群,对发现的病例应及时进行诊断治疗和处理。对内科、外科、产科等非传染性疾病的单个病例,有治疗价值的及时治疗,无治疗价值的应尽快淘汰。

查看场内动物的非传染病诊疗病历,了解治疗效果和淘汰情况;对怀疑或已确诊的常见多发性传染病畜禽,应及时组织力量进行治疗和控制,防止其扩散蔓延。

当发现有口蹄疫等重大动物疫病时,应立即向当地兽医主管部门上报疫情,在动物疫控中心的技术指导下,对本场采取封锁、扑杀、销毁染疫动物和易感动物及其产品、无害化处理病死动物及其排泄物、污染物,消毒被污染的圈舍场地内的物品用具。按农牧部门的要求,对假定健康的畜禽群实施紧急免疫接种、生产区内禁止畜禽群流动和调入调出畜(禽)。当养殖场最后一头(只)病畜痊愈、淘汰或死亡后,经过该病的最长潜伏期后,检测无新病例出现时,再对养殖场进行一次终末大消毒,经上一级动物卫生监督机构验收合格,并经发布封锁令的人民政府宣布解除封锁。

查看发生重大动物疫病后采取的封锁、扑杀、销毁、无害化处理、消毒、疫情监测和紧急免疫接种措施的落实情况及取得的防控效果。高致病性禽流感疫区封锁解除后6个月内,规模养禽场是否遵守不得重新补栏的规定。

(十)查日常饲养管理措施

科学的饲养管理是有效防制动物疫病的前提和基础。养殖场应根据养殖业生产的实际,制定科学合理的饲养管理技术规程并付诸实施。通过全程序的体重控制,为畜禽提供营养全价平衡的饲料。

建立合理的饲养密度和畜禽舍良好的通风换气条件(寒冷季节注意畜禽舍保暖和通风的兼顾,酷暑季节注意防暑降温)、加大畜禽舍硬件设施的投入(有条件的场应建立人工控制的温度、湿度和光照及自动清粪、自动饮水和自动投料设备,以大大改善舍内的饲养环境和空气质量,满足畜禽本身的生理、行为、习性及环境等生物学特性的需要,使畜禽在舒适康乐的环境条件下生活、生长和生产)、减少各种应激反应,以提高畜禽在各生长发育期和生产期的营养状况和饲养管理水平,使畜禽在良好的饲养管理条件下保证处于最佳的生长发育和生产状态。

重视养殖场的生物安全,实行自繁自养和全进全出制。了解场内动物的健康状况、营养状况和饲养管理水平及动物的发病率、死亡率情况。

第八节　规模化养殖场生物安全体系构建

生物安全体系是有效预防和控制动物疫病暴发与流行的重要措施,伴随着畜禽养殖业的快速发生,生物安全方面的问题越来越突出,建立完善的生物安全体系是实现规模养殖场健康养殖和养殖效益最大化的根本保证。

一、生物安全

(一)外部生物安全

防止病原菌水平传入,将养殖场外病原微生物传入场内的可能性降至最低。

(二)内部生物安全

防止病原菌水平传播,降低病原微生物在养殖场内从患病畜禽向易感畜禽传播的可能。生物安全管理的关键环节是隔离、消毒和防疫。

二、现代卫生措施的建立

(一)养殖场的选址布局

养殖场的选址距离生活饮用水源地、动物屠宰加工场所、动物和动物产品集贸市场500m以上;距离种畜禽场1000m以上;距离动物诊疗场所200m以上;动物饲养场(养殖小区)之间距离不少于500m。距离动物隔离场所、无害化处理场所3000m以上。距离城镇居民区、文化教育科研等人口集中区域及公路、铁路等主要交通干线500m以上。场内布局应做到科学规范,养殖场的生产区要与办公区、生活区分开;种用畜禽与商品畜禽分开,有条件的最好单独建场,育成圈舍和成年圈舍分开。兽医诊疗室应在生产区的下风处;病畜禽隔离圈舍应在距离生产区200m以外的下风处,粪和污水处理场所要设在养殖场外的下风处。场内的道路应设计合理,净道和污道进行严格分离。养殖场周围应建不通透的围墙和排水沟。大门口要设消毒池和喷雾消毒棚,消毒池和喷雾棚的长度要大于汽车轮胎的1.5个周长,消毒棚内应有足够的喷头,以保证对通过的车辆进行全面消毒。各栋圈舍入口处设消毒盆(槽)。生产区入口处还应设更衣消毒室,内装雾化消毒设备(或紫外线灯消毒设备)。养殖场主要道路及圈舍内和运动场地面应做硬化处理,便于清扫、消毒。生产区内的净道与污道,净道专门用于运输幼畜禽、饲料、产品,污道专门用于运送粪污、病死畜禽、淘汰畜禽和其他杂物。冲洗圈舍的污水全部通过地下管道排入污水处理设施。圈舍建造应坐北朝南,即东西走向,这样可以保持冬暖夏凉,给畜禽一个较好的生长环境。圈舍屋面和外墙壁涂以白色,可防热辐射。圈舍内尽可能安装排风扇,以便夏季高温时使用。

(二)消毒

1.建立健全完善的消毒制度

按照生产日程、消毒程序的要求,将各种消毒工作制度化,明确消毒工作的管理者和执行人、使用消毒剂的种类和浓度及消毒方法、消毒间隔时间和消毒剂的轮换使用,消毒设施的管理等都应详细加以规定。

2.认真做好日常的预防性消毒工作

根据生产的需要,采用各种消毒方法在生产区和动物群中进行预防消毒。主要有日常定期向消毒池内投放消毒剂；人员、车辆出入栏舍、生产区的消毒和带畜禽消毒；饲料、饮水乃至空气的消毒；医疗器械如体温计、注射器、针头等的消毒。

3.积极做好临时性消毒工作

当畜(禽)群中有个别或少数动物发生一般性疫病或发生突然死亡时，应立即对所在栏舍进行局部强化消毒，包括对发病动物的消毒或死亡动物尸体的无害化处理。

4.全力做好终末消毒工作

在全进全出生产系统中，当畜(禽)群全部出栏后；或在发生烈性传染病的流行初期和在疫病流行平息后准备解除封锁前，采用多种消毒方法，对全场或部分畜(禽)舍进行全方位的彻底清理和消毒。

(三)无害化处理

动物尸体的处理方式包括焚毁、掩埋、堆肥处理和化制。尸体的处理方法应与养殖场的生物安全程序相结合。日常产生的粪污可采用堆积发酵、生产沼气、污水处理等不同的方式进行处理。过期或用剩下的疫苗、疫苗空瓶以及用过的消毒棉球等废弃物，应当按照医疗废弃物管理的相关规定进行处理。当发生重大动物疫病时，应按照国家有关规定处理病死畜禽及污染严重的饲料、粪便等。

三、畜禽免疫力动态平衡管理

(一)饲料安全

饲料安全与动物疫病、生产密切相关。要确保饲料中不含有对饲养动物的健康和生产性能造成实际危害的有毒、有害物质。饲料安全问题引发的动物自身免疫抑制的事件时有发生，因此加强饲料安全性的管理成了为生物安全体系构建的基础性问题。

(二)免疫接种

免疫接种是有效预防动物疫病暴发与流行的重要措施,规模养殖场应根据当地动物疫病流行规律,确定符合当地的免疫接种规程,确保疫苗免疫接种质量。尽可能刺激畜禽群体产生天然免疫力的意识,特别种畜禽群体要建立强大而且高水平的免疫屏障。

(三)畜禽的生产管理

引种原则:种源提供场的健康等级必须高于引种场,引种前必须通过实验室检测等手段了解种源提供场的基本健康状况并依据健康匹配原则确定种源,禁止从健康等级低于本场的种源提供场引种;禁止从疫区引种或引种运输时经过疫区;禁止使用不明健康状况的遗传物质(如精液、冻精)和生物制品(如组织活疫苗、生化肽类疫苗)。

畜禽到场后需隔离,确定引种畜禽无疫情后,注射疫苗进行免疫。每批畜禽要坚持全进全出制度,不同品种、批次、日龄的畜禽最好禁止混养。对疑似患传染性疾病的畜禽立即隔离。采取有效的措施严防飞鸟等动物进入养殖区。

四、养殖场人员的商业化管理

(一)人员管理

养殖人员要稳定,饲养工作人员的活动要有一定控制。禁止外来无关人员进入养殖生产区,对到场人员做好登记。生产人员个人物品不得带入生产区内。饲养人员各圈舍使用的生产工具应当固定,禁止相互串用。禁止任何可能受到污染或接触过场外畜禽的设备、工具和物品进入场内。禁止在场内食用外来的、与本场饲养品种相同的畜禽产品(包括方便面和罐头食品)。饲养管理人员在进入饲养区前应进行淋浴、更衣及消毒并更换工作服及鞋子后方可进入生产区。饲养工作人员管理是做好生物安全的十分重要的环节,这些措施对于预防疾病的发生有着十分重要的意义。

(二)知识技能培训

培训员工固定的工作思维模式,每天观察生产区的状况,记录生产情况,监控生产数据,以便及时发现问题。学习新的饲喂技术,根据畜禽的生理特点,通过饲料用量、粪便尿液的颜色、呼吸、肤色观察畜禽的整体状况,并及时上报决策者。

养殖场生物安全体系就是建立防止病原入侵的多层屏障,使畜禽生长处于最佳状态的生产体系。做好畜禽的饲养管理,降低或避免畜禽应激发生,创造并保持一个良好的畜禽生长环境,定期消毒。做好畜禽舍通风、换气,控制畜禽养殖密度。供给营养齐全、平衡的优质饲料。推进全进全出制饲养方式。加强养殖场商业化管理模式推广,提高生产效率。

第九节 动物疫病防控在产业扶贫及乡村振兴战略中的意义

"精准扶贫、乡村振兴畜牧先行",畜牧产业具有"时间短、资金平、见效快"的特点,在精准扶贫、乡村振兴战略工作中,农民因地制宜地发展畜牧业是农民脱贫致富的捷径。近年来摸索出了适合的产业扶贫模式,即"龙头企业+合作社+贫困户"模式。同时强化疫病防控与技术培训,有效防止了重大动物疫病的发生,切实为贫困户发展畜牧产业提供了技术支撑,规避了贫困群众养殖风险,激发了贫困群众参与畜牧养殖的积极性。新常态下,控制农村散养畜禽疫病,稳定农户散养畜禽生产,对实施精准扶贫意义重大。

一、动物疫病防控可作为畜牧业扶贫的突破口

畜牧业"效益在规模、成败在防疫"。畜牧业在精准扶贫及乡村振兴战略中有重要地位,是实施产业扶贫攻坚的主要产业发展方向,而当前畜牧业发展亟需解决的是动物疫病困扰和牲畜商品转化率低的问题。为此,建议全面加强动物疫病源头防控,在强化动物疫病防控基础设施和专业人才队伍建设的同时,以动物疫病科学监测数据为基础,强化综合防控措施落实,强制扑杀淘汰染疫畜,降低疫病传播几率,提高牲畜生产性能,增加养殖效益,促进牲畜商品化,推动农牧民增产增收,脱贫致富。

二、产业扶贫中散养户的动物防疫工作

"宁可千日无疫,不可一日不防",要认真做好动物疫病防控工作。农村散养户由于饲养动物数量少、种类多、年龄(日龄)复杂、抗体水平难于全面掌握,一般采取春秋突击防疫加平时补免的办法来保证动物免疫密度。防疫时要根据动物防疫部门的统一要求和安排制订切实可行的免疫计划。

充分利用春秋防疫的有利时机,在3月初和9月初全面开展一次消毒灭源活动,散养户可以选用生石灰水作为消毒药物,引导农户在空栏期广泛利用生石灰水进行栏舍涮白消毒,在饲养期通过物理、化学、生物消毒方式强化对畜禽和环境消毒工作,做好日常清洁卫生。同时,粪尿要集中堆积发酵或做其他无害化处理,切实降低传染源传播和感染机会。村防疫员消毒时,要尽量做到"浓度准确,喷雾均匀,滴水为度,消灭死角",确保不留隐患。进一步强

化养殖场、屠宰场消毒工作,推动活禽交易市场"1110制度"的落实。

养殖户做到自觉履行法律赋予的责任和义务。畜禽养殖户应当配合当地动物疫病预防控制机构开展动物疫病的监测、检测工作。畜禽养殖户应当依照有关规定在做好畜禽免疫工作的同时,做好消毒等动物疫病预防工作。畜禽养殖户发现动物染疫或疑似染疫时,应当立即向当地兽医主管部门、动物卫生监督机构或动物疫病预防控制机构报告,并采取隔离等控制措施,防止疫情扩散。畜禽养殖户有及时向所在村委会或乡动物防疫办公室报告养殖情况的义务,否则造成一切后果自负,造成重大疫情的将依法追究法律责任。畜禽散养户对发病和死因不明的畜禽应当做到不出售、不转运、不宰杀、不乱抛,按照农业部相关规定进行深埋等无害化处理。

三、兽医部门在产业扶贫及乡村振兴战略中的主要工作

念好"降、提、促"三字经,可帮助广大从事畜禽养殖的贫困户实现"养了能够活、养大卖得掉、年年都能养"的愿望,使他们通过畜禽养殖脱掉贫困帽,走上致富路。

(一)"降":着力提高兽医卫生水平,降低畜牧业生产风险

重点加强基层防疫监管力量和兽医服务力量,形成动物疫病预防控制与动物检疫、动物卫生监督执法相互支持,兽医公共管理与社会化服务相互促进的工作格局,为贫困地区发展养殖业提供更加有效的兽医公共服务。管好和放活乡村兽医与村级防疫员队伍,重点加强对贫困地区基层兽医人员的业务培训,让其成为当地兽医服务的生力军,同时引导符合条件的乡村兽医向执业兽医发展,通过提升专业技能提高收入水平。探索通过"政府购买服务"

的形式,政府向具有资质、具备能力的兽医服务组织和其他市场主体购买兽医服务,向从事畜禽养殖的建档贫困户提供高质量的免疫、诊疗、用药等"一条龙"兽医卫生服务。针对困难地区立专项资金,支持、引导贫困地区具备条件的规模养殖场完善生物安全措施,建立无特定病原场(群)。做好贫困地区养殖户和一线兽医人员的安全防护工作,协调有关部门加大对人畜共患病防治知识和政策的宣传力度,落实并提高农业有毒有害保健津贴和畜牧兽医医疗卫生津贴,结合医疗保险、工伤保险、大病补助等措施,解除从业人员的后顾之忧。

(二)"提":着力保障动物源性食品安全,提升产品市场竞争力

严把养殖环节风险控制关,以强化养殖档案管理为突破口,全面掌握贫困地区动物疫病防控、动物出栏补栏、病死动物无害化处理等方面的动态情况,严厉打击兽药违法添加和制假售假等违法违规行为,引导养殖户自觉规范兽药使用行为,从源头控制兽药残留风险。加强养殖场所动物疫病风险管理,深入推进标准化规模养殖,综合利用金融保险杠杆,发挥扶贫资金"放大"效应,结合养殖补贴等项目和动物防疫条件管理,调动企业主体能动性,支持贫困地区符合条件的企业建设无规定动物疫病企业(生物安全隔离区)。为有条件开展无疫区建设的贫困地区提供专业兽医服务支持,打好区域动物产品的"安全牌",推动这些地区做优做强区域公共品牌,提高区域产品的品牌溢价,使贫困农民从产业发展中获得更多收益。

(三)"促":着力强化病死畜禽的无害化处理和资源化利用,促进养殖业绿色低碳循环发展

我们应该认识到,降低疫病风险本身就是提高养殖效率,减少疫病造成的损失本身就是保护资源、增产增收。病死动物的无害化处理一直是制约养殖业健康发展的一个难点问题。无害化处理问题不解决,资源环境对养殖业发展硬约束的"紧箍咒"就可能勒得更紧,贫困地区就难以放开手脚发展养殖业特别是规模化养殖。

第十节　动物疫病监测在疫病防控中的作用

随着当前畜禽市场日益商品化、规模化,动物疫病给社会带来较大的危害,加强动物疫病预防控制就显得尤为重要。动物疫病监测是预防和控制动物疫病最重要的技术手段,是预防、控制和消灭动物疫病的基础性工作。只有通过长期、持续、可靠的监测,才能及时、准确地掌握动物疫病的发生和流行趋势,有效地实施国家动物疫病防治计划,为动物疫病区域管理(建立无疫区)提供有力的数据支持。根据《中华人民共和国防疫法》第十五条规定,县级以上人民政府应当建立健全动物疫情监测网络,加强动物疫情监测。动物疫病预防控制机构应当按照国务院兽医主管部门的规定,对动物疫病的发生、流行等情况进行监测;从事动物饲养、屠宰、经营、隔离、运输以及动物产品生产、经营、加工、贮藏等活动的单位和个人不得拒绝或者阻碍。

一、动物疫病监测范围、对象、分类

(一)监测范围

包括规模养殖场(养殖小区)、散养畜禽、屠宰场、畜禽交易市场、动物隔离场等。重点是种畜禽场、规模养殖场;历史上曾经发生过疫病的地区;近期发生疫情或疫情频发的地区。

(二)监测对象

某病的易感动物和病原体赖以生存的环境(土壤、水源、饲料、粪便、运载工具等)。

(三)监测分类

疫病监测分常规监测(日常监测)和应急监测。应急监测是发生疫情时,对疫区和受威胁区易感动物进行的监测,包括疫区封锁期间和解除封锁后的监测工作。

二、动物疫病监测方式、方法与时间

(一)监测方式

在一定的监测范围内,对易感动物可进行全面监测或抽查。

(二)监测方法

包括临床观察、实验室检测及流行病学调查。非免疫畜禽,以流行病学调查、血清学检测为主;免疫畜禽以病原检测为主,结合流行病学调查和血清学检测。

(三)监测时间

常规监测,每年春、秋进行两次实验室检测,每月一次流行病学。

三、动物疫病监测的作用

对某种动物疫病的发生、流行、分布及相关因素进行系统的长时间的观察与监测,以把握该疫病的发生发展趋势,这是目前动物疫病监测工作的主要工作目标。

(一)及时掌握动物疫病的流行状况

动物疫病监测的主要目的是及时掌握动物疫病的流行状况、

发现变化趋势,及早发现新发疫病或外来疫病,提高对疫病的流行病学认识,对疫病进行有效预防与控制,降低疫病大范围转播的可能性,降低动物疫病所引发的财产损失。与此同时,通过动物疫病监测,还能够对动物疫病进行有效防控。

(二)有利于预防动物疫病的出现

开展动物疫病监测工作,相关的养殖人员能够及时掌握动物的疫病情况。在动物疫病监测的过程中,要分析疫病的分布特征,对其形式进行把握,运用动物疫病监测技术,能够有效地对动物疫病进行提前预警和防控,发现潜在的因素,有针对性地制订紧急计划,对疫病进行控制。开展监测工作,能够方便在疫病早期就进行掌握,分析疫病的传播原因以及症状等,便于接下来开展疫病的防治工作,在出现风险较大的疫病时,可以及时采取措施加以应对。此外,及时的监测工作还能够避免大规模的疫病爆发,避免疫病扩散,尽可能的减少养殖业生产损失。

(三)有利于指导免疫工作的开展

开展动物疫病监测工作,通过日常对免疫抗体的监测情况,为动物免疫工作开展提供了必要的依据和参考,方便进行免疫质量评估。如果在监测中出现不合格的动物免疫,可以及时进行原因分析,对于不合格的动物养殖场进行检查,进行补免,保证养殖质量,针对其中的一些区域性疫病,需要反复对其质量进行监测。

(四)有利于促进畜产品安全性提升

我们在进行动物疫病监测的过程中,注重运用相关的技术,能够提升畜产品的安全性,为人们提供更为健康的肉类制品。尤其针对于一些动物,如果患有疾病不易被发现,会导致通过食物链传递到人体中造成危害,而我们通过动物疫病监测技术,能够有效地发现其中所存在的危险,对病害进行及时处理和控制。

(五)有利于完善动物监测网络体系及饲养计划

不同类型、不同地区的养殖户在养殖动物时通常都会选择不同的养殖方式,尤其是规模化养殖与散户养殖之间的差异更大。所以,需要基于养殖类型的差异来有针对性地制定出一系列切实符合实际养殖特征的动物疫病监测方式。为了能够达到更佳的动物疫病监测效果,还需要建立健全动物疫病监测网络体系,合理划分养殖重点区域,监测工作也要注意同时兼顾到规模化养殖与散户养殖。与此同时,动物防疫工作计划也需要结合动物疫病监测情况来进行"动态"调整,最大限度避免出现动物疫病发展、传播与实际防疫计划不相符的情况。

(六)为疫病防控决策及调整决策提供科学依据

在开展动物疫病监测工作时,疫病监测数据统计、结果分析等相关的监测资料会被完整地保存至疫病防控数据库,通过对疫病监测的数据分析,了解疫病发生的流行率和传播的风险因素,评估疫病防控措施的有效性。如通过采取防控措施,疫病的流行率是否降低,疫苗的免疫效果是否良好等,从而为动物疫病的预防与控制提供决策依据。此外,在疫病发生时,疫病防控人员应充分掌握疫苗的使用方法与疫病的控制情况,同时疫苗对于疫病的防控效果与不良反应等情况均是动物疫病监测工作的重要内容。

四、动物疫病监测的问题现状

(一)基层防疫还未配备化验监测设备

目前,我国的动物疫病监测工作主要还是由县级动物疫病预防控制中心完成,还未延伸到防疫最基层的乡镇畜牧兽医机构,这一现象严重制约着我国动物疫病的预防与控制工作的开展。

(二)相关人员的缺乏

基层乡镇畜牧兽医机构、动物疫病预防控制机构人员严重缺编,在实际的动物疫病监测工作中,实验室监测人员缺乏及大部分工作人员对实验室监测技能掌握情况较差,导致动物疫病监测工作的效率极低,以致动物疫病监测工作的作用得不到充分发挥。

(三)养殖户对疫病监测的作用及目的认识不足

目前,大部分养殖户对动物疫病监测工作存在认识不足的情况,对于采样工作与流行病检查的配合度不高,导致动物疫病监测工作无法正常有序地开展。养殖户未充分认识到动物疫病监测的重要作用,开展动物疫病监测工作时大多数敷衍了事,认为相关部门只是在走过场,导致动物疫病监测的基础工作无法正常开展。

五、动物疫病监测工作有效开展的策略措施

动物疫病监测在动物疫病预防与控制当中有着不可替代的作用,由于多方因素的影响,目前动物疫病监测工作存在较多的问题与困难,在实际工作中无法满足动物疫病防控的需求。因此应积极采取有效措施,完善动物疫病监测体系,因地制宜地制定科学有效的动物疫病监测方案。

(一)实行规范化的网络监测

建立规范化的动物疫病监测网络是强化动物疫病监测工作的重点,规范化的网络监测是通过网络进行区域控制,将散养与规模化养殖进行有机结合,覆盖至整个养殖区域,与此同时,养殖区域应在网络监测的机制下,统一集中进行各项动物疫病监测工作。

(二)强化疫情排查,优化监测工作规划

针对动物疫情的预防控制工作,要全面、及时掌握辖区内动物疫病流行状况,分析当前主要动物疫病免疫抗体监测情况和疫病

流行规律,开展疫情排查。例如,全面掌握口蹄疫、小反刍兽疫等重大动物疫病及布鲁氏菌病、结核病等优先防治病种分布状况和流行态势,积极设立监测点,做好口蹄疫、布鲁氏菌病、猪瘟、新城疫等动物疫病的定点监测工作。按照主动监测与被动监测相结合、病原监测与抗体监测相结合、常规监测与定点监测相结合、专项调查与紧急调查相结合的原则,深入畜禽养殖场和散养户,在抓好畜禽基础免疫、消毒灭源等工作措施落实的同时,全面加强当前重大动物疫情隐患排查,加强补免工作。

(三)规范监测方法应用,提升监测准确性

在动物疫病监测中,采样的科学性和规范性对于监测结果会产生较大的影响,为使动物疫病监测采样工作更规范,针对采样工作要制定有效的规范制度,要求每个样品独立包装,采用塑料袋充氧运输。另外,相关采样人员还需现场填写了《采样记录表》,并由被采样单位和采样人签字确认,确保采样样品的科学性、合理性、代表性和真实性。为确保监测工作顺利开展,监测工作人员需要到具体的养殖场,主要监测相关动物的常见疫病。在具体的监测工作中,保证监测样品的保质保量,尽可能缩短样本送检距离,简化监测流程,提升监测效率。

(四)促进动物疫情举报制度的完善

在当前的各个区域内开展动物疫病监测,要建立疫情举报制度,能够使他人形成对动物疫情的正确认知,通过各种渠道传输信息,能够对动物疫病进行有效的防治;同时对重大疫病的举报监督,能够使得相关部门获得疫情的信息,及时采取紧急措施,对疫情进行控制与监督。

(五)加大对相关兽医法律法规的宣传力度

目前,大部分的养殖户对兽医行政相关的法律法规缺乏了解,对动物疫病监测的目的以及作用认识不足。因此,加大对相关兽医法律法规的宣传力度,通过积极宣传动物疫病监测对疫病预防与控制的目的和作用,提升养殖户对动物疫病监测的重视度,积极配合兽医技术人员开展监测工作。

参 考 文 献

[1]丁希义,吴昊,张玲,等.浅谈牛气肿疽病的预防[J].吉林畜牧兽医,2019(07):53.

[2]韩国利.牛流行热的诊治[J].养殖与饲料,2019(06):93-94.

[3]胡恒.羊黑疫的诊断与防治[J].吉林畜牧兽医,2018(04):44-48.

[4]张海林.蓝舌病的综合防制[J].养殖与饲料,2018(02):20-72.

[5]朱闻斐,杨磊,王大燕.高致病性H7N9亚型禽流感病毒病原学研究进展[J].国际病毒学杂志,2019(06):430-432.

[6]樊晓旭,迟田英,赵永刚,等.塞尼卡谷病毒病研究进展[J].中国预防兽医学报,2016(10):831-834.

[7]魏巍.世界马传染性贫血的流行与我国的防控[J].中国畜牧业,2019(11):31-32.

[8]姚倩,李云香,任玫,等.猪蛔虫病研究进展[J].动物医学进展,2019(09):101-111.

[9]《执业兽医资格考试应试指南》兽医全科类.中国兽医协会组织,2013.

[10]胥元秀.对鸡蛔虫病防治的研究[J].中兽医学杂志,2018(09)18.

[11]刘智华,张云征,等.牛球虫病的诊断和防治[J].当代畜禽

养殖业,2019(12):34.

[12]张淼.鸡球虫病的诊治[J].养殖与饲料,2019(05):117-118.

[13]吴丹,刘冬冬,李伟,等.刍议人畜共患病的危害及防控[J].畜禽防治,2019(11):109.

[14]曹海亮.牛海绵状脑病的防制[J].兽医导刊,2019(05):31.

[15]汪连成,杨军.分析马鼻疽临床特征与诊断要点[J].吉林畜牧兽医,2019(11):104-106.

[16]王晓坤.猪囊尾蚴病的流行病学、检疫及综合防治措施[J].现代畜牧科技,2018(12):100.

[17]朱玉洁,谭鹏,符健.牛羊血液原虫病的临床症状及病理变化分析[J].保健文汇,2018(2):31.

[18]郭虎.牛支原体肺炎的诊断及治疗[J].畜牧兽医科技信息,2019(01):57.

[19]田利.牛链球菌病的流行特点及防治措施[J].中国畜牧兽医文摘,2014(09):110.

[20]赵妍妍.牛病毒性腹泻流行特点及防控措施[J].现代农村科技,2019(12):52.

[21]杨增岐.畜禽无公害防疫新技术.北京:中国农业出版社,2003.

[22]张彦明.兽医公共卫生学(第二版).北京:中国农业出版社,2003.

[23]潘杰.动物防疫与检疫技术(第二版).北京:中国农业出版社,2009.

[24]牟登育.动物疫病防控或成为产业扶贫的重要突破口[J].四川畜牧兽医,2018(02):20-21.

[25]罗林.动物疫病监测在动物疫病预防控制中的作用分析[J].
兽医导刊,2019(18):15-16.